《智能科学技术著作丛书》编委会

智能科学技术著作丛书

头脑风暴优化算法理论及应用

吴亚丽　焦尚彬　著

科学出版社

北京

内 容 简 介

作为一种创造性思维的高效方式，头脑风暴在经济管理、社会科学等领域已经发挥了重要的作用。本书在论述头脑风暴过程的基础上，从系统建模和优化角度出发，介绍头脑风暴优化算法的理论分析、扩展算法和典型应用三方面的内容。主要包括头脑风暴优化算法的基本原理、性能分析和算法的扩展与改进策略，头脑风暴优化算法在典型优化问题（如多模态优化、多约束优化和多目标优化）上的求解策略，以及头脑风暴优化算法在电力系统环境经济调度问题、火电厂供热调度问题和热电联供系统的经济调度问题三类大规模复杂调度系统上的应用。

本书可作为高等学校管理工程、自动化、电子信息工程、物联网、计算机科学与技术等专业本科生和研究生的教材，也可供广大研究群智能优化算法的科研工作者参考。

图书在版编目(CIP)数据

头脑风暴优化算法理论及应用/吴亚丽，焦尚彬著. —北京：科学出版社，2017.10

（智能科学技术著作丛书）

ISBN 978-7-03-054804-7

Ⅰ.①头… Ⅱ.①吴… ②焦… Ⅲ.①计算机算法-最优化算法-研究 Ⅳ.①TP301.6

中国版本图书馆 CIP 数据核字(2017)第 247752 号

责任编辑：朱英彪　赵晓廷 / 责任校对：桂伟利

责任印制：张　伟 / 封面设计：陈　敬

科 学 出 版 社出版

北京东黄城根北街 16 号

邮政编码：100717

http://www.sciencep.com

北京建宏印刷有限公司 印刷

科学出版社发行　各地新华书店经销

*

2017 年 10 月第 一 版　开本：720×1000　B5

2019 年 6 月第三次印刷　印张：16

字数：320 000

定价：95.00 元

（如有印装质量问题，我社负责调换）

《智能科学技术著作丛书》序

“智能”是“信息”的精彩结晶，“智能科学技术”是“信息科学技术”的辉煌篇章，“智能化”是“信息化”发展的新动向、新阶段。

“智能科学技术”(intelligence science & technology，IST)是关于“广义智能”的理论方法和应用技术的综合性科学技术领域，其研究对象包括：

- “自然智能”(natural intelligence，NI)，包括“人的智能”(human intelligence，HI)及其他“生物智能”(biological intelligence，BI)。
- “人工智能”(artificial intelligence，AI)，包括“机器智能”(machine intelligence，MI)与“智能机器”(intelligent machine，IM)。
- “集成智能”(integrated intelligence，II)，即“人的智能”与“机器智能”人机互补的集成智能。
- “协同智能”(cooperative intelligence，CI)，指“个体智能”相互协调共生的群体协同智能。
- “分布智能”(distributed intelligence，DI)，如广域信息网、分散大系统的分布式智能。

“人工智能”学科自 1956 年诞生以来，在起伏、曲折的科学征途上不断前进、发展，从狭义人工智能走向广义人工智能，从个体人工智能到群体人工智能，从集中式人工智能到分布式人工智能，在理论方法研究和应用技术开发方面都取得了重大进展。如果说当年“人工智能”学科的诞生是生物科学技术与信息科学技术、系统科学技术的一次成功的结合，那么可以认为，现在“智能科学技术”领域的兴起是在信息化、网络化时代又一次新的多学科交融。

1981 年，“中国人工智能学会”(Chinese Association for Artificial Intelligence，CAAI)正式成立，25 年来，从艰苦创业到成长壮大，从学习跟踪到自主研发，团结我国广大学者，在“人工智能”的研究开发及应用方面取得了显著的进展，促进了“智能科学技术”的发展。在华夏文化与东方哲学影响下，我国智能科学技术的研究、开发及应用，在学术思想与科学方法上，具有综合性、整体性、协调性的特色，在理论方法研究与应用技术开发方面，取得了具有创新性、开拓性的成果。“智能化”已成为当前新技术、新产品的发展方向和显著标志。

为了适时总结、交流、宣传我国学者在“智能科学技术”领域的研究开发及应用成果，中国人工智能学会与科学出版社合作编辑出版《智能科学技术著作丛书》。需要强调的是，这套丛书将优先出版那些有助于将科学技术转化为生产力以及对社会和国民经济建设有重大作用和应用前景的著作。

我们相信，有广大智能科学技术工作者的积极参与和大力支持，以及编委们的共同努力，《智能科学技术著作丛书》将为繁荣我国智能科学技术事业、增强自主创新能力、建设创新型国家做出应有的贡献。

祝《智能科学技术著作丛书》出版，特赋贺诗一首：

智能科技领域广

人机集成智能强

群体智能协同好

智能创新更辉煌

涂序彦

中国人工智能学会荣誉理事长

2005年12月18日

前　言

优化问题广泛存在于科学研究和工程应用的各个领域。随着人类认知活动的深入以及科学技术的快速发展，现实世界中人们所面临的问题日益多元化，且呈现出高度动态、非线性、多目标和多约束等复杂特性。传统的“自上而下”的研究方法在解决这些复杂优化问题时遇到了很多困难。以生物智能或自然现象为基础，通过自身演化实现迭代更新的群体智能优化方法在求解这类高度复杂的问题上得到了比较完美的方案。这类算法也因其算法的鲁棒性、运行的并行性和实现的简洁性等特点得到了研究者的广泛关注。

目前，国内出版了大量关于群体智能优化算法的相关著作。前几年的著作主要集中在遗传算法、粒子群算法、蚁群算法和人工免疫等较早发展起来的内容。近几年来，群体智能优化算法的研究进入百花齐放的阶段，更多新的算法如文化基因算法、人工鱼群算法、思维进化算法、细菌觅食算法、拟态物理学优化算法、人工植物算法等也引起了研究者的广泛兴趣，但相应的著作相对较少。

作为一种新颖的群智能优化算法，头脑风暴优化算法受美国创造学家 Osborn 的头脑风暴法的启发，模拟人类创新思维产生的方式和头脑风暴的会议模式，是一种典型的启发式优化方法。该算法具有简单的机制和良好的性能，在短短几年内就吸引了大量的研究者，并已开始应用于广泛的工程优化领域。

本书作者及所在的课题组多年来一直专注于群体智能优化算法的理论及应用研究。自 2011 年头脑风暴优化算法框架提出之后，课题组对该算法的理论和实际应用进行了深入的研究，取得了重要的研究成果，并发表多篇相关领域的研究论文。本书将课题组 5 年多来的研究成果进行提炼和总结，对头脑风暴优化算法的来源、产生、理论分析和实际应用进行系统的分析与研究，力争为读者提供一本由浅入深的著作。

本书共 11 章，第 1 章主要介绍优化理论和算法的基本概念及发展现状，给出后续各章的逻辑关系和结构安排；第 2 章主要介绍头脑风暴法的原理、优化算法的抽象及建模过程、头脑风暴优化算法的基本流程及参数分析等；第 3 章分析不同的变异操作对算法性能的影响；第 4 章分析不同的聚类操作对算法性能的改进；第 5～7 章分别介绍各改进算法在多模态、多约束和多目标优化三类典型优化问题上的分析和应用；第 8～10 章主要介绍头脑风暴优化算法在电力系统环境经济调度问题、火电厂供热调度问题及热电联供经济调度问题三类复杂系统调度问题方面的解决方案和策略分析；第 11 章对全书内容进行总结，并对进一步的研究进行展望。

借本书出版之际，感谢南方科技大学史玉回教授给予的指导和建议，感谢他的热心帮助；感谢研究生郭晓平、谢丽霞、赵秀谊、康璐、王鑫睿、徐颖若、付玉龙、路阿婷和史雯雯对本书出版的支持和帮助。

本书的出版得到国家自然科学基金项目（61503299）、陕西省重点科技创新团队（2013KCT-04）的资助，在此一并表示感谢。

限于作者水平，书中难免存在不足之处，敬请广大读者批评、指正。作者联系邮箱：yliwu@xaut.edu.cn。

作　者

2017年7月

目　录

第1章 绪　论

1.1 引　言

优化，是一个古老的问题。从古希腊时代的等周问题、谷物堆砌问题到近代的函数极值、线性优化，人类对于各种优化问题孜孜不倦的探讨和研究贯穿于整部人类文明史。优化是一种以数学为基础的用来求各种工程问题最优解或满意解的计算机应用技术。作为一个重要的数学分支，优化问题一直受到人们的广泛关注，并且在系统控制、模式识别、人工智能和生产调度等领域得到了快速的推广和应用。

随着人类认知活动的深入以及科学技术的快速发展，现实世界中人们所面临的问题日益多元化，且呈现出高度动态、非线性、多目标和多约束等复杂特性。实现生产和系统管理的最优化、提高生产效率和效益、节省资源和环保需求，对优化领域提出了越来越高的要求。同时，优化方法和优化理论的研究对改进算法性能、拓宽算法的应用领域、完善算法体系具有重要的理论意义。因此，寻求高效并行、自适应、稳健的优化算法是理论研究和工程应用领域一项恒久的研究课题。

亘古以来，大自然源源不断地为人类提供丰富的创新源泉和灵感。在研究优化问题的过程中，科学家常常能够从大自然中得到启迪，因为大自然本身就是一个"优化大师"。在物种的进化过程中，达尔文的"优胜劣汰，适者生存"的进化理论，启发 Holland 提出了遗传算法[1]（genetic algorithm，GA）来求解优化问题；群体蚂蚁的高效协作、协同觅食机理，启发 Dorigo 等提出了蚁群优化[2]（ant colony optimization，ACO）算法来求解优化问题；鸟类集群在飞行过程中的智能交互行为，引导 Kennedy 等提出了粒子群优化[3]（particle swarm optimization，PSO）算法来求解优化问题。由于大自然的引导，近年来一系列基于自然涌现的群体智能算法均被提出[4-6]并用来求解各种各样的优化问题。

人类作为最具有高级智能行为的群居动物，其强大的逻辑思维能力和社会群体的信息提取、学习和传播能力，一直受到各研究领域的广泛关注。受人类社会文化传播方式的启发，Reynolds 建立了一种基于信仰空间和种群共建双层进化机制交互的文化算法[7]用于求解优化问题；受英国进化生物学家 Dawkins 的模因说（memetics）和社会生物学家 Wilson 的文化-基因协同观的启发，Moscato 提出了文化基因算法[8]用于求解优化问题。这两种算法均是从人类社会中信息交互和文化传播的特征出发，尝试提供一个求解优化问题的开放算法框架。受美国创造学家 Osborn 的头脑风暴法的启发，史玉回教授提出了头脑风暴优化(brain storm optimization，BSO)算法[9]来求解优化问题。该算法是一种基于激发性思维产生或创造新观念的方法，它模拟了人类创新思维产生的方式以及头脑风暴的会议模式，是典型的启发式方法。由于机制简单、性能良好，该算法在短短几年内就吸引了大量的研究者，并已开始应用于广泛的工程优化问题。

本章首先介绍优化问题的基本概念，总结优化问题的传统求解方法及其局限性；然后介绍群体智能的基本概念，并根据仿生机理对目前广泛存在的群体智能优化算法进行分类分析和总结；之后重点对头脑风暴优化算法的研究现状进行总结；最后给出本书的体系结构和内容安排。

1.2 优化问题的基本概念

优化无处不在。人们在分析问题时，总是习惯于从众多的方案中选择一个最佳方案，并用一种标准衡量是否达到了最优，才能作出决策。同样，在科学实验、工程设计、生产计划、技术改进等社会和经济问题中，人们总希望在有限资源的条件或规定的约束下达到最满意的结果，这就是优化的魅力。正是这种魅力引来了人们对优化问题和求解算法的关注。

1.2.1 优化问题及其分类

优化问题是在满足一定的约束条件下寻找一组参数值，使系统(或者函数)的某些最优度量得到满足，以及系统的某些性能指标达到最大或最小。

寻求问题最优解过程的前提是对问题进行描述和建模，即将解决的问题用数学语言进行描述。它主要包括将问题的目标用数学方程式表达，将约束条件用数学等式或不等式描述等。由于最大化目标可以很容易地对称为最小化问题，不失一般性，常常假设最优化问题的数学模型为

$$\min z = f(X)$$
$$\text{s.t.} \begin{cases} g(X) \leqslant 0 \\ h(X) = 0 \\ X \in D \end{cases} \tag{1.1}$$

式中，$f(X)$为目标函数；$g(X)$为不等式约束集合；$h(X)$为等式约束集合；$X=[x_1, x_2, \cdots, x_n]^{\mathrm{T}}$ 为 n 维决策向量；D 为约束域。

从模型(1.1)可以看出，任一优化问题都包括以下三个基本要素[10]。

(1) 一个目标函数：问题的优化值，表示方案带来的回报，可以是最大或最小。

(2) 一组决策变量：需要决策的变量，每一组表示一种可行方案。

(3) 一组约束条件：约束决策变量的取值范围。

根据目标类型、约束函数特点、决策变量选择的不同，优化问题分为各种不同的类型，而每一类模型都有其特定的求解方法。

从决策变量的类型来看，当 X 为连续变量集合时，最优化问题为函数优化问题；当 X 为离散变量集合时，最优化问题为组合优化问题；当 X 集合中既有连续变量又有离散变量时，最优化问题为混合优化问题；当 X 集合中的决策变量仅取整数值时，上述问题为整数规划问题；特别地，当 X 集合中的决策变量仅能取 0 或 1 时，上述问题即为 0-1 规划问题。整数规划问题属于组合优化的范畴，其计算量随着变量维数的增长呈指数增长，因此存在维数灾难问题。

从目标函数和约束集合的函数表达形式来看，当 $f(X)$、$g(X)$ 和 $h(X)$ 均为线性函数，且 $X\geqslant 0$ 时，上述问题为线性规划问题。线性规划问题的求解有成熟的单纯形法和卡马卡(Karamarkar)方法。当 $f(X)$、$g(X)$ 和 $h(X)$ 中至少有一个函数为非线性函数时，上述问题为非线性规划问题。对于非线性规划问题，函数的非线性使得问题的求解变得非常困难，尤其是当目标函数在约束域内存在较多峰值时，传统的基于数学模型的非线性规划解法的解与初值的选择有很大的关系。也就是说，传统的基于数学模型的非线性规划求解方法均是求解目标函数在约束域内的近似极值点，而不是真正的极值点。

从目标函数的个数来看，模型(1.1)为单目标优化模型。在实际的生产和生活中，存在着大量的多个目标同时优化的问题，而这些目标往往是相互冲突的，此类问题为多目标优化问题。多目标优化问题的数学模型一般表示如下：

$$\min\{F(X)=(f_1(X),f_2(X),\cdots,f_m(X))\}$$
$$\text{s. t.}\begin{cases}g(X)\leqslant 0\\ h(X)=0\\ X\in D\end{cases}\tag{1.2}$$

式中，$F(X)$为 m 维目标函数向量。其他变量和函数的定义同式(1.1)。

对于多目标优化问题，当各目标存在一定的冲突时，很难在问题的约束域 D 内找到一个解向量，使得 m 个目标同时达到最优。

1.2.2 优化算法及其分类

自然科学和社会科学中的大量问题都可归纳为求一个全局优化的解。其数学模型为：对如式(1.1)所示的单目标优化问题，给定一个函数 $f:D\subseteq \mathrm{R}^n\rightarrow \mathrm{R}, D\neq\varnothing$，对于 $X^*\in D, f(X^*)>-\infty$称为全局最优解，当且仅当

$$\forall X\in D: f(X^*)\leqslant f(X)\tag{1.3}$$

则称 X^* 为一个全局最小点。确定一个全局最小点的问题称为全局最小优化问题；反之，如果是求全局极大点，则称为全局最大化优化问题[11]。

若给定一个函数 $f: B \subset D \subseteq \mathbf{R}^n \rightarrow \mathbf{R}, B \neq \varnothing$，有 $\forall X \in B: f(X_B^*) \leqslant f(X)$，则称 X_B^* 为一个局部最小点。

传统的基于数学模型的优化方法大多为局部优化方法，都是从一个初始点出发，依据一定的规则进行迭代找到改善后的下一个更优解，直至满足某种准则后停止。针对优化问题、优化算法的不同，优化方法也分为不同的类型。

对优化问题而言，常常有以下不同的分类方法[12]。

(1) 按是否有约束，可分为有约束优化问题和无约束优化问题两类。

(2) 按目标函数及约束函数特性，可分为线性规划问题、非线性规划问题、几何规划问题、整数规划问题和二次规划问题等。

(3) 按计算复杂性，可分为 P 问题、NP 问题、NP 难问题和 NP 完全问题等。

(4) 按包含变量的确定性性质，可分为确定性规划问题和随机规划问题。

根据优化问题的特性，优化方法主要可以分为以下几类。

(1) 无约束优化方法：用来优化无约束问题。

(2) 约束方法：用于在约束搜索空间中寻找解。

(3) 多目标优化方法：用于求解多个目标的优化问题。

(4) 多解(小生境)方法：找到多个极值解。

(5) 动态方法：能够找到并跟踪变化的最优值。

1.2.3 优化算法的研究与发展

在牛顿创立微积分之前，由于缺乏完整的理论和适用的计算工具，优化方法和理论一直没有得到很大的发展。微积分出现后，许多优化问题都可以采用基于梯度的优化方法解决，如解决无约束优化问题的牛顿法，解决约束优化问题的拉格朗日乘数法、单纯形法、共轭方向法、最速下降法和罚函数法等。这些算法在实际应用中得到了充分的使用，并且仍然在应用数学、计算机科学及工程应用中发挥着重要的作用。但这些确定性的算法往往是基于邻域的观点进行的最优搜索，因此存在着以下显著的缺点[13]。

(1) 传统确定性的算法对目标函数有较强的限制性要求，如连续、可微甚至高阶可微、单峰等。

(2) 大部分算法的搜索方向是根据目标函数的局部展开性质来确定的，因此局部优化算法与全局最优解的目标有一定的抵触。

(3) 算法结果一般与初始值的选择有较大的关系，而初始值的选取很大程度上依赖于对所求解问题的数据分布特性和应用领域的了解。

(4) 对于多峰函数优化、高度非线性问题，算法容易陷入局部极值，难有作为。

(5) 算法缺乏鲁棒性和通用性。针对具体问题，需要具有相当多的专业知识去判断使用哪种算法比较合适。

(6) 对于高维复杂问题,随着维数的增加,算法性能下降很快。

随着现代科学技术的不断发展和多学科的相互交叉与渗透,人类面临的各种优化应用问题变得日益复杂,规模也越来越庞大。很多实际的工程优化问题和网络搜索问题不仅需要大量的复杂科学计算,而且对算法的实时性要求特别高,这些复杂优化问题通常有以下特点[14]。

(1) 优化问题的对象涉及很多因素,导致优化问题的目标函数的自变量维数很多,通常达到数百维甚至上万维,使得求解问题的计算量显著增加。

(2) 优化问题本身的复杂性导致目标函数的非线性、不可导、不连续、极端情况下甚至函数本身没有解析表达式。

(3) 目标函数在定义域内具有多个甚至无数个极值点,函数的解空间形状非常复杂。

若以上三个因素中的一个或几个出现在优化问题中,则会极大地增加优化问题求解的困难程度,单纯的基于解析确定性的优化方法很难奏效,因此必须结合其他方法来解决这些问题。

近些年来,随着计算机技术的发展,一些过去无法解决的复杂优化问题都已经能够通过计算机来求得近似解。基于计算机求解优化问题的主要手段就是对优化问题的可行解空间进行搜索。按照搜索空间的不同,可以将搜索方法分为以下四类[15]。

(1) 枚举法:将整个可行解空间所有点的性能都进行比较并找出最优点。算法的策略最简单,计算量最大,且枚举法只能应用于可行解空间是有限集合的情形。典型的枚举法是动态规划和分支定界法。

(2) 解析法:在搜索过程中主要使用目标函数的解析性质,如一阶导数、二阶导数等。主要通过目标函数的梯度方向来确定下一步的搜索方向,又称为"梯度法"。主要的策略是"最速下降(上升)"策略,即沿最陡的方向爬向一个局部最优点。但当目标函数有多个极值点时,解析法难以找到全局点。主要的解析法有牛顿法、共轭梯度法等。

(3) 直接法:当目标函数较为复杂或者不能用变量显函数来描述时,可以采用直接搜索的方法通过若干次迭代搜索到最优点。常用的直接法有爬山法、Powell法和单纯形法等。

(4) 随机法:在直接法的基础上,在搜索过程中对搜索方向引入随机的变化,使得算法能以较大的概率跳出局部极值点。随机搜索法可分为盲目随机法和导向随机法。盲目随机法在可行解空间随机选择不同的点进行检测。导向随机法以一定的概率(与当前搜索到的最优解的好坏程度和搜索时间有关)改变当前的搜索方向,并向其他方向进行搜索。常用的导向随机法主要有进化搜索算法、模拟退火算法和禁忌(tabu)算法等。

从理论上来讲，随机法可以解决任何优化问题，它是有效解决全局优化问题的具有普遍适应性的方法。基于导向的随机搜索方法由于具有很强的通用性和高度的鲁棒性，已经成为解决复杂优化问题的主要方法[16]。

自古以来，自然界就是人类各种技术思想、工程原理及重大发明的源泉。20世纪70年代以来，通过对自然界中存在的物理规律、自然现象和生命本质等领域的研究，人们对复杂优化问题的解决思路逐渐开始摆脱经典解析计算的束缚，开启了大胆探索新的非经典计算途径。正是在这种背景下，基于社会系统运行的自组织性、群体动物和植物的智能性、高效性的仿生型智能计算方法得到了研究者的广泛关注。这些算法由于不依赖于问题的解析特征，并具有自适应、自学习和自组织的智能特性，非常适用于处理复杂的、大规模的、求解高难度和高度非线性的传统算法难以有效解决的优化问题。

1.3　智能优化算法及分类

智能优化算法由于模拟机理的本质不同，衍生出多种不同的类型。本节根据智能优化算法的智能行为特点，将当前典型的智能优化算法分为进化类智能优化算法、机理类智能优化算法和群集类智能优化算法。下面对每一类智能优化算法进行详细的介绍和分析。

1.3.1　进化类智能优化算法

进化类智能优化算法是模拟自然界或社会组织的进化规律发展起来的一种算法，主要分为自然进化类智能优化算法和社会进化类智能优化算法。

1. 自然进化类智能优化算法

自然进化类智能优化算法是模拟自然界“物竞天择，适者生存”的进化规律而发展起来的，主要包括进化计算或称演化计算(evolutionary computation，EC)[17]、差分进化计算(differential evolution，DE)[18,19]等。

1) 进化计算

进化计算始于20世纪60年代出现的遗传算法，主要包括遗传算法以及在其基础上派生出的进化策略(evolutionary strategy，ES)、进化规划(evolutionary programming，EP)和遗传程序设计(genetic programming，GP)。

(1) 遗传算法是受达尔文进化论的启发而发展起来的一种通用的问题求解方法。这一术语最早由美国学者Bagay在他的博士论文中提出，但在当时并没有得到学术界的认可。直到1975年美国芝加哥大学Holland教授的专著*Adaptation in Natural and Artificial Systems*问世[20]，遗传算法才得以正式确认。算法的核心是将操作对象转换为一个由二进制串(称为染色体或个体)组成的种群。每个染色体都对应问题的一个解。算法运行机理是从初始种群出发,采用基于适应值比例的选择策略在当前种群中选择个体,使用杂交和变异产生下一代种群。如此一代代演化下去,直到满足期望的终止条件。

(2) 进化策略是20世纪60年代初由柏林工业大学的Schwefel提出的[21]。他是在进行风洞实验时,针对设计中描述物体形状的参数难以用传统的方法进行优化,利用生物变异的思想随机改变参数值而总结的算法[21]。它与遗传算法的不同之处在于:遗传算法强调个体基因结构的变化对其适应度的影响;而进化策略强调进化过程中从父代到后代行为的自适应性和多样性。从搜索空间的角度来说,进化策略强调直接在解空间上进行操作,强调进化过程中搜索方向和步长的自适应调节。进化策略主要用于数值优化问题,其与遗传算法的相互渗透使得两者在数值优化问题的求解上已没有明显的界限。

(3) 进化规划最初是由Fogel等于20世纪60年代提出的[22]。他们将模拟的环境描述成由有限字符集中的符号组成的序列,算法的核心是根据当前观察到的符号序列作出响应以获得最大的收益,而收益是按照环境中将要出现的下一个符号及预先定义好的效益目标来确定。进化规划中常用有限状态机(finite state machine,FSM)表示这样的策略,由此问题便成为如何设计出一个有效的有限状态机。

(4) 遗传程序设计的思想是斯坦福大学的Koza于20世纪90年代提出的[23]。它采用遗传算法的基本思想,但使用一种更为灵活的表示方法——分层结构表示解空间。这些分层结构的叶节点是问题的原始变量,中间节点则是组合这些原始变量的函数,每一分层结构对应问题的一个解,也可以认为是求解该问题的一个计算机程序,遗传程序设计通过使用一些遗传操作动态地改变这些结构以获得解决问题的可行的计算机程序。

总之,进化计算是计算机科学与仿生学交叉发展的产物,已成为人们研究非线性系统与复杂现象的重要方法。进化计算采用简单的编码技术表示各种复杂的结构,通过特定的遗传操作和优胜劣汰的自然选择指导并确定搜索方向。正是这种优胜劣汰的自然选择与基于种群的遗传操作,使得进化计算不仅具有自适应、自组织和自学习的智能特征以及本质并行性,还具有不受其搜索空间限制性条件的约束(如可微、连续和单峰等)以及不需要其他辅助信息(如导数等)的特点。

2) 差分进化计算

差分进化计算又称微分进化计算,是由Storn等于1995年为求解切比雪夫多项式而提出的一种采用实数矢量编码进行连续空间随机搜索的优化算法[18],具有原理简单、受控参数少和鲁棒性强等特点,受到众多学者的关注。与实数编码的遗传算法相似,差分进化计算也包括交叉、变异和选择等操作,但两者在产生子代的方式上有所不同,最突出的区别在于变异操作,差分进化计算的变异操作不再局限于在父代个体上进行,而是先在父代个体间的差向量基础上生成变异个体,然后按一定的概率对父代个体与变异个体进行交叉操作,最后采用“贪婪”选择策略产生子代个体。从本质上看,它是一种基于实数编码的具有保优思想的贪婪遗传算法。它特有的记忆能力使其可以动态跟踪当前的搜索情况,以调整其搜索策略,具有较强的全局收敛能力和鲁棒性[24],且不需要借助问题的特征信息,适于求解一些利用常规数学规划方法无法求解的复杂优化问题。近年来,差分进化计算以其鲁棒性、稳健性和在实数域上强大的全局搜索能力在多个领域得到广泛应用,并取得较好的结果[25-27]。

2. 社会进化类智能优化算法

与自然进化类智能优化算法不同,社会进化类智能优化算法主要模拟人类发展进程中的某一社会现象或机理,如文化、思维和情感等。在人类社会的进化过程中,人们逐渐具备了信息的提取、学习和传播等能力,显著加快了人类社会的进展速度。该类算法主要包括文化算法(cultural algorithm, CA)、Memetic 算法(Memetic algorithm,MA)等。

1) 文化算法

文化算法是 Reynolds 于 1994 年提出的模拟人类社会文化传播方式的一种智能计算方法[28]。算法是一种基于信仰空间(belief space)和种群空间(population space)的双层进化机制。其中,种群空间从微观角度模拟生物个体根据一定行为准则进化的过程;信仰空间则从宏观的角度模拟文化的形成、传递和比较等进化过程。两个空间根据通信协议相互联系、共同进化,其沟通渠道由接受函数(acceptance function)和影响函数(influence function)实现。群体空间的个体在进化过程中所形成的个体经验(即进化信息)通过接受函数传递到信仰空间,信仰空间将收到的个体经验看作独立个体,根据一定的行为规则进行比较优化,形成知识储备,这些知识独立进化更新后被反馈回群体空间,用于影响其中个体的进化行为,使个体得到更高的进化效率。

从结构上来讲,文化算法更像是提供了一种智能计算架构,种群空间的进化方式可以采取灵活多样的元启发式算法予以实现。Reynolds 最初采用遗传算法模拟种群的进化过程,用译本空间(version space)模拟文化空间进化过程,之后他和他的学生先后将模糊逻辑[28]、机器学习[29]、蚁群算法和粒子群优化算法[30]等多种元启发式算法与文化算法的进化框架相结合,并将算法推广至数据挖掘、动态优化以及多目标优化等应用领域中,取得了一系列成果。尽管文化算法从模拟机制上为智能计算提供了一种更好的方法和思路,但至今尚缺乏一个完整的体系架构[31],包括算法计算复杂度及收敛性分析,复杂问题知识的提取、存储以及进化等,也需要进行深入的研究。

2) Memetic 算法

Memetic 算法最早由 Moscato[8]于 1989 年提出,其思想源于英国进化生物学家 Dawkins 的模因说(Memetics)和社会生物学家 Wilson 的文化-基因协同进化观(gene-culture co-evolution)。Memetic 一词由 meme 而来,一般理解为“文化基因”。因此,Memetic 算法也称为文化基因算法。

与文化算法的基本观点相同,Memetic 算法强调文化信息对生物进化具有显著影响。Moscato 认为,在文化进化过程中,文化或知识的冲突需要大量的专业知识作为支撑,且发生的频率很低。因此,文化基因的传播过程应是严格复制的,脱离大量专业知识支撑的变异只能带来混乱而非进步,这就是文化进化速度要比生物进化速度快得多的原因。为此,Memetic 算法引入局部启发式搜索模拟大量专业知识支撑的变异过程,形成一种基于种群的全局搜索和基于个体的局部启发式搜索的结合体。

Memetic 算法[32]采用与遗传算法相似的框架,但它在每次交叉和变异后均通过局部深度搜索以使个体达到局部最优。Memetic 算法保留了遗传算法较强的全局寻优能力,同时通过局部搜索的引入,及早剔除不良个体,进一步优化种群分布,进而减少了迭代次数,加快算法的求解速度,也保证算法的求解质量。因此,Memetic 算法看成是局部优化策略与遗传算法中算子的结合,又常称为混合遗传算法或遗传局部优化。Memetic 算法的这种全局搜索与局部搜索结合的机制使其搜索效率在某些问题领域比传统遗传算法快几个数量级,可应用于广泛的问题领域并得到满意的结果[33]。

实际上,与文化算法相似,Memetic 算法提出的也是一种开放的算法框架。在这个框架下,引入不同的全局搜索策略和不同的局部搜索机制就可以构成不同的文化基因算法,例如,全局搜索策略可以用遗传算法、进化策略、进化规划和粒子群优化算法等,局部搜索策略可以采用爬山搜索、模拟退火、贪婪算法和禁忌搜索等。较多的研究是在遗传算法的全局搜索基础上增加包括采用模拟退火、禁忌搜索等策略的局部搜索机制,以及设计局部搜索在算法流程中的合适位置、局部搜索领域大小等。

1.3.2 机理类智能优化算法

机理类智能优化算法的本质是模拟自然界中事物的某一物理现象、运动规律或内部结构等,构建智能优化算法和模型。根据模拟的机理对象不同,机理类智能优化算法可以分为两类:一类是基于自然科学原理和运行机理的原理类智能优化算法,如量子计算、拟态物理计算、DNA 计算及植物计算等;另一类是基于生物结构特征和思维进化原理的结构类智能优化算法,如基于人脑结构特征的人工神经网络、基于生物免疫机理的人工免疫算法和基于思维进化过程的思维进化算法等。

1. 原理类智能优化算法

原理类智能优化算法是模拟自然或生物运行的现象和机理而抽象出的智能计算模型,例如,量子计算是基于量子力学原理;拟态物理计算是基于物理学原理;DNA计算是基于分子学进展;植物计算则是模拟植物的趋光性生长原理。下面对各算法进行简单的介绍。

(1) 量子计算的概念最早由IBM的科学家Landauer和Bennett于20世纪70年代提出。作为一种新型的计算方法,量子计算是对于一个或多个量子比特(qubit)或量子三元(qutrit)进行操作,以具有量子特性的演算功能。1985年,Deutsch首次提出量子图灵机的概念[34],希望利用量子力学的特性来进行信息处理以获得计算性能的提升。1994年,AT&T公司的Shor基于量子Fourier变换,提出了大数质因子分解算法[35]。该量子算法可以在多项式时间内破解RSA保密体制,这使得依赖该密钥机制的电子银行、网络等在理论上已不再安全。1996年,贝尔实验室的Grover基于量子黑盒加速工具提出了针对乱序数据库的量子搜索算法,可破解DES(data encryption standard)密码体系[36],该算法取得了相比于经典搜索二次方的加速比。这两个算法的提出震惊了整个信息领域,使人们认识到量子计算巨大的优越性,促使更多的研究者开始关注量子算法的研究。这两个具有里程碑意义的算法也成为目前整个量子算法研究领域的核心。从近十多年的量子算法创新来看,如何利用未来的量子计算机解决实际问题,以得到经典计算机无法达到的良好性能,已成为目前量子算法发展的主要方向[37]。

(2) 拟态物理学的概念最早是由美国怀俄明大学的Spears等[38,39]提出的,因为受物理力学定律启发,所以称为“拟态”。本质上,该方法模拟了牛顿第二定律,描述物体遵循牛顿力学定律在虚拟力作用下的运动规律。通过建立群机器人系统和物理系统的映射,可用于群机器人系统的分布式控制[40],基于个体间的简单引斥力规则,实现群机器人系统智能行为的涌现。其中,物理个体具有质量、速度和位置属性。拟态物理计算是将自然界中众多的物理现象遵循的运动规律所揭示的万物运动本质抽象出来的一类智能计算方法。这些物理规律从不同角度揭示了世间万物由无序到有序的运动本质,展示了事物运动的高度自组织性,也为人们研究自组织性智能提供了诸多启迪。近年来,涌现的模拟退火算法、类电磁机制算法[41]、中心力算法[42]、引力搜索算法[43]和拟态物理学优化算法[44]正是受自然界有规律的物理现象启发,模拟物理学原理和规律,设计基于种群的寻优策略,为最优化问题的求解提供了有效的解决方案。面向全局优化问题的拟态物理学优化算法的实现关键有两点:①建立物理个体质量与寻优粒子适应值之间的映射关系,个体适应值与其虚拟质量之间呈反比例关系，使得个体适应值越小，质量就越大，产生的引力就越大；②将个体间的虚拟作用力及引斥力规则作为该类优化算法的搜索策略，寻找适合解决优化问题的作用力计算表达式和引斥力规则。在该算法中，适应值较优个体(其质量较大)吸引适应值较差个体(其质量较小)，适应值较差个体排斥适应值较优个体；同时为了保留种群最优，最优个体不受其他个体的作用。在该引斥力规则引导下，个体在其他个体的引斥力合力驱动下将朝着适应值越来越优的方向运动，而整个群体也将不断向着问题最优解所在的区域逼近。目前，该优化算法的研究尚处于起步阶段，但从相关文献来看，该算法由于其特有的物理模拟机理，初步显示出一定的寻优性能和求解潜力[45,46]。

(3) DNA 计算是科学与分子生物学相结合而发展起来的新兴研究领域。DNA 计算的创始人是美国南加利福尼亚大学的 Adleman 教授，他在 1994 年以 DNA 为计算工具，利用 DNA 反应的强大并行计算能力，成功地解决了哈密顿路径难题，该成果发表在学术期刊 *Science* 上[47]，在国际上引起了强烈反响。DNA 计算是首先利用 DNA 双螺旋结构和碱基互补配对规律进行信息编码，将要运算的对象映射成 DNA 分子链，通过生物酶的作用生成各种数据池；然后按照一定的规则将原始问题的数据运算高度并行地映射成 DNA 分子链的可控生化反应过程；最后利用分子生物技术(如聚合链反应 PCR、超声波降解、亲和层析、克隆、诱变、分子纯化、电泳和磁珠分离等)检测需要的运算结果。目前 DNA 计算方面的大量研究还停留在纸面上，很多设想和方案都是理想化的，对于 DNA 计算构造的现实性及计算潜力、DNA 计算中错误的减少、有效通用算法以及人机交互等问题都需要进行进一步的研究。尤其是 DNA 计算中存在的误码，依概率随机产生，并能被逐级放大，直接影响 DNA 的计算精度，该问题目前尚不能得到有效解决。尽管如此，DNA 计算的大容量、低能耗和高度并行性等特点，为智能计算提供了一条迥然不同的实现路径，这预示着分子生物学与计算机科学的进一步合作发展将可能形成更高效的并行计算模式，因此有着无限的发展前景。

(4) 植物计算是李彤等[48]于 2005 年提出的一种植物生长算法，基于植物的正向光性机制，采用形态发生模拟作为建模工具，从外观上模拟植物的生长过程。算法模拟植物生命周期中的系列生长规律，如植物的向光性动力机制、顶端优势现象和光合作用机制等，来解决复杂问题。受上述研究工作的启发，Cui 等[49]于 2011 年首次面向优化问题，提出了一种新的人工植物算法。该算法综合了植物的正向光性、光合作用及顶端优势等特性，在植物的生长过程与寻优搜索过程之间建立映射，并设计了光合作用算子、顶端优势算子和向光性算子三种操作来实现优化目标解的搜索，其中每种算子均可采用多种灵活的策略来实现。与其他仿生类智能计算相同，人工植物算法依然保留了群体和个体两种概念，其中群体代表优化目标的一组随机抽样解，相对于植物的不同枝条集合；而个体则代表问题的一个解，相当于植物的一个枝条。植物的生长过程对应于基于群体的寻优过程，个体的寻优即枝条的生长将由三种算子来具体决定。考虑到光照强度直接影响枝条生长状态，光照强度越大，枝条生长得越快越好；反之，枝条的生长越慢越差。因此，寻优个体的优劣（即适应值）对应为植物所接收的光照强度。基于上述映射，人工植物算法可直接应用于优化问题的求解[50,51]。

2. 结构类智能优化算法

结构类智能优化算法是模拟生物的结构或机制而形成的智能优化算法。例如，模拟人脑结构的人工神经网络，模拟人体免疫机制的人工免疫算法，模拟人类思维过程的思维进化算法，以及模拟人类情感交流机制的社会情感优化计算等。

(1) 人工神经网络是模拟人脑神经网络结构而形成的一种新型的智能信息处理系统。1943 年，McCulloch 等根据心理学家 James 所描述的神经网络的基本原理[52]，建立了第一个人工神经网络模型（后被扩展为认知模型）[53]，用来解决简单的分类问题。1969 年，Minsky 等[54]在 *Perceptions* 一书中指出，McCulloch 等所提出的认知模型无法解决经典的异或（XOR）问题。这个结论曾一度使人工神经网络的研究陷入危机。实际上这一结论是非常片面的，因为 McCulloch 等研究的主要是单隐含层的认知网络模型，而简单的线性感知器功能是有限的，20 世纪 80 年代，Hopfield 等将人工神经网络成功地应用于组合优化问题上[55,56]，McClelland 等构造的多层反馈学习算法成功地解决了单隐含层认知网络的异或问题及其他的识别问题[57]，这些突破重新掀起了人工神经网络的研究热潮。人工神经网络具有较强的自适应性、学习能力和大规模并行计算能力，因此能够近似实现实际工程中的各种非线性复杂系统。目前，人工神经网络已被广泛应用于各种研究及实际工程领域中，如函数拟合、数据分类、模式识别、信号处理、控制优化、预测建模和通信等领域[58,59]。

(2) 人工免疫系统是模拟生物免疫系统功能的一种复杂智能计算模型。受生物免疫系统复杂的信息处理机制的启发，20 世纪 80 年代，Farmer 等[60]率先基于免疫网络学说给出了免疫系统的动态模型，并探讨免疫系统与其他人工智能方法的联系，开始了对于人工免疫系统的研究。1996 年 12 月，在日本举行了基于免疫性系统的国际专题讨论会，首次提出“人工免疫系统”的概念。随后，人工免疫系统进入兴盛时期，并很快发展成为人工智能领域的理论和应用研究热点。Dasgupta[61]系统分析了人工免疫系统和人工神经网络的异同，认为在组成单元及数目、交互作用、模式识别、任务执行、记忆学习、系统鲁棒性等方面是相似的，而在系统分布、组成单元间的通信、系统控制等方面是不同的，并指出自然免疫系统是人工智能方法灵感的重要源泉。人工免疫系统不仅具有噪声忍耐、无教师学习、自组织、记忆等进化学习机理，还结合了分类器、神经网络和机器推理等系统的一些优点,因此成为求解复杂问题的一种有效途径,已被广泛应用于信息安全、故障诊断、智能控制和机器学习等许多领域[62-65]。

(3) 思维进化计算(mind evolutionary computation,MEC)算法由 Sun 等[66]于 1998 年首次提出。该算法继承了遗传算法中群体和进化的思想,首次提出利用趋同与异化操作对人类的思维进化方式进行模拟。MEC 将描述解空间的群体划分为若干子群体,采用多子群体并行进化机制,并利用趋同与异化初步实现"整体探测"与"局部开采"之间的有效平衡[67]。在进化过程中 MEC 引入公告板用以记录进化信息,充分利用计算机的记忆功能,增强算法的智能性。因此,MEC 具有一般进化计算的自适应、自组织和自学习等智能特性与结构上的本质并行性。与遗传算法相比,MEC 具有较高的搜索效率,并能有效地克服遗传算法的本质缺陷。MEC 的提出,为智能计算领域增加了一种新的计算模型。它大胆突破了自然进化的限制,首次对人类的思维进化方式进行模拟,从而为进化计算的发展开拓了新的研究领域与思路。有关研究表明,MEC 除了能够解决数值[68,69]、非数值优化问题[70,71],还可以进行种群行为、社会行为仿真,具有一定的理论意义与应用价值。

(4) 社会情感优化计算是崔志华等提出的一种基于人类群体、模拟人类社会行为的智能计算方法。算法从人类社会群体行为着手,将处于特定群体环境中的个体情感作为行为控制策略,建立情感输入到行为输出的映射[72,73],并针对不同的情感采用不同的行为模式。算法依然采用群体和个体的概念,其中每一个体代表一个拟人主体,每一主体均可通过反馈机制从社会环境中获取自己行为的社会评价。如果主体行为是正确的,则该行为将得到较高的社会评价值,而个体对此行为的情感值也会随着社会评价反馈的升高而升高;若主体行为是错误的,则其社会评价值会降低,主体自身的情感值也将随之降低。通过这样的反馈机制,每一主体将根据自身相应的情感值来决定和选择下一步的行为方式。基于上述思想,社会情感优化算法采用一种简单的线性加权方式来决定主体的迭代行为,在寻优过程中,主体的行为决策受自身历史社会评价值最高的行为信息、群体历史社会评价值最高的行为信息和自身最高情感值所倾向的行为信息三种因素的影响,从而不断引导主体优化行为方式,对应优化问题的求解,即引导主体不断逼近问题最优解所对应的行为方式。显然,社会情感优化计算从一个新的角度为智能计算的模型建立提供了一种思路,目前算法还处于发展初期,后续在算法模型完善、应用及理论分析等方面需要更深入的研究。

1.3.3　群集类智能优化算法

群集智能是指简单个体在没有集中控制的情况下,通过每个个体自身的简单行为,使整个群体表现出某种智能行为。准确地说,群集智能中的群体可以视为一组相互之间进行直接通信或者间接通信(通过改变局部环境)的主体,这组主体能够合作进行分布式问题求解，则群集智能可以理解为无智能的主体通过合作表现出智能行为的特性。群集类智能优化算法是基于群体智能而产生的一种新型的智能计算模式，它以生物社会系统为依托，以人工生命模型为指导，模拟简单个体组成的群落与环境以及个体之间的相互行为，目前已成为群体智能研究领域中的一个重要分支。根据模拟群体的不同，当前的群集智能计算的主要代表算法有粒子群优化算法、蚁群优化算法、人工蜂群(artificial bee colony，ABC)算法、人工鱼群(artificial fish swarm，AFS)算法以及近几年刚刚提出的头脑风暴优化算法等。

(1) 粒子群优化算法(又称微粒群算法)是由 Kenndy 等[3]于 1995 年在 IEEE 神经网络学术会议上提出的一种基于鸟群捕食行为的群智能优化算法。算法主要利用生物学家 Heppner 提出的模型，将寻找问题最好解作为粒子的社会信念，引导粒子能够飞跃解空间并在最好处降落。信念的社会性又促使个体向周围的成功者学习。一方面希望个体具有个性化，像鸟类模型中的鸟不互相碰撞，停留在鸟群中；另一方面又希望其知道其他个体已经找到的好解并向它们学习，即社会性。当粒子的个性与社会性之间寻求到一种平衡时，可实现优化过程中开发与探测之间的有效平衡。在实现过程中，算法将问题的解空间模拟为鸟类的飞行空间，每个解视为飞行粒子。每个粒子都根据自我经验以及向其他粒子的学习来调整飞行的轨迹，从而不断改进搜索过程，促进整个群向最优解收敛。作为一种仿生的启发式算法，粒子群优化算法不仅模型简单、操作便捷、易于实现、鲁棒性好，还具有深刻的智能等特点，它的提出便引起了国内外相关领域众多研究者的广泛关注和研究。对粒子群优化算法的研究，主要体现在三个方面：①对粒子群优化算法理论的研究；②对粒子群优化算法性能改进的研究；③将粒子群优化算法应用于各个领域。目前这三方面的研究都取得了长足的进展，已得出一系列标志性的成果[74-77]。

(2) 蚁群优化算法是通过模拟蚂蚁群体表现出的高度的智能化和极强的生存能力[78]而建立的一种群体智能优化算法。通过对蚂蚁的长期观察和研究，生物学家发现：尽管蚂蚁个体比较简单，但整个蚂蚁群体是一个高度结构化的社会组织；每只蚂蚁的智能不高，但它们能够以惊人的效率有组织地完成优化和控制的复杂任务。这种高度协作的自组织行为缘于蚁群具有的特殊的信息交互机制。运动中的蚂蚁会在经过的路途中释放一种称为“信息素”的物质，并能够感知这种物质的存在和强度，以此来指导自己的运动方向。蚂蚁总是倾向于往信息素浓度较高的方向移动。通常在相等时间内，路径越短，信息素强度越大，则蚂蚁选择此路径的倾向就越大，由此在觅食蚁群中形成了一种信息正反馈作用，路径上经过的蚂蚁越多，其上遗留的信息素强度越高，而后来的蚂蚁选择此路径的概率也越大，正是依靠信息素的这种正反馈机制，蚂蚁总能够找到通往食物源的最短路径[79]。受蚁群觅食行为的启发，Dorigo 等于 20 世纪 90 年代初首先提出了用于分布式优化的蚁群系统(ant system),并将其用于旅行商(travelling salesman problem,TSP)问题的求解,继而提炼出蚁群优化的元启发方法[80,81]。除了 Dorigo 等提出的蚁群优化模型,Bonabeau 等[82]依据蚂蚁群体的“任务分配”行为提出了简单阈值模型。任务分配是蚂蚁群体行为的又一个显著特点,蚂蚁个体对任务响应的行为与现实中的生产调度、动态任务分配等问题相似。受蚂蚁群体“构造墓地”和“蚁卵分布”等行为的启示,Deneubourg 等[83]构造了用于聚类的蚁群模型。随着对蚁群算法研究的不断深入,算法已由单一求解旅行商问题,成功地推广到许多领域,如调度问题、网络组播路由问题、机器人路径规划、系统辨识、数据挖掘和图像处理等,并且由离散域研究逐渐拓展到连续域研究,算法的理论分析、改进、工程应用和硬件实现等各方面均都取得了丰富的研究成果[84]。

(3) 人工蜂群算法是土耳其学者 Karaboga 等于 2005 年提出的一种模拟蜜蜂群体寻找优良蜜源行为的仿生智能计算算法。通过对蜂群的研究发现,真实的蜜蜂种群能够在任何环境下,以极高的效率从食物源中采取花蜜,同时还能适应环境的改变。蜂群产生群体智慧的最小搜索模型包含三个组成要素:食物源、被雇佣蜜蜂和未被雇佣蜜蜂。在优化过程中,待求解问题的解看作人工食物源,食物源越丰富,意味着解的质量越好,所需招募的蜜蜂越多;反之,食物源越少,解的质量越差,所需招募的蜜蜂越少,达到一定阈值时,该食物源将被放弃,被雇佣蜜蜂将转向丰富的食物源,类似于寻优过程中搜索方向将不断由适应值低的解向适应值高的解逼近。人工蜂群算法的主要特点是不需要了解问题的特殊信息,只需对问题进行优劣的比较,通过蜜蜂个体的局部寻优行为,最终在群体中是全局最优值突现出来,有着较快的收敛速度。目前蜜蜂的采蜜行为、学习、记忆和信息分享的特性也已成为群智能的研究热点之一,人工蜂群算法已经应用于人工网络训练[85]、目标识别[86]、无人机路径规划[87]和车间调度[88]等众多领域。

(4) 人工鱼群算法是由李晓磊博士于 2002 年提出的一种基于鱼群行为的自下而上的新型寻优模式。算法的基本思想为:在一片水域中,鱼数目最多的地方一般就是该水域中营养物质最多的地方,依据这一特点模仿鱼群的集体行为,从而实现全局最优。鱼类不具备人类所具有的复杂逻辑推理能力和综合判断能力等高级智能,它们的目的都是通过个体的简单行为或群体的简单行为来实现的。因此,人工鱼所在的环境就是问题的解空间和其他人工鱼的状态,它的下一时刻的行为取决于目前自身的状态和环境的状态,通过自身活动影响环境,进而影响其他同伴的活动。因此,算法中对人工鱼定义了四种典型行为:鱼的觅食行为、聚群行为、追尾行为和随机行为。作为一种有效的群智能优化算法,人工鱼群算法具有简单性、并行性、能快速跳出局部极值点等特点,在通信、数据挖掘和神经网络等领域都获得了广泛的应用。

(5) 头脑风暴优化算法是史玉回教授于 2011 年提出的一种基于人类头脑风暴创新思维过程的新型群智能优化算法。与传统的群智能优化算法不同,头脑风暴优化算法中的个体是具有逻辑推理和思维创新能力的人类。当人们在碰到个人无法解决的复杂问题时,往往会将几个不同专业背景的人聚在一起,进行头脑风暴活动,通过各自对问题认知的讨论和交谈,产生新的思路和想法。头脑风暴优化算法就是模拟头脑风暴产生新见解的流程,将整个新方案产生过程抽象为具有聚集功能的聚类操作、新个体产生的交互操作,以及实现局部搜索过程的随机变异。在交互过程中,对个体的更新设置了不同的交互规则和原理,充分增强了算法的全局搜索功能。算法一经提出就得到智能计算研究者的广泛关注,对算法机理的深入研究、对操作算子的改进研究、对算法应用领域的扩展研究得到了广泛的关注。本书写作之时,国内外关于头脑风暴优化算法的各类期刊和会议文献共计 70 多篇。

另外,还有诸如蛙跳算法、细菌觅食算法等模拟不同生物群体自组织、协作共享机制的群智能优化算法。显然,群体智能优化算法已经成为解决复杂优化问题的一个新兴分支。这是因为与进化算法相比,群智能优化算法具有以下不可比拟的优点。

(1) 群体中相互协作的个体是分布式的,更能适应网络环境下的工作状态。

(2) 没有中心的控制与数据,系统具有更强的主动性,不会因为某一个或者几个个体的故障而影响整个问题的求解。

(3) 个体间可以通过间接通信进行合作,系统具有更好的可扩充性,不会因为系统个体的增加而引起过大的通信开销。

(4) 系统中单个个体的能力十分简单,每个个体的执行时间比较短,实现也比较简单,具有简单性[89]。

另外,与进化计算相比,尽管都采用基于群体的搜索方式,但群集智能模式中智能行为的涌现与基于进化主义进化模型中的智能涌现有着本质的区别,前者更强调学习对个体行为的影响,个体通过感知和信息交互来适应环境;而后者则强调优胜劣汰的自然选择,适应度差的个体将逐渐被优秀者取代和消亡。相比之下,通过学习而获得知识的更新,对于智能的形成和推动远比个体的遗传演化要快得多。

1.4　头脑风暴优化算法的研究现状

作为模拟人类头脑风暴(brain-storming)创新思维的群智能优化算法,头脑风暴优化算法的提出引起了各领域研究者的广泛关注。这里对算法近几年的研究进展进行详细的总结。

1.4.1 算法操作方面的改进研究

头脑风暴优化算法是史玉回教授于2011年在第二次群体智能国际会议(The Second International Conference on Swarm Intelligence(ICSI2011))上提出的。论文由头脑风暴法引申出头脑风暴优化算法,简单地分析了两者的对应关系,并用测试函数证实BSO算法的可行性[9]。文献[90]在文献[9]的基础上,对头脑风暴法和头脑风暴优化算法的关系进行进一步的分析,在BSO算法变异得到新个体后,加入交叉操作,用更多测试函数验证算法改进的有效性。上述算法称为标准的头脑风暴优化算法。

针对头脑风暴算法的三个关键操作,不同研究者进行了不同的改进工作。张军等提出了一种改进的头脑风暴优化(modified brain storm optimization,MBSO)算法,用简单的SGM(simple grouping method)聚类代替K-means以减轻算法运算负担,用差分变异代替高斯变异,提高算法的运行精度[91]。文献[92]对解空间聚类进行分析,在K-means的基础上提出了新的方式,并对个体的生成方式进行改进。文献[93]采用亲和力传播聚类代替K-means聚类,提出了一种基于不确定头脑风暴优化算法,与原算法相比,寻优效果大幅提高。文献[94]以K-medians聚类代替BSO算法中的K-means聚类,以各个维数的中值为聚类中心,可减少离群值对计算聚类中心带来的影响,最终的仿真结果中,二者的优化结果相仿,但以K-medians聚类的BSO算法有着更高的效率。Shi[95]提出了基于目标空间聚类的头脑风暴优化(brain storm optimization algorithm in objective space,BSO-OS)算法,在给目标空间进行排序后,取较优的若干个个体作为精英群体,其他个体作为普通个体。此外,与标准BSO算法对聚类中心进行扰动不同,该算法将扰动施加在随机选择的个体上。仿真结果表明,该算法不仅具有较高的精度,还在时间性能上拥有更大的优势。文献[96]提出一种随机分类的头脑风暴优化(random grouping brain storm optimization,RGBSO)算法,采用随机分类的方式代替K-means聚类,且在生成新个体时采用动态步长参数控制策略,在不同的搜索时期平衡开采和探索。文献[97]用HCM(hard C-means)聚类代替C-means聚类,取得了较高的结果。文献[98]提出一种聚集层次聚类的头脑风暴优化算法。Cao等[99]提出一种动态聚类策略的头脑风暴优化(brain storm optimization algorithm with dynamic clustering strategy,BSO-DCS)算法,动态聚类策略以一定的概率对种群执行K-means聚类,在步长上用指数代替对数,测试函数的实验结果表明BSO-DCS算法时间复杂度小于BSO算法。上述都是从聚类操作上对算法的改进。

在变异操作的改进上,Sun等[100]提出闭环头脑风暴优化(closed-loop brain storm optimization,CLBSO)算法,基于种群信息产生新个体,根据选择个体的不同衍生出三种不同的CLBSO算法:选取种群最优和个体本身的CLBSO-DB

(CLBSO with different best)算法,随机选取两个不同个体的 CLBSO-RS(CLBSO with random selection)算法,随机选取两个不同聚类中心的 CLBSO-RGC(CLBSO with random group center)算法,三种 CLBSO 算法均有明显的效果。文献[101]提出了基于混沌变异的头脑风暴优化(brain storm optimization with chaotic operation,BSO-CO)算法,首先给出混沌变异公式,其变化范围均为(0,1),并分析了参数变化对变异结果的影响。基于混沌变异的变异范围,在变异之前,首先应该对个体的原有位置进行变换(归一化),变异完之后再以另一个函数返回搜索空间位置。在 BSO-CO 算法与 BSO 算法进行测试函数优化结果比较时,BSO-CO 算法略优。

在新的交互规则产生过程中,Duan 等[102]提出一种猎食头脑风暴优化(predator-prey brain storm optimization,PPBSO)算法,将聚类中心看成捕食者,不断在周围寻找更优解;将其他个体看成猎物,不断地远离捕食者。即通过捕食者保证算法的收敛性,通过猎物维持算法的多样性。Yang 等[103]提出基于讨论机制的头脑风暴优化(discussion mechanism-based brain storm optimization,DMBSO)算法和基于高级讨论机制的头脑风暴优化(advanced discussion mechanism-based brain storm optimization,ADMBSO)算法,对 BSO 算法中产生新个体的两种方式进行定义,将选择一个聚类中心或个体产生新个体的方式称为组内讨论;将选择两个聚类中心或个体产生新个体的方式称为组间讨论。通过动态调整组内讨论和组间讨论的最大讨论次数来平衡算法的收敛性和多样性。仿真结果表明,该算法在处理复杂优化问题方面有着巨大的潜力。

在其他方面,文献[104]对高斯变异中的步长进行讨论,提出一种自适应步长的方式,根据种群中个体的各个维度调节步长,有效地防止算法在迭代后期陷入局部最优。文献[105]提出了步长变化的头脑风暴优化算法,用递减指数代替 S 形对数函数。文献[106]在文献[91]的基础上,对 MBSO 算法的参数进行分析统计,得出各个概率的理论最优值,并据此进行简化(simple MBSO,SMBSO)。文献[107]和文献[108]对种群的多样性进行讨论,提出一种在产生全部个体后随机初始化一部分个体来保持种群的多样性的策略。文献[109]对于 BSO 算法易陷入局部最优的缺陷,提出了基于 Niche 的新模型,命名为 Niche 头脑风暴优化(Niche brain storm optimization,NBSO)算法,能够较好地维持种群的多样性。文献[110]也从数据分析的角度讨论了 BSO 算法中的收敛操作和发散操作。文献[111]提出了混合模拟退火和头脑风暴优化(hybrid brain storm optimization and simulated annealing,SABSO)算法,将 SA 与 BSO 算法相结合,在 BSO 算法生成新个体后,新个体基于 SA 再次生成新个体,若个体优于之前的个体则保留,否则以 Boltzmann 概率保留。文献[112]提出了拓扑结构纳入头脑风暴优化算法,介绍了三种类型连接方式(全连接、环形连接和星形连接)的拓扑结构,并提出了基于拓扑结构的三种新的改进优化算法,即 BSO-FC、BSO-RI 和 BSO-ST。文献[113]提出了一种基于性能评估的进化计算方法，用来识别不同类型的开环和闭环 Wiener 系统对系统是否有用。

1.4.2 扩展应用方面的研究

在扩展应用方面，主要包括对应用问题的扩展研究和对应用领域的扩展研究。

从应用问题的扩展研究来看，文献[114]和文献[115]提出了多目标头脑风暴优化(multi-objective optimization based on brain storm optimization，MOBSO)算法，该算法采用支配排序和归档集策略。与标准 BSO 算法不同的是，文献作者将聚类用于在目标空间中，提出精英类和普通类的概念；采用高斯和柯西两种变异方式；用 ZDT 系列测试函数表明算法不仅在收敛性还是多样性上都有良好的效果。文献[116]将 BSO 算法用于解决多模态问题，通过对 BSO 算法的收敛操作和发散操作分别进行分析，以最优值聚类解决不同中心选取的难题，引进二项式交叉操作来增强局部搜索能力。文献[117]提出了一种改进的多目标头脑风暴优化(modified multi-objective optimization based on brain storm optimization，MMOBSO)算法，用DBSCN 聚类代替其中的 K-means 聚类，用差分变异代替高斯变异和柯西变异，结果表明，算法的 Pareto 前沿的收敛性和多样性均有明显提高。文献[118]提出了一种自适应的多目标头脑风暴优化(self-adaptive multiobjective optimization based on brain storm optimization，SMOBSO)算法，该算法以 SGM 聚类代替 DBSCN 聚类，仍采用差分变异操作，在产生归档集之后，以循环拥挤距离的方式对归档集进行更新，以保持解的多样性。文献[119]用 BSO-OS(brain storm optimization with differential step)算法解决多模态优化问题，取得了良好的效果。文献[120]提出了基于膝点估计和目标空间聚类的多目标优化(multi-objective brain storm optimization based on estimating in knee region and clustering in objective-space，MOBSO-EKCO)算法。文献[121]将 BSO 算法用于解决多因素优化问题，提出了一种多因素头脑风暴优化(multifactorial brain storm optimization，MFBSO)算法，并提出了聚类到多任务的新策略。

从应用领域的研究进展来看，文献[122]将头脑风暴的机制融入基于教与学的优化(teaching learning based optimization，TLBO)算法中，与原始 TLBO 算法中潜在解的教学和学习行为的演化关系不同，融入头脑风暴机制的TLBO 算法坚持将一个团队作为一个整体来发展，最终将其应用于解决电力调度问题，取得了良好的结果。文献[123]用 BSO 算法解决考虑风力的经济调度问题。文献[124]将 MOBSO 算法用于电网调度中，结果优于NSGA-II；文献[125]采用基于人类智能的脑风暴优化算法，找出融合低频子带系数的最优权重，通过与诸如梯度金字塔、移位不变离散小波变换和非子采样轮廓变换等多分辨率融合方法进行比较，结果表明所提出的方法在主观和客观质量度量方面均优于其他多分辨率融合方法。文献[126]用BSO算法解决多无人机飞行的后视水平控制问题。文献[127]中将BSO算法与灰色神经网络(grey neural network,GNN)相结合开发出名为BSO-GNN新型混合股票指数预测模型,在解决局部最优和提高预测精度问题方面有显著的效果。文献[128]用BSO算法解决扩展电源的电子电路设计问题。算法针对不同维度的取值范围的差异,在聚类行为中设计了归一化操作。文献[129]提出了量子行为的头脑风暴优化(quantum-behaved brain storm optimization,QBSO)算法,将其用于解决Loney电磁阀问题。文献[130]对基本BSO算法进行简化,采用文献[98]中的SGM聚类代替K-means聚类,在选择个体时,放弃了以一个类来产生新个体,以减轻算法的运行负担,并将简化的头脑风暴优化(simplified brain storm optimization,SBSO)用于解决F/A-18自动载波登录系统优化问题。文献[131]用BSO算法解决柔性AC传输系统(FACTS)。文献[132]用BSO算法解决无人机搜索中的媒介和光传感器的联合优化问题。文献[133]用混沌头脑风暴优化(chaotic brain storm optimization,CBSO)算法实现信息粒度的模糊径向基函数神经网络(IG-FRBFNN)动态地获得每个源图像的权重的参数优化,从而完成区域特征的图像融合。文献[134]提出了一种增强型头脑风暴优化(enhanced brain storm optimization,EBSO)算法,用于优化两个不同无线传感器网络(wireless sensor network,WSN)的动态部署。文献[135]提出基于差分进化策略的头脑风暴优化(brain storm optimization based on difference evolution,BSODE)算法,通过对步长的调整来调节算法的探索和开采能力,最终用于训练人工神经网络(artificial neural network,ANN)。文献[136]结合了萤火虫算法(firefly algorithm,FFA)与模式搜索(pattern search,PS)算法来优化电力系统规划。文献[137]提出了BSO算法、布谷鸟搜索(cuckoo search,CS)算法和支持向量回归(support vector regression,SVR)的混合模型。文献[138]利用BSO算法对基于当前病例进行检索,并提出了一种相似性测量的新措施。文献[139]将MOBSO算法应用于解决分布式系统资源调度问题。文献[140]和文献[141]将BSO算法用于解决无线传感网络的覆盖问题。文献[142]提出了一种基于差分步长的头脑风暴优化算法(BSO-DS),用于进行隐马尔可夫模型(hidden Markov model,HMM)运动识别。文献[143]将BSO算法用于识别非线性自回归Hammerstein模型与性能评估中,取得了不错的效果。文献[144]提出了一种名为离散小波变换(discrete wavelet transform,DWT)-头脑风暴优化(BSO)-反向传播神经网络(back-propagation neural network,BPNN)的混合模型,用来预测短期风速、评估风能。文献[145]用BSO算法解决交易费用和没有短期销售的投资组合优化问题。文献[146]用BSO算法解决考虑了Lambert公式的最小燃料解决方案的问题。文献[147]基于Wenner方法,分别用高斯-牛顿(Gauss-Newton,GN)法和头脑风暴优化算法来测量土壤电阻率,最终发现,GN法的速度更快,但容易由于初始点不良而发散;BSO

算法速度较慢,但不发散,且更加稳定。文献[148]基于改进的脑风暴优化算法与人类智能的计算机游戏提出了一种人机协同脑暴风优化算法,用于二阶车辆路由问题。文献[149]基于 BSO 算法来进行数据分类,为监督分类问题创建了一个新的数学模型。文献[150]结合了 BSO 算法和离散 PSO(DPSO)算法来解决 TSP 问题。文献[151]提出了混合支持向量回归模型,结合主成分分析(principal componet analysis,PCA)和 BSO 算法进行股价指数预测,用 BSO 算法搜索 v-SVR 的最优参数。文献[152]对于人工神经网络预测风速时易陷入局部最优的问题提出一种结合去噪方法与动态模糊神经网络的模型,通过头脑风暴优化的奇异光谱分析应用于预处理原始风速数据以获得更平滑的序列。

1.5　算法研究准则

近年来,由于新型智能计算模型不断涌现,如何面向复杂实际问题设计有效计算模型并对其效能进行评估,成为一项新的研究课题。下面将阐述几种研究准则用于指导智能计算方法的研究。

1. 无免费午餐定理

Wolpert 等于 1997 年在 *IEEE Transactions on Evolutionary Computation* 上发表了题为"No Free Lunch Theorems for Optimization"的论文[153],提出并严格论证了无免费午餐定理,简称 NFL 定理。这是一个有趣的研究成果,其结论令众多的研究者感到意外,并在优化领域引发了一场持久的争论。

NFL 定理可以简单表述为:对于所有可能的问题,任意给定两个算法 A 和 B,如果 A 在某些问题上表现比 B 好(或差),那么 A 在其他问题上的表现就一定比 B 差(或好),任意两个算法 A、B 对所有问题的平均表现度量是一致的。值得指出的是,NFL 定理是定义在有限空间的,而在无限空间是否成立尚无定论。

NFL 定理表明:面对形式多样、复杂多变的优化问题,不能期望寻找一个万能的、普适的智能计算方法。虽然对于所有函数类不存在"放之四海皆准"的最佳算法,但对于函数的子集未必如此。在现实世界中存在着大量问题,这些现实问题均可看成所有函数集的特殊子类,其在有限定义域内必定有解[154],而找到这些特殊子类的最优解,正是智能计算的研究动机。

因此,在智能计算的研究过程中,必须辩证地去分析和应用 NFL 定理,由此可得到以下优化算法研究的一些指导准则。

(1) 以算法为导向,从算法到问题。对于每一个算法,都有其适用和不适用的问题;给定一个算法,尽可能通过理论分析,给出其适用问题类的特征。

(2) 以问题为导向，从问题到算法。对于一个小的特定的函数集，或者一个特定的实际问题，可以设计专门适用的算法进行求解。

2. Occam 剃刀定理

Occam 剃刀定理是于 14 世纪由逻辑学家 Occam 提出的。这个原理称为“如无必要，勿增实体”(entities should not be multiplied unnecessarily)，即“简单有效原理”。正如他在《箴言书注》2 卷 15 题说的，切勿浪费较多东西去做用较少的东西同样可以做好的事情。从本质上讲，剃刀定理强调处理问题应保持其简单性，抓住根本，解决实质，不需要人为地把事情复杂化，这样才能更快、更有效率地将事情处理好；多出来的东西未必是有益的，相反更容易使人们为自己制造的麻烦而苦恼，因此需要将多余的东西“无情剃掉”。

Occam 剃刀定理在科学领域内引起长时间的争论，对许多科学研究产生了深远的影响。在智能算法设计中，Occam 剃刀定理是判断过度设计的一条经典法则。事实上，算法设计应该遵循“极简”的原则，切忌为了不必要的灵活性而使系统变得复杂。智能计算模型往往来源于自然、社会或生物等不同复杂系统的启示，其模型原型是复杂的，设计者应该从其复杂的行为表象中抽取简单的规则构建计算模型，而不应选用比“必要”更加复杂的算法模型或操作，简单模型在现实问题的求解过程中往往比复杂模型表现出更强的智能性和优越性[2]。

1.6　本书主要内容及体系结构

本书内容由 11 章构成。第 1～2 章为基本原理，第 1 章主要介绍优化问题的基本概念、智能优化算法的理论和分析、头脑风暴优化算法的研究现状等；第 2 章主要介绍头脑风暴的原理到头脑优化算法的抽象及建模过程，以及头脑风暴优化算法的基本流程及参数分析等。第 3 章和第 4 章为算法扩展，第 3 章分析不同的变异操作对算法性能的影响；第 4 章分析不同的聚类操作对算法性能的改进。第 5～7 章为算法的典型应用，主要分析各类改进算法在多模态、多约束和多目标优化三类典型问题上的性能。第 8～10 章主要介绍不同头脑风暴优化算法在解决电力系统的环境经济调度、火电厂供热系统的负荷分配及热电联供系统的负荷分配三类实际应用问题时的解决方案和策略。第 11 章是全书的总结与展望。最后的附录给出了常用的测试函数集供参考。因此，本书的结构框架如图 1.1 所示。

从图 1.1 可以看出，本书的逻辑结构由算法基础理论、算法扩展、典型问题求解和实际调度问题求解四个层次组成，符合由浅入深的认知模式，便于对算法的进一步分析和讨论。

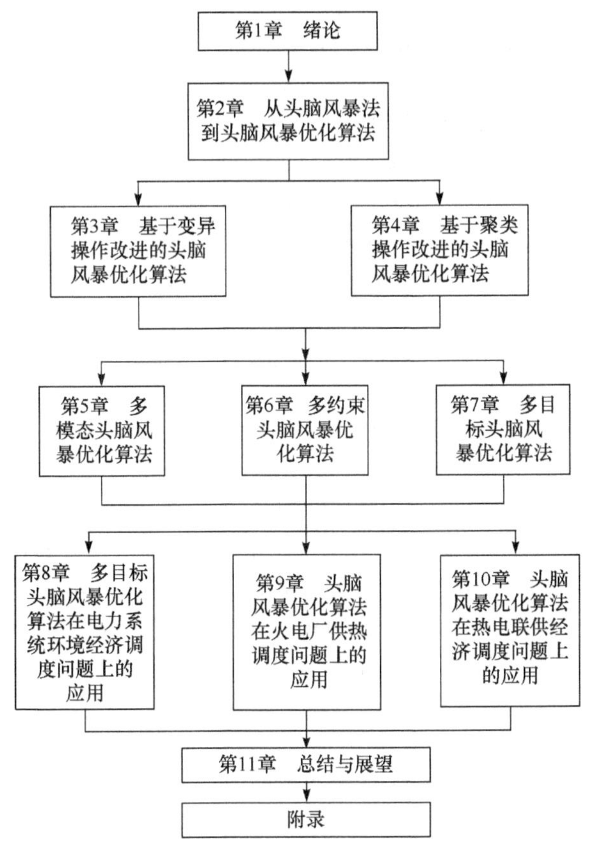

图1.1　本书的结构框架

1.7　本章小结

本章主要介绍了优化问题及其相关算法的基本理论，主要内容包括：优化问题的基本概念及分类；智能优化算法的基本概念；智能优化算法基于机理的分类；智能优化算法的基本原理及研究现状；头脑风暴优化算法的基本理论及研究现状；算法评价的两个准则以及本书的主要内容及结构框架。

参考文献

[1] Holland J H. Adaptation in Natural and Artificial Systems[M]. Cambridge：MIT Press，1992.

[2] Dorigo M，Maniezzo V，Colorni A. The ant system：Optimization by a colony of cooperating agents[J]. IEEE Transactions on Systems Man & Cybernetics—Part B，1996，26(1)：1-13.

[3] Kennedy J, Eberhart R. Particle swarm optimization[C]. Proceedings of the IEEE International Conference on Neural Networks, Perth, 1995.
[4] 郑宇军，陈胜勇，张敏霞. 生物地理学优化算法及应用[M]. 北京：科学出版社，2016.
[5] 谢丽萍. 拟态物理学启发的群智能方法[M]. 北京：电子工业出版社，2015.
[6] 江铭炎，袁东风. 人工蜂群算法及其应用[M]. 北京：科学出版社，2014.
[7] Reynolds R G. An introduction to cultural algorithms[C]. Proceedings of the 3rd Annual Conference on Evolutionary programming, San Diego, 1994.
[8] Moscato P. On evolution, search, optimization, genetic algorithms and martial arts: Towards memetic algorithms[R]. Pasadena: California Institute of Technology, 1989.
[9] Shi Y H. Brain storm optimization algorithm [M]//Tan Y, Shi Y H, Chai Y, et al. Advances in Swarm Intelligence. Heidelberg: Springer, 2011.
[10] Engelbrecht A P. 计算群体智能基础[M]. 谭营，译. 北京：清华大学出版社，2009.
[11] 曾建潮，介婧，崔志华. 微粒群算法[M]. 北京：科学出版社，2004.
[12] 江铭炎，袁东风. 人工鱼群算法及其应用[M]. 北京：科学出版社，2012.
[13] 窦全胜，陈姝颖. 演化计算方法及应用[M]. 北京：电子工业出版社，2016.
[14] 沈显君. 自适应粒子群优化算法及其应用[M]. 北京：清华大学出版社，2015.
[15] 孙俊，方伟，吴小俊，等. 量子行为粒子群优化[M]. 北京：清华大学出版社，2011.
[16] 王凌. 智能优化算法及其应用[M]. 北京：清华大学出版社，2001.
[17] 潘正君，康立山，陈毓屏. 演化计算[M]. 北京：清华大学出版社，1998.
[18] Storn R, Price K. Differential evolution—A simple and efficient scheme for global optimization over continuous spaces[R]. Berkley: International Computer Science Institute, 1995.
[19] Storn R, Price K. Differential evolution—A simple and efficient heuristic for global optimization over continuous spaces[J]. Journal of Global Optimization, 1997, 114(4): 341-359.
[20] Holland J H. Adaptation in Natural and Artificial Systems[M]. Ann Arbor: University of Michigan Press, 1975.
[21] Schwefel H P. Numerical Optimization of Computer Models [M]. Chichester: John Wiely, 1981.
[22] Fogel L J, Owens A J. Artificial Intelligence through Simulated Evolution[M]. New York: John Wiley, 1966.
[23] Koza J R. Genetic Programming: On the Programming of Computers by Means of Natural Selection[M]. Cambridge: MIT Press, 1992.
[24] Price K, Storn R M, Lampinen J. Differential Evolution: A Practical Approach to Global Optimization[M]. Berlin: Springer, 2005.
[25] 刘波，王凌，金以慧. 差分进化算法研究进展[J]. 控制与决策，2007，22(7)：721-729.
[26] 杨启文，蔡亮，薛云灿. 差分进化算法综述[J]. 模式识别与人工智能，2008，21(4)：506-513.
[27] Engelbrecht A P. Computational Intelligence: An Introduction[M]. 2nd ed. Hoboken: John Wiley, 2002.
[28] Reynolds R G, Zhu S. Knowledge-based function optimization using fuzzy cultural algo-

rithms with evolutionary programming[J]. IEEE Transactions on Systems Man & Cybernetics Part B:Cybernetics,2001,31(1):1-18.

[29] Reynolds R G,Peng B,Alomari R S. Cultural evolution of ensemble learning for problem solving[C]. IEEE Congress on Evolutionary Computation,Vancouver,2006.

[30] Reynolds R,Ali M. Embedding a social fabric component into cultural algorithms toolkit for an enhanced knowledge-driven engineering optimization[J]. International Journal of Intelligent Computing and Cybernetics,2008,1(4):563-597.

[31] 段海滨. 仿生智能计算[M]. 北京:科学出版社,2011.

[32] Hart W E,Krasnogor N,Smith J E. Memetic evolutionary algorithms[J]. Recent Advances in Memetic Algorithms,2005,166:3-27.

[33] Ong Y S,Lim M H,Chen X S. Research frontier:Memetic computation-past,present & future[J]. IEEE Computational Intelligence Magazine,2010,5(2):24-36.

[34] Deutsch D. Quantum theory,the church-turing principle and the universal quantum computer[J]. Proceedings of the Royal Society of London—Series A:Mathematical Physical & Engineering Sciences,1985,400(1818):97-117.

[35] Shor P W. Algorithms for quantum computation:Discrete logarithms and factoring[C]. Proceedings of the 35th Annual Symposium on Foundations of Computer Science,Santa Fe,2002.

[36] Grover L K. A fast quantum mechanical algorithm for database search[C]. Proceedings of the 28th Annual ACM Symposium on Theory of Computing,Philadelphia,1996.

[37] 张毅,卢凯,高颖慧. 量子算法与量子衍生算法[J]. 计算机学报,2013,36(9):1835-1842.

[38] Spears W M,Spears D F,Heil R,et al. An overview of physicomimetics[J]. Lecture Notes in Computer Science-State of the Art Series,2004,3342:84-97.

[39] Spears W M. Physicomimetics:Physics-Based Swarm Intelligence[M]. Berlin:Springer,2011.

[40] Spears D,Kerr W,Spears W. Physics-based robot swarms for coverage problems[J]. International Journal of Intelligent Control and Systems,2006,11(3):11-23.

[41] Birbil S I,Fang S C. An electromagnetism-like mechanism for global optimization[J]. Journal of Global Optimization,2003,25(3):263-282.

[42] Formato R A. Central force optimization:A new nature inspired computational framework for multidimensional search and optimization[J]. Nature Inspired Cooperative Strategies for Optimization,2008,129:221-238.

[43] Rashedi E,Nezamabadipour H,Saryazdi S. GSA:A gravitational search algorithm[J]. Information Science,2009,179(13):2232-2248.

[44] 谢丽萍,曾建潮. 受拟态物理学启发的全局优化算法[J]. 系统工程理论与实践,2010,30(12):2276-2282.

[45] 谢丽萍,曾建潮. 基于拟态物理学方法的全局优化算法[J]. 计算机研究与发展,2011,48(5):848-854.

[46] 王艳,曾建潮. 一种基于拟态物理学优化的多目标优化算法[J]. 控制与决策,2010,25(7):1040-1044.

[47] Adleman L. Molecular computation of solutions to combinatorial problems[J]. Science, 1994,266(5187):1021-1024.
[48] 李彤,王春峰,王文波,等.求解整数规划的一种仿生类全局优化算法——模拟植物生长算法[J].系统工程理论与实践,2005,25(1):76-85.
[49] Cui Z H, Cai X J. A new stochastic algorithm to solve lennard-jones clusters[C]. International Conference of Soft Computing and Pattern Recognition, Dalian, 2011.
[50] Cui Z H, Yang H J, Shi Z Z. Using artificial plant optimization algorithm to solve coverage problem in WSN[J]. Sensor Letters, 2012, 10(8):1666-1675.
[51] Yang X S, Cui Z H, Xiao R B, et al. Swarm Intelligence and Bio-Inspired Computation: Theory and Applications[M]. Amstel Dam: Elsevier Science Publishers, 2013.
[52] James W. Psychology: Briefer Course[M]. New York: Henry Holt, 1920.
[53] McCulloch W S, Pitts W. A logical calculus of the ideas immanent in nervous activity[J]. Biological of Mathematical Biophysics, 1943, 5:115-133.
[54] Minsky M, Papert S. Perception[M]. Cambridge: MIT Press, 1969.
[55] Hopfield J J, Tank D. Neural computation of decisions in optimization problems[J]. Biological Cybernetics, 1985, 52(3):141-152.
[56] Hopfield J J, Tank D W. Computing with neural circuits: A model[J]. Science, 1986, 233(4764):625-633.
[57] McClelland J, Rumelhart D. Explorations in Parallel Distributed Processing[M]. Cambridge: MIT Press, 1988.
[58] 阎平凡,张长水.人工神经网络与模拟进化计算[M].北京:清华大学出版社,2005.
[59] 徐新黎.生产调度问题的智能优化方法研究及应用[D].杭州:浙江工业大学,2009.
[60] Farmer J D, Packard N H, Perelson A S. The immune system[J]. Adaptation and Machine Learning, 1986, 22:187-204.
[61] Dasgupta D. Artificial neural networks and artificial immune systems: Similarities and differences[C]. IEEE International Conference on Computational Cybernetics and Simulation, Orlando, 1997.
[62] Castro L N D, José F, Zuben V. Artificial immune systems—Part Ⅰ: Basic theory and applications[J]. Eurochoices, 2000, 1(11):32-36.
[63] Timmis J, Neal M, Hunt J. An artificial immune system for data analysis[J]. Biosystems, 2000, 55(1/2/3):143-150.
[64] 焦李成,尚荣华,马文萍,等.多目标优化免疫算法、理论和应用[M].北京:科学出版社,2010.
[65] 莫宏伟,左兴权.人工免疫系统[M].北京:科学出版社,2009.
[66] Sun C Y, Sun Y. Mind-evolution-based machine learning: Frame and the implementation of optimization[C]. Proceedings of the IEEE Conference on Intelligent Engineering Systems, Vienna, 1998.
[67] 孙承意,谢克明,程明琦.基于思维进化机器学习的框架及新进展[J].太原理工大学学报,

1999,30(5):453-457.

[68] Zeng J C,Zha K. An mind-evolution method for solving numerical optimization problems[C]. Proceedings of the 3rd World Congress on Intelligent Control and Automation,Hefei,2000.

[69] Jie J,Zeng J C,Han C Z. An extended mind evolutionary computation model for optimizations[J]. Applied Mathematics & Computation,2007,185(2):1038-1049.

[70] 查凯,介婧,曾建潮. 基于思维进化算法的常微分方程组演化建模[J]. 系统仿真学报,2002,14(5):539-543.

[71] 刘宏怀,张晓林,孙承意. 思维进化计算在图像识别中的应用[J]. 电子测量技术,2006,29(5):61-62.

[72] 崔志华. 群集智能的新发展——社会情感计算[M]//肖人彬. 面向复杂系统的群体智能. 北京:科学出版社,2013.

[73] 曾建潮,崔志华. 自然计算[M]. 北京:国防工业出版社,2012.

[74] Clerc M. Particle Swarm Optimization[M]. London:ISTE Publishing Company,2016.

[75] 彭喜元,彭宇,戴毓丰. 群智能理论及应用[J]. 电子学报,2003,31(s1):1982-1988.

[76] Kennedy J,Eberhart R C. Swarm Intelligence[M]. San Francisco:Morgan Kaufmann Publisher,2001.

[77] Karaboga D. An idea based on honey bee swarm for numerical optimization[R]. Kayseri:Erciyes University,2005.

[78] Millonas M M. Swarms,phase transitions,and collective intelligence[R]. Los Alamos:Los Alamos National Laboratory,1992.

[79] Ouadfel S,Batouche M. Unsupervised image segmentation using a colony of cooperating ants[M]//Bülthoff H H,Wallraven C,Lee S W,et al. Biologically Motivated Computer Vision. Berlin:Springer,2002.

[80] Dorigo M,Gambardella L M. Ant colony system:A cooperative learning approach to the traveling salesman problem[J]. IEEE Transactions on Evolutionary Computation,1997,1(1):53-66.

[81] Dorigo M,Stutzle T. 蚁群优化[M]. 张军,胡晓敏,罗旭耀,等译. 北京:清华大学出版社,2007.

[82] Bonabeau E,Theraulaz G,Deneubourg J L. Quantitative study of the fixed threshold model for the regulation of division of labour in insect societies[J]. Proceedings of the Royal Society B Biological Sciences,1996,263(22):1565-1569.

[83] Deneubourg J L,Goss S,Franks N,et al. The dynamics of collective sorting robot-like ants and ant-like robots[C]. Proceedings of the 1st International Conference on Simulation of Adaptive Behavior on from Animals to Animats,Paris,1991.

[84] 段海滨. 蚁群算法原理及其应用[M]. 北京:科学出版社,2005.

[85] Karaboga D,Akay B. Artificial bee colony algorithm on training artificial neural networks[C]. IEEE 15th Signal Proceeding and Communications Applications Conference,Eskisehir,2007.

[86] Xu C F,Duan H B. Artificial bee colony (ABC) optimized edge potential function (EPF)

approach to target recognition for low-altitude aircraft[J]. Pattern Recognition Letters, 2010,31(13):1759-1772.

[87] Xu C F,Duan H B,Liu F. Chaotic artificial bee colony approach to uninhabited combat air vehicle (UCAV) path planning[J]. Aerospace Science & Technology, 2010, 14(8): 535-541.

[88] Huang Y M,Lin J C. A new bee colony optimization algorithm with idle-time-based filtering scheme for open shop-scheduling problems[J]. Expert Systems with Applications, 2011, 38(5):5438-5447.

[89] Amos M,Paun G,Rozenberg G,et al. Topics in the theory of DNA computing[J]. Theoretical Computer Science,2002,287(1):3-38.

[90] Shi Y H. An optimization algorithm based on brainstorming process[J]. International Journal of Swarm Intelligence Research,2011,2(4):35-62.

[91] Zhan Z H,Zhang J,Shi Y H,et al. A modified brain storm optimization[C]. IEEE Congress on Evolutionary Computation,Brisbane,2012.

[92] Cheng S,Shi Y H,Qin Q D,et al. Solution clustering analysis in brain storm optimization algorithm[C]. IEEE Symposium on Swarm Intelligence,Singapore,2013.

[93] Chen J F,Xie Y J,Ni J J. Brain storm optimization model based on uncertainty information[C]. Proceedings of the 10th International Conference on Computational Intelligence and Security, Kunming,2014.

[94] Zhu H Y,Shi Y H. Brain storm optimization algorithms with k-medians clustering algorithms[C]. International Conference on Advanced Computational Intelligence,Wuyi,2015.

[95] Shi Y H. Brain storm optimization algorithm in objective space[C]. IEEE Congress on Evolutionary Computation,Sendai,2015.

[96] Cao Z J,Shi Y H,Rong X F,et al. Random grouping brain storm optimization algorithm with a new dynamically changing step size[M]//Tan Y,Shi Y H,Buarque F,et al. Advances in Swarm and Computational Intelligence. Heidelberg:Springer,2015.

[97] Roy R,Anuradha J. A modified brainstorm optimization for clustering using hard c-means[C]. IEEE International Conference on Research in Computational Intelligence and Communication Networks,Kolkata,2015.

[98] Chen J F,Wang J Y,Cheng S,et al. Brain storm optimization with agglomerative hierarchical clustering analysis[M]//Tan Y,Shi Y H,Li L,et al. Advances in Swarm Intelligence. Heidelberg:Springer,2016.

[99] Cao Z J,Rong X F,Du Z. An improved brain storm optimization with dynamic clustering strategy[C]. International Conference on Mechatronics and Mechanical Engineering,Shanghai,2016.

[100] Sun C H,Duan H B,Shi Y H. Optimal satellite formation reconfiguration based on closed-loop brain storm optimization[J]. IEEE Computational Intelligence Magazine,2013,8(4): 39-51.

[101] Yang Z S,Shi Y H. Brain storm optimization with chaotic operation[C]. International Conference on Advanced Computational Intelligence,Wuyi,2015.

[102] Duan H B,Li S T,Shi Y H. Predator-prey brain storm optimization for DC brushless motor[J]. IEEE Transactions on Magnetics,2013,49(10):5336-5340.

[103] Yang Y T,Shi Y H,Xia S R. Advanced discussion mechanism-based brain storm optimization algorithm[J]. Soft Computing,2015,19(10):2997-3007.

[104] Zhou D D,Shi Y H,Cheng S. Brain storm optimization algorithm with modified step-size and individual generation[J]. Lecture Notes in Computer Science,2012,7331(1):243-252.

[105] El-Abd M. Brain storm optimization algorithm with re-initialized ideas and adaptive step size[C]. IEEE Congress on Evolutionary Computation,Vancouver,2016.

[106] Zhan Z H,Chen W N,Lin Y,et al. Parameter investigation in brain storm optimization[C]. IEEE Symposium on Swarm Intelligence,Singapore,2013.

[107] Cheng S,Shi Y H,Qin Q D,et al. Maintaining population diversity in brain storm optimization algorithm[C]. IEEE Congress on Evolutionary Computation,Beijing,2014.

[108] Cheng S,Shi Y H,Qin Q D,et al. Population diversity maintenance in brain storm optimization algorithm[J]. Journal of Artificial Intelligence & Soft Computing Research,2014,4(2):83-97.

[109] Zhou H J,Jiang M Y,Ben X Y. Niche brain storm optimization algorithm for multi-peak function optimization[J]. Advanced Materials Research,2014,989-994:1626-1630.

[110] Cheng S,Qin Q D,Chen J F,et al. Brain storm optimization algorithm:A review[J]. Artificial Intelligence Review,2016,46(4):445-458.

[111] Jia Z X,Duan H B,Shi Y H. Hybrid brain storm optimisation and simulated annealing algorithm for continuous optimisation problems[J]. International Journal of Bio-Inspired Computation,2016,8(2):109-121.

[112] Li L,Zhang F F,Chu X H,et al. Modified brain storm optimization algorithms based on topology structures[M]//Tan Y,Shi Y H,Li L. Advances in Swarm Intelligence. Heidelberg:Springer,2016.

[113] Pal P S,Kar R,Mandal D,et al. Parametric identification with performance assessment of wiener systems using brain storm optimization algorithm[J]. Circuits Systems & Signal Processing,2017,36(8),3143-3181.

[114] Xue J Q,Wu Y L,Shi Y H,et al. Brain storm optimization algorithm for multi-objective optimization problems[J]. Lecture Notes in Computer Science,2012,7331(4):513-519.

[115] Xue J Q,Shi Y H,Wu Y L. Multi-objective optimization based on brain storm optimization algorithm[J]. International Journal of Swarm Intelligence Research,2013,4(3):1-21.

[116] Guo X P,Wu Y L,Xie L X. Modified brain storm optimization algorithm for multimodal optimization[M]//Tan Y,Shi Y H,Carlos A,et al. Advances in Swarm Intelligence. Heidelberg:Springer,2014.

[117] Xie L X,Wu Y L. A modified multi-objective optimization based on brain storm optimiza-

tion algorithm[M]//Tan Y, Shi Y H, Carlos A, et al. Advances in Swarm Intelligence. Heidelberg: Springer, 2014.

[118] Guo X P, Wu Y L, Xie L X, et al. An adaptive brain storm optimization algorithm for multi-objective optimization problems[J]. Lecture Notes in Computer Science, 2015, 9140(4): 365-372.

[119] Cheng S, Qin Q D, Chen J F, et al. Brain storm optimization in objective space algorithm for multimodal optimization problems[M]//Tan Y, Shi Y H, Niu B. Advances in Swarm Intelligence. Heidelberg: Springer, 2016.

[120] Wu Y L, Xie L X, Liu Q. Multi-objective brain storm optimization based on estimating in knee region and clustering in objective-space[M]//Tan Y, Shi Y H, Niu B. Advances in Swarm Intelligence. Heidelberg: Springer, 2016.

[121] Zheng X L, Lei Y, Gong M G, et al. Multifactorial brain storm optimization algorithm[M]//Gong M G, Pan L Q, Song T, et al. Bio-Inspired Computing—Theories and Applications. Heidelberg: Springer, 2016.

[122] Ramanand K R, Krishnanand K R, Panigrahi B K, et al. Brain storming incorporated teaching-learning-based algorithm with application to electric power dispatch[C]. Proceedings of the 3rd International Conference on Swarm, Evolutionary, and Memetic Computing, Bhubaneswar, 2012.

[123] Jadhav H T, Sharma U, Patel J, et al. Brain storm optimization algorithm based economic dispatch considering wind power[C]. IEEE International Conference on Power and Energy, Kota Kinabalu, 2012.

[124] Arsuaga-Rios M, Vega-Rodriguez M A. Cost optimization based on brain storming for grid scheduling[C]. International Conference on the Innovative Computing Technology, Luton, 2014.

[125] Madheswari K, Venkateswaran N, Sowmiya V. Visible and thermal image fusion using curvelet transform and brain storm optimization [C]. IEEE Region 10 Conference, Singapore, 2016.

[126] Qiu H X, Duan H B. Receding horizon control for multiple UAV formation flight based on modified brain storm optimization[J]. Nonlinear Dynamics, 2014, 78(3): 1973-1988.

[127] Sun Y. A hybrid approach by integrating brain storm optimization algorithm with grey neural network for stock index forecasting[J]. Abstract & Applied Analysis, 2014(1): 1-10.

[128] Zhang G W, Zhan Z H, Du K J, et al. Normalization group brain storm optimization for power electronic circuit optimization[C]. Proceedings of the Companion Publication of the Annual Conference on Genetic and Evolutionary Computation, Vancouver, 2014.

[129] Duan H B, Li C. Quantum-behaved brain storm optimization approach to solving Loney's solenoid problem[J]. IEEE Transactions on Magnetics, 2015, 51(1): 1-7.

[130] Li J N, Duan H B. Simplified brain storm optimization approach to control parameter optimization in F/A-18 automatic carrier landing system[J]. Aerospace Science & Technology,

2015,42:187-195.

[131] Jordehi A R. Brainstorm optimisation algorithm(BSOA):An efficient algorithm for finding optimal location and setting of FACTS devices in electric power systems[J]. International Journal of Electrical Power & Energy Systems,2015,68:48-57.

[132] Qiu H X,Duan H B,Shi Y H. A decoupling receding horizon search approach to agent routing and optical sensor tasking based on brain storm optimization[J]. Optik-International Journal for Light and Electron Optics,2015,126(7/8):690-696.

[133] Li C,Duan H B. Information granulation-based fuzzy RBFNN for image fusion based on chaotic brain storm optimization[J]. Optik-International Journal for Light and Electron Optics,2015,126(15/16):1400-1406.

[134] Chen J F,Cheng S,Chen Y,et al. Enhanced Brain Storm Optimization Algorithm for Wireless Sensor Networks Deployment[M]//Tan Y,Shi Y H,Buarque F,et al. Advances in Swarm and Computational Intelligence. Heidelberg:Springer,2015.

[135] Cao Z J,Hei X H,Wang L,et al. An improved brain storm optimization with differential evolution strategy for applications of ANNs[J]. Mathematical Problems in Engineering, 2015,2015(10):1-18.

[136] Mahdad B,Srairi K. Security optimal power flow considering loading margin stability using hybrid FFA-PS assisted with brainstorming rules[J]. Applied Soft Computing,2015, 35(C):291-309.

[137] Jiang P,Qin S S,Wu J,et al. Time series analysis and forecasting for wind speeds using support vector regression coupled with artificial intelligent algorithms[J]. Mathematical Problems in Engineering,2015,2015:1-4.

[138] Yadav P. Case retrieval algorithm using similarity measure and adaptive fractional brain storm optimization for health informaticians[J]. Arabian Journal for Science and Engineering,2016,41(3):1-12.

[139] Arsuaga-Ríos M,Vega-Rodríguez M A. Multi-objective energy optimization in grid systems from a brain storming strategy[J]. Soft Computing,2015,19(11):1-14.

[140] Wei M,Shi Y H. Brain storm optimization algorithms for optimal coverage of wireless sensor networks[C]. Conference on Technologies and Applications of Artificial Intelligence, Tainan,2015.

[141] Zhu H Y,Shi Y H. Brain storm optimization algorithm for full area coverage of wireless sensor networks[C]. International Conference on Advanced Computational Intelligence, Chiang Mai,2016.

[142] 杨玉婷,段丁娜,张欢,等. 基于改进头脑风暴优化算法的隐马尔可夫模型运动识别[J]. 航天医学与医学工程,2015,28(6):403-407.

[143] Pal P S,Kar R,Mandal D,et al. Identification of NARMAX Hammerstein models with performance assessment using brain storm optimization algorithm[J]. International Journal of Adaptive Control & Signal Processing,2016,30(7):1043-1070.

[144] Jiang P,Li P Z. Research and application of a new hybrid wind speed forecasting model on BSO algorithm[J]. Journal of Energy Engineering,2016,143(1):04016019-1-04016019-28.

[145] Niu B,Liu J,Liu J,et al. Brain storm optimization for portfolio optimization[M]//Tan Y, Shi Y H,Li L. Advances in Swarm Intelligence. Heidelberg:Springer,2016.

[146] Soyinka O K,Duan H B. Optimal impulsive thrust trajectories for satellite formation via improved brainstorm optimization[M]//Tan Y,Shi Y H,Niu B. Advances in Swarm Intelligence. Heidelberg:Springer,2016.

[147] Ting T O,Shi Y H. Parameter estimation of vertical two-Layer soil model via brain storm optimization algorithm[M]//Tan Y, Shi Y H, Niu B. Advances in Swarm Intelligence. Heidelberg:Springer,2016.

[148] Yan X M,Hao Z F,Huang H,et al. Human-computer cooperative brain storm optimization algorithm for the two-echelon vehicle routing problem[C]. IEEE Congress on Evolutionary Computation,Vancouver,2016.

[149] Xue Y,Tang T,Ma T H. Classification based on brain storm optimization algorithm[M]// Gong M G,Pan L Q,Song T,et al. Bio-Inspired Computing—Theories and Applications. Heidelberg:Springer,2016.

[150] Hua Z D,Chen J F,Xie Y J. Brain storm optimization with discrete particle swarm optimization for TSP[C]. International Conference on Computational Intelligence and Security, Wuxi,2016.

[151] Wang J Z,Hou R,Wang C,et al. Improved v,support vector regression model based on variable selection and brain storm optimization for stock price forecasting[J]. Applied Soft Computing,2016,49:164-178.

[152] Ma X J,Jin Y,Dong Q L. A generalized dynamic fuzzy neural network based on singular spectrum analysis optimized by brain storm optimization for short-term wind speed forecasting[J]. Applied Soft Computing,2017,54:296-312.

[153] Wolpert D H,Macready W G. No free lunch theorems for optimization[J]. IEEE Transactions on Evolutionary Computation,1997,1(1):67-82.

[154] Christensen S,Oppacher F. What can we learn from No Free Lunch? A first attempt to characterize the concept of a searchable function[C]. Proceedings of the 3rd Annual Conference on Genetic and Evolutionary,San Francisco,2001.

第2章　从头脑风暴法到头脑风暴优化算法

经过60多年来全球智慧精英的锤炼，头脑风暴法目前已经成为全人类共享的知识财富。不同行业的研究者均从人的思维能力和思维方式入手，着重去改变个人的生活和事业，乃至企业的发展。头脑风暴法让每一位参与者都得到尊重，并享受创造的乐趣，从而引起了各领域研究者的广泛兴趣。

本章首先从头脑风暴法的基本过程出发，通过对头脑风暴法原理及过程的详细分析和综合，抽取出用头脑风暴法解决优化问题的流程和步骤，提出采用头脑风暴法求解优化问题的算法框架。然后通过对算法中操作算子及参数选择策略的分析，得出头脑风暴优化算法模型。最后通过对大量标准测试函数的仿真和实验，验证算法的有效性和应用前景。

2.1　头脑风暴法

在群体决策中，人的思维和头脑由于受到群体成员心理相互作用的影响，易屈于权威或大多数人的意见，形成“群体思维”。群体思维的存在极大地削弱了群体的批判精神和创造力，损害了决策的质量。头脑风暴法正是为了保证群体决策的创造性、提高决策质量而提出的一种典型方法。

2.1.1　头脑风暴法简介

头脑风暴法是由美国创造学家Osborn于1939年首次提出并于1953年正式发表的一种激发性思维的方法。从词语本身的来源来看，头脑风暴一词有两个来源：一是美国英语词汇“brainstorming”，通常表示为了解决一个问题、萌发一个好创意而集中一组人来同时思考某事的方式，有点类似于汉语的“集思广益”；二是美国英语词汇“brainstorm”，等同于英国英语的“brainwave”，意为灵感、妙计。现在头脑风暴已经转变为无限制的自由联想和讨论的代名词，其目的在于产生新观念或激发创新设想。

当一群人围绕一个特定的兴趣或领域产生新观点时，这种情境称为头脑风暴。在讨论过程中使用没有拘束的规则后，人们能够更自由地思考，进入思想的新区域，从而产生很多的新观点和问题解决方法。当参加者有了新观点和新想法时，他们就大声说出来，在他人提出的观点之上建立新观点。所有的观点被记录下来但不进行评价。只有当头脑风暴会议结束时，才对这些观点和想法进行评估。

头脑风暴法的目的是让参会者敞开思想使各种设想在相互碰撞中激起脑海的创造性风暴，根据形式可以分为直接头脑风暴法和质疑头脑风暴法。前者是在专家群体决策基础上尽可能激发创造性，产生尽可能多的设想的方法；后者则是对前者提出的设想，逐一质疑，发现其现实可行性的方法。无论是直接头脑风暴法还是质疑头脑风暴法，都是集体开发创造性思维的方法。

2.1.2 头脑风暴法的基本过程

头脑风暴法提供了一种有效的就特定主题集中注意力与思想进行创造性沟通的方式，无论是对于学术主题探讨还是日常事务的解决都有非常好的应用价值。实施头脑风暴会议的过程，一般分为以下六个阶段[1]。

1. 头脑风暴法准备阶段

本阶段需要完成的任务为：负责人事先对所议问题进行一定的研究，弄清问题的实质，找到问题的关键，设定解决问题所要达到的目标；选定参加会议人员，确定会议的时间、地点、所要解决的问题、可供参考的资料和设想、需要达到的目标等事宜，并提前通知与会人员，请大家做好充分准备。

2. 头脑风暴法热身阶段

这个阶段的目的是创造一种自由、宽松、祥和的氛围，使大家得以放松，进入一种无拘无束的状态。一般由主持人先说明会议的规则，然后通过有趣的话题让与会者的思维处于轻松和活跃的境界。

3. 头脑风暴法问题明确阶段

本阶段中由主持人扼要地介绍有待解决的问题。介绍时必须简洁、明确，不可过分周全；否则，过多的信息会限制人的思维，干扰思维创新的想象力。

4. 头脑风暴法重新表述问题阶段

本阶段是为了使大家对问题的表述能够具有新角度、新思维。因此，主持人或记录员必须记录大家的发言，并对发言记录进行整理。通过记录的整理和归纳，找出富有创意的见解和具有启发性的表述，供下一步畅谈时参考。

5. 头脑风暴法畅谈阶段

畅谈是头脑风暴法的创意阶段。为保证畅谈的效率，需要对畅谈过程制定有效的规则。①不要私下交谈，以免分散注意力；②不妨碍他人发言，不去评论他人发言，每人只谈自己的想法；③发表见解时要简单明了，一次发言只谈一种见解。

在此阶段中，主持人发挥重要的作用。他需要事先宣布这些规则，之后要引导大家自由发言，自由想象，自由发挥，使彼此相互启发，相互补充，还要将会议发言记录进行整理。

6. 头脑风暴法筛选阶段

本阶段的主要任务是：在畅谈结束后，主持人向与会者了解会后的新想法和新思路，以此补充会议记录；将大家的想法整理成若干方案，再根据标准进行筛选；经过多次反复比较和优中择优，最后确定 1～3 个最佳方案。这些最佳方案往往是多种创意的优势组合，是大家的集体智慧综合作用的结果。

通过上述六个阶段可以看出，头脑风暴法的正确运用可以有效地发挥集体的智慧，比一个人的设想更富有创意。从上述头脑风暴法实施的阶段来看，准备阶段是对所要解决的问题及方案进行初步确定；热身阶段是构建头脑风暴过程的有利环境；问题明确阶段是对所要解决的问题进行进一步的确定；重新表述问题阶段是找出基本的方案；畅谈阶段是大量产生创造性方案的过程；筛选阶段是对方案进行分析和挑选。

2.1.3 头脑风暴法的要求

为了保证头脑风暴法的效果，高效的头脑风暴过程需满足以下两方面的要求。

1. 头脑风暴法的组织形式

为了提供一个良好的创造性思维环境，需要将参与人员分成不同的小组，每小组人数一般为 10～15 名，最好由不同专业或不同岗位者组成。在同一个小组内，应该包括主持人 1 名，记录员 1 名，专业领域专家、高级专家和具有较高逻辑思维能力的专家若干名。有活力的头脑风暴会议倾向于遵循一系列陡峭的“智能”曲线，开始动量缓慢地积聚，然后非常快，接着又开始进入平缓的时期。因此，对头脑风暴法专家小组的成员有以下不同的要求。

（1）主持人作为方法论学者，应该懂得如何通过小心地提及并培育一个正在出现的话题，让创意在陡峭的“智能”曲线阶段自由形成。

（2）专业领域的专家作为设想产生者，要在所研究的问题方面具有丰富的经验。

（3）专业领域的高级专家作为设想的分析者，应该对设想的优劣和效果评价具有丰富的经验。

（4）具有较高逻辑思维能力的专家作为设想的演绎者，能够对设想进行充分演绎，便于启发新设想的提出。

无论是哪种身份，头脑风暴法的所有参加者都应具备较高的联想思维能力。

在进行“头脑风暴”时，应尽可能提供一个有助于把注意力高度集中于所讨论问题的环境。头脑风暴过程中一些最有价值的设想，往往是在已提出设想的基础之上，经过“思维共振”的“头脑风暴”迅速发展起来的，或者是对两个或多个设想的综合。因此，头脑风暴法产生的结果，应当认为是专家成员集体创造的成果，是专家组这个宏观智能结构相互感染的总体效应。

2. 头脑风暴法实施的原则

一次成功的头脑风暴除了在程序上和组织形式上的要求，更为关键的是探讨方式和心态上的转变。简言之，即实现充分、非评价性、无偏见的交流。具体而言，头脑风暴过程中应遵守以下几个原则，也称为 Osborn's 原则[2]。

(1) 庭外判决原则(延迟评判原则)。对各种意见、方案的评判必须放到最后阶段，此前不能对别人的意见提出批评和评价。认真对待任何一种设想，而不管其是否适当和可行。

(2) 自由畅想原则。欢迎各抒己见，自由鸣放，创造一种自由、活跃的气氛，激发参加者提出各种荒诞的想法，使与会者思想放松，这是智力激励法的关键。

(3) 以量求质原则。追求数量，意见越多，产生好意见的可能性就越大，这是获得高质量创造性设想的条件。

(4) 综合改善原则。探索取长补短和改进的办法。除了提出自己的意见，还鼓励与会者对他人已经提出的设想进行补充、改进和综合，强调相互启发、相互补充和相互完善，这是智力激励法能否成功的标准。

(5) 突出求异创新。这是智力激励法的宗旨。

2.1.4 头脑风暴法的激发机理

头脑风暴过程看似简单，但根据 Osborn 及其他研究者的看法，之所以能够激发创新思维，主要是基于以下几点。

1. 联想反应

联想是产生新观念的基本过程。在集体讨论问题的过程中，每提出一个新的观念，都能引发他人的联想。相继产生一连串的新观念，产生连锁反应，形成新观念堆，为创造性地解决问题提供了更多的可能性。

2. 热情感染

在不受任何限制的情况下，集体讨论问题能激发人的热情。人人自由发言、相互影响、相互感染，能形成热潮，突破固有观念的束缚，最大限度地发挥创造性的思维能力。

3. 竞争意识

在有竞争意识的情况下，人人争先恐后，竞相发言，不断地开动思维机器，力求发现独到的见解、新奇的观念。心理学的原理告诉我们，人类具有争强好胜的心理，在有竞争意识的情况下，人的心理活动效率可增加50%或更多。

4. 个人欲望

在集体讨论解决问题的过程中，个人的欲望自由，不受任何干扰和控制，是非常重要的。头脑风暴法的一条原则是不得批评仓促的发言，甚至不许有任何怀疑的表情、动作和神色。这就能使每个人能够畅所欲言，提出大量的新观念。

头脑风暴法非常具体地体现了集思广益和团队合作智慧，使每个人的思维都得到了最大限度的开拓；同时其操作简单，极易执行，具有很强的实用价值。实践经验表明，头脑风暴法可以对所讨论问题通过客观、连续的分析，找到一组切实可行的方案，因而在军事决策和民用决策中得到了广泛的应用。

2.2　头脑风暴优化算法

群体智能优化算法是基于对自然界中群体的观察，研究群居性生物等通过协作表现出的宏观智能行为特征所提出的求解复杂优化问题的算法。这类算法的主要优点在于其本质上的并行性、广泛的可应用性、算法的高度稳健性和简明性，以及全局优化性，目前已被广泛应用到各个工程领域。

从2.1节对头脑风暴法的详细介绍可以看出，头脑风暴是产生新设想、激发新思维的高效过程。在解决复杂问题的过程中，通过一轮轮的头脑风暴过程，无论是复杂的社会问题，还是经济问题，都得到了很好的解决方案。头脑风暴的过程本身就是系统方案优化的过程，而头脑风暴中的个体——人，是自然界最聪明的动物，不但具有其他动物所具有的潜意识的合作和交互能力，而且具有很强的逻辑思维和创新能力。与其他动物相比，人的思维方式和创新思维模式更具有智能特征。因此，基于头脑风暴过程的优化算法和优化模型，应该具有比其他群体智能优化算法更优的性能。

基于此，史玉回教授于2011年提出这种新型的群智能优化算法——头脑风暴优化算法[3]。本章通过对头脑风暴过程的抽象、分析和建模，建立头脑风暴优化算法的框架，通过对框架中的操作进行定义和分析，提出求解复杂优化问题的头脑风暴优化算法，并通过大量测试函数验证算法的有效性和正确性。

2.2.1　从头脑风暴法到头脑风暴模型

通过对头脑风暴法的六个阶段的细节进行分析可以得出，采用头脑风暴解决复杂问题的步骤如下。

(1) 将尽可能多的不同背景的人聚在一起。

(2) 根据头脑风暴过程中遵循的规则生成尽可能多的想法。

(3) 由 3～5 人作为问题的推动者挑出解决问题的更好想法。

(4) 选择这些想法作为线索，根据头脑风暴过程中遵循的规则产生更多的想法。

(5) 让问题持有者挑出步骤(4)产生的几个好的想法。

(6) 以随机选中的对象为线索根据头脑风暴过程中遵循的规则产生更多想法。

(7) 让问题持有者挑出几个好的想法。

(8) 通过考虑或者合并已经产生的想法得到一个好的解；否则，进行下一次头脑风暴过程。

从上述步骤可以看出，头脑风暴法的核心就是新方案的产生过程。在头脑风暴的过程中，新方案产生的过程有三次：第一次是在准备问题的重新确定阶段，通过步骤(2)和步骤(3)产生；第二次是在畅谈阶段，通过步骤(4)和步骤(5)实现；第三次是在评价阶段，具体通过步骤(6)～步骤(8)实现。

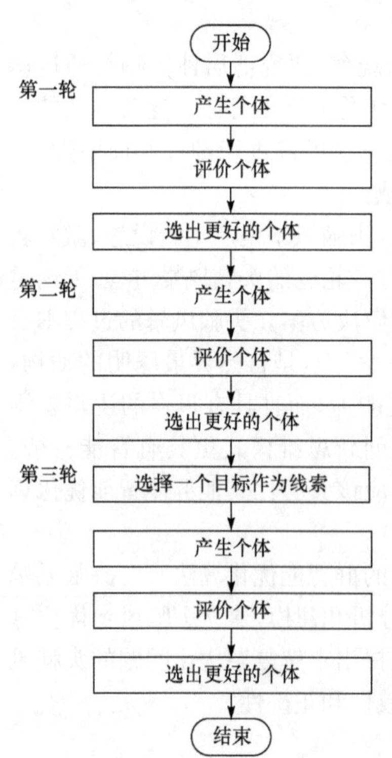

图 2.1　头脑风暴过程的模型

在这三轮的新个体产生过程中，每一轮的步骤不尽相同。例如，在第一轮中有个体的产生、个体的评价和选择，模拟了让问题所有者选出好的想法，通过对个体的评价，好的个体被定义，进而被选择，作为下一轮新个体产生的线索；第二轮的过程与第一轮类似；而第三轮模拟了步骤(6)随机挑出一个目标作为线索，而步骤(7)和步骤(8)给出了选择线索的方案。

图 2.1 很好地模拟了头脑风暴过程的步骤并将其整合为头脑风暴优化模型。图中显示了三轮新个体产生的过程。尽管每一次产生新方案的过程都不同，但基本采用类似的激励策略和原则。因此，头脑风暴法的效果好坏，与激励方案和遵循的原则密切相关。良好的激发创新思

维的环境和规则对头脑风暴的执行效率有非常大的影响，这也是头脑风暴算法模型研究的核心内容。

在头脑风暴过程的模型中，经过了三轮新个体的产生和选择过程。若将头脑风暴过程用于求解复杂优化问题，需要对头脑风暴过程的寻优机制进行详细分析，从而得到头脑风暴优化算法。

与其他群体智能优化算法类似，头脑风暴优化算法的核心也是初始解集的产生机制、新个体产生的激励机制以及个体优劣的选择与评价机制三部分。下面从这三部分出发对头脑风暴过程进行更进一步的剖析。

1. 初始解集的产生机制

在头脑风暴过程中，一个想法对应优化问题的一个潜在解。而含 d 个变量的问题的一个解，可以视为 d 维解空间的一个点。每个个体所在的位置可视为优化问题的一个潜在解，即解空间中的一个点。头脑风暴中的众多想法就是解空间中的个体或者解的种群。因此，找出一个好的解相当于找出解空间的一个点或者一个解。

第一轮中产生个体的方式可以作为以种群为基础的优化算法的初始化部分。在种群初始化过程中，可以随机产生整个种群中的所有个体，也可以随机产生部分个体，剩余部分通过在已知个体上增加噪声来产生。因此，采用头脑风暴过程产生初始解集的过程与其他基于种群的优化算法类似，头脑风暴中的一轮个体产生过程即可作为基于种群的智能优化算法的一次迭代。

与其他群智能算法不同，在模拟头脑风暴过程中，需要尽可能将不同特征的个体聚集起来，才能进行后续新个体的更新。因此，在产生初始解集后，对解集中的个体进行分组或聚类是首先要进行的操作，这是后续新个体产生机制的前提。

在头脑风暴过程中，具有不同领域知识的人聚在一起，便于新想法的产生。在模拟头脑风暴的优化算法中，可以将所有个体通过聚类算法聚成几类，一方面可以模拟不同的会议小组模式；另一方面便于通过寻找聚类中心找出每一类中的较好个体，形成下一轮头脑风暴过程的线索。

目前的聚类算法有很多，不同的聚类算法抽取出的数据特征不尽相同，因此根据优化问题设置合理的聚类算法是基于头脑风暴优化过程中的一个主要研究内容，第 3 章将对聚类算法的种类和优缺点进行详细的分析，并选取几个典型的聚类算法用于对头脑风暴优化算法的改进。

2. 新个体产生的激励机制

在头脑风暴法中，新想法的产生过程具有三个特点：一是有“引领”，即好的想法会成为下一轮的线索；二是有“群体”，即新想法是在群内所有人经过充分的讨论基础上得到的；三是有“变通”，即新想法在产生后评价前，要经过整理和进一步分析才能得到。因此，与其他群智能优化算法产生新个体的机理不同，基于头脑风暴过程的优化算法产生新个体时，这三个方面的实现能充分保证优化过程的合理性和高效性。

在实现过程中，“引领”作用通过将聚类中心赋予更高概率来参与新个体的产生；“群体”的效应通过提供多方位的学习机制来影响新个体的产生；而“变通”则可以通过“扰动”来产生。因此，基于头脑风暴过程的新个体生成过程如算法 2.1 所示。

算法 2.1 新个体的生成过程

---

(1) 在(0,1)产生随机值。

(2) 如果该值小于概率 P_{6b}，那么以概率 P_{6bi} 随机选择一个聚类中心来实现个体更新，具体过程如下：

① 产生(0,1)的随机值；

② 如果该值小于 P_{6biii}，那么选择聚类中心并加一个随机值来产生新个体；

③ 否则，从这个聚类中随机选择一个个体并加一个随机值来产生新个体。

(3) 如果该值不小于概率 P_{6b}，随机选择两个类来产生新个体，更新过程如下：

① 产生一个随机值；

② 如果它小于 P_{6c}，这两个聚类中心合并加一个随机值来产生新个体；

③ 否则，从选择的两个聚类中选择两个随机的个体合并加一个随机值来产生新个体。

在上述算法中，P_{6b}、P_{6bi}、P_{6biii}、P_{6c} 均为给定的 0～1 的值，用于描述预设的选择概率。通过算法可以看出，新个体的产生过程中，通过多个预先设置的概率来模拟头脑风暴过程中的畅谈过程，通过附加的随机值来模拟方案的整理和调整。可以看出，新个体产生的过程中有两个操作最为重要，一是“随机选择”，根据设定的四个不同的概率值来选择新个体产生的方式；另一个是“加随机值”，即在生成个体的基础上增加随机值，其目的类似于随机变异，以增强群体的多样性。

3. 个体优劣的选择与评价机制

一般而言，以种群为基础的优化算法如果没有特殊的要求，那么在运行过程中，种群大小是不变的。在头脑风暴过程的每一轮迭代中，都会产生大量的新个体，要维持种群不变，需要在这些个体中选择与种群数相同的个体进入下一次迭代。与其他以种群为基础的算法相似，如何选择进入下一轮的个体对于受头脑风暴过程启发的优化算法是至关重要的。一种简单的方式是每个已存在的个体产生一个新个体,这两个个体进行比较,更好的个体保存并进入下次迭代。进一步的方法可以利用已知信息将其嵌入个体中,例如,个体利用交叉操作产生两个新个体,四个个体中最好的个体进入下次迭代等。

此外,实际的头脑风暴会议过程中往往需要花费相当多的时间,否则头脑风暴小组很难高效地产生新的有用个体。通常而言,头脑风暴过程的时间约为 60 分钟。但在上述的头脑风暴过程抽象模型中,当利用计算机执行这个过程时,算法的并行性使得个体的产生数量比我们想象得要大,三轮的执行过程也可以通过多次迭代来实现,因此其运行时间远比头脑风暴会议要高效得多。用计算机模拟头脑风暴过程的流程如图 2.2 所示。在图中,第一轮的个体产生与后面的个体产生是类似的,这与以种群为基础的众多智能优化算法的初始化和优化过程类似。

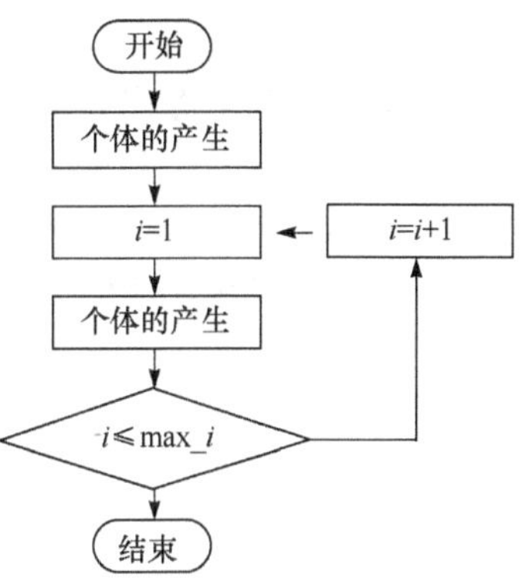

图 2.2　头脑风暴过程流程图

2.2.2　头脑风暴法优化算法原理及步骤

从图 2.2 可以看出,个体产生是头脑风暴优化算法的核心,在分析头脑风暴优化算法之前,先要分析头脑风暴过程的新个体产生策略。

头脑风暴优化算法是受头脑风暴会议的创新思维过程启发而提出求解复杂优化问题的一种启发式群智能进化算法。在头脑风暴过程中,每一轮新创意的产生过程都可以用图 2.3 来表示。

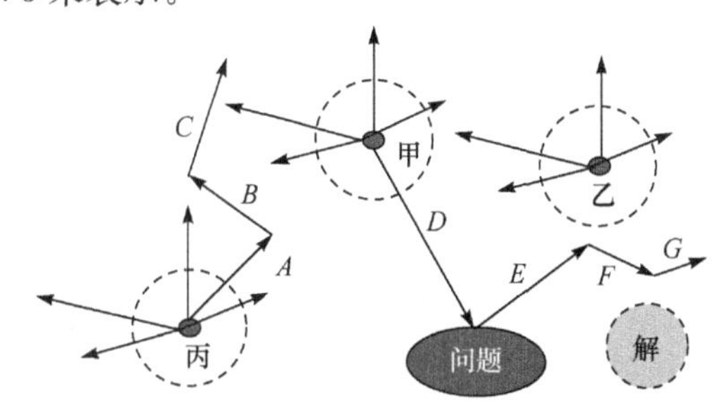

图 2.3　头脑风暴新个体产生示意图

头脑风暴过程中针对特定问题的新想法是由所有人共同畅谈得出的,从图 2.3 中可以看出,针对特定的问题,每一个个体都具有多种方向的交互可能。因此在设置新个体的更新策略时,新个体的产生机制应根据选择概率不同而不同。一般地,文献[3]给出了如下两种方式。

(1) 基于单个聚类中心的个体产生机制，具体公式为

$$x_{\text{new}}^i = x_{\text{old}}^i + \xi \cdot N(\mu, \sigma) \tag{2.1}$$

式中，x_{new}^i 和 x_{old}^i 分别为 x_{new} 和 x_{old} 的第 i 维；$N(\mu,\sigma)$ 为正态分布函数；ξ 为随机值对于新个体的权重系数。

式(2.1)相似于进化算法中的变异操作，但在变异操作中，随机函数一般是高斯函数、柯西函数[4]和 Levy flights[5]等。与高斯函数相比，柯西函数能够更好地探索广泛区域。

(2) 基于两个存在的个体 x_{old1} 和 x_{old2} 的个体产生机制，具体公式为

$$\begin{aligned} x_{\text{new}}^i &= x_{\text{old}}^i + \xi \cdot N(\mu, \sigma) \\ x_{\text{old}}^i &= w_1 x_{\text{old1}}^i + w_2 x_{\text{old2}}^i \end{aligned} \tag{2.2}$$

式中，x_{old}^i 为 x_{old} 的第 i 维，由 x_{old1} 和 x_{old2} 的权重和组成；w_1 和 w_2 为两个已存在个体的权重系数。

式(2.2)模拟了通过两个已存在的个体产生新个体的过程。当然，新个体也可以通过许多已存在的个体来产生。

不管运用多少已存在的个体去产生新的个体，在选择个体时，聚类中心总是以较高的概率被选择去产生新的个体，而其他不是聚类中心的个体被选择的概率较低。

随机产生系数 ξ，严重影响了随机值对个体的贡献程度。通常而言，大的 ξ 值有利于探索，而小的 ξ 值有利于开采。若全局搜索能力较好，在搜索过程开始时，ξ 应该是大的值；若局部搜索能力较好，在搜索过程结束时，ξ 的值是小的。一种 ξ 的策略为

$$\xi(t) = \text{logsig}\left(\frac{T/2 - t}{k}\right) \text{random}(0,1) \tag{2.3}$$

式中，logsig(·)为对数 sigmoid 传递函数；T 为最大迭代数；t 为当前的迭代数；k 为改变 logsig(·)函数的斜率；random(0,1)为(0,1)的随机数。

在同一种群中选择不同的搜索机制和个体，得到的新个体完全不同。图 2.4 给出了四种不同选择机制下的搜索过程示意图，其中正方形、星形、圆形和三角形分别表示不同的类，黑色的个体表示更新个体可能的趋势。

从图 2.3 中可以看出，头脑风暴过程通过两种方式同时促进产生新个体的多样性。一种是通过不同的选择概率选择聚类中心和非聚类中心来更新个体；另一种是通过选择不同的更新方式，如一个个体、两个个体同时产生新个体。这在很大程度上保证了种群的多样性和收敛性的协调发展。

此外，为保持群体的多样性，在选择聚类中心时也采用了随机方式，具体如下：

随机产生一个 0～1 的数值，如果该值小于概率参数 P_{5a}，那么随机选择一个聚类中心，否则随机生成一个信息量代替该聚类中心。

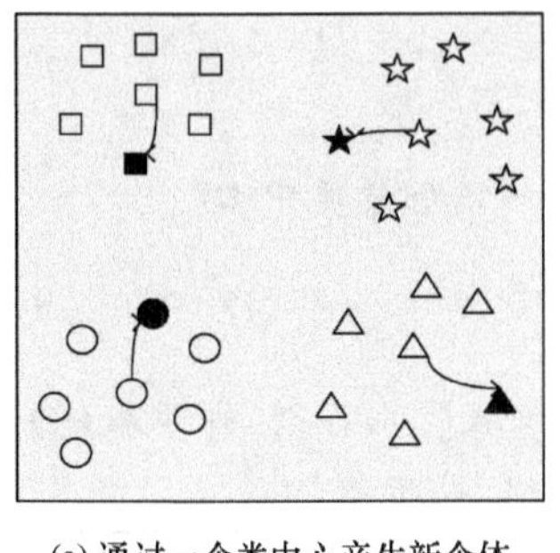

(a) 通过一个类中心产生新个体

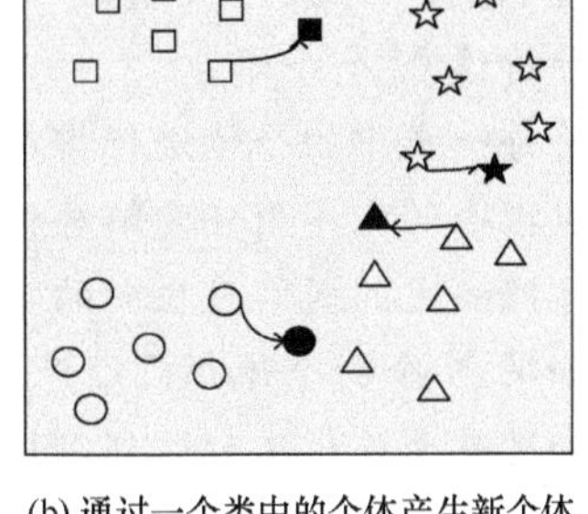

(b) 通过一个类中的个体产生新个体

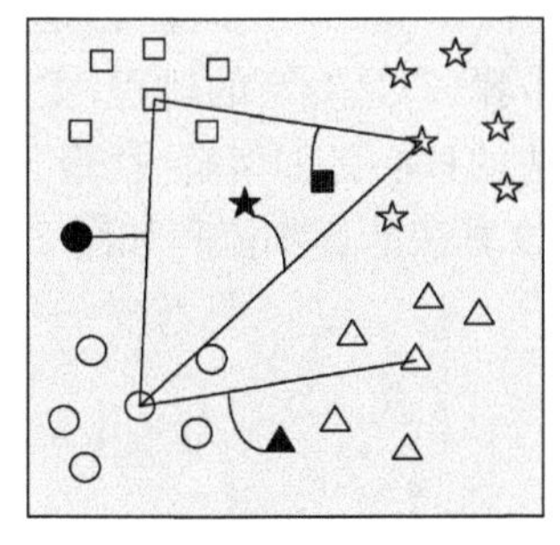

(c) 通过两个类中心产生新个体

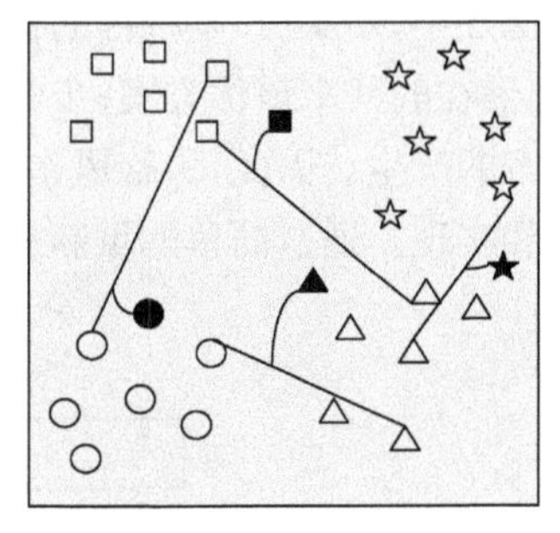

(d) 通过两个类中的个体产生新个体

图 2.4　BSO 算法的模拟搜索过程

在多轮头脑风暴后，头脑风暴小组的思想通常会变窄，新个体产生将变得很难，因此，需要随机跳出当前的个体，在算法上往往通过对个别个体的随机扰动来模拟，利用类似的扰动操作能够以高概率探索广阔区域。

综上所述，头脑风暴优化算法对产生的方案采用聚类操作模拟好方案的选择过程，用不同的交叉、变异和随机搜索策略来模拟头脑风暴法中的畅谈、启发和演绎等创造性思维过程，采用随机变异的方法模拟会谈后的方案整理和筛选过程。

针对特定的复杂优化问题，在采用头脑风暴过程进行求解时，单轮迭代过程中新个体的方案产生过程是算法好坏的关键；两轮交互过程中，较优方案的选择和产生机制是算法成功的关键；而从算法整体而言，方案的评价机制引导了算法的搜索方向。因此，对于整体的头脑风暴优化算法，核心是解决以下三个问题：①群智能优化算法中的探索能力问题，即收敛性问题；②群智能优化算法中的开发能力问题，即多样性问题；③收敛性和多样性的协调问题。抽象后的头脑风暴优化算法的基本步骤如算法 2.2 所示。

算法 2.2　头脑风暴优化算法的基本步骤

(1) 随机产生 N 个个体。

(2) 将 N 个个体聚为 m 类。

(3) 评价这 N 个个体。

(4) 将每一类中的个体进行排序，选择 3～5 个聚类中心。

(5) 以很小的概率用任意解替代聚类中心。

(6) 按照一定的规则产生新的个体。

(7) 如果 N 个新个体都已经产生，则转步骤(8)；否则，转步骤(6)。

(8) 如果最大迭代次数达到，则结束；否则，转步骤(2)。

在算法 2.2 中，步骤(1)是种群的初始化过程；步骤(2)～步骤(4)是算法"聚"的过程，即找出潜在的几个最优方案；步骤(5)～步骤(7)是"散"的过程，主要作用是促使更多新方案的产生。因此，头脑风暴优化算法的核心是如何解决"聚"和"散"两类操作的设计和实现。通过简单的重新整理，BSO 算法的详细流程如图 2.5 所示。

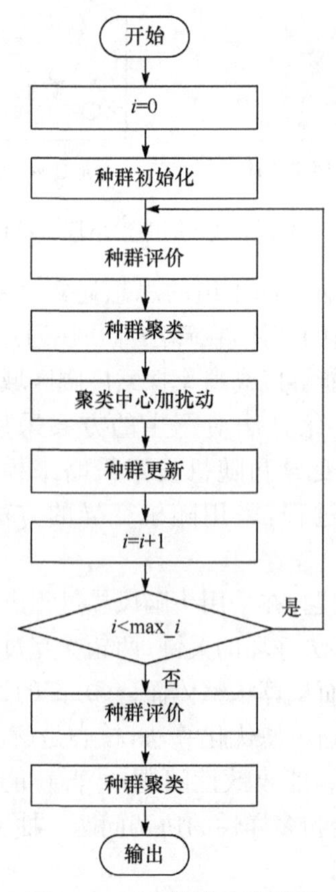

图 2.5　BSO 算法的流程图

从图 2.5 中可以看出，BSO 算法中有种群初始化、种群评价、种群聚类、聚类中心加扰动、种群更新五个主要操作，其中种群初始化、种群评价与其他群智能算法类似，而种群聚类、聚类中心加扰动、种群更新是头脑风暴法特有的操作，也是头脑风暴算法优于其他群智能算法之处。直观上来看，基于人类创新思维过程模拟的 BSO 算法要优于其他的受动物群居行为启发的群智能算法。

2.3　头脑风暴法优化算法的仿真分析

前面对头脑风暴优化算法的模型、操作和仿真流程进行了详细的分析，本节将通过大量标准测试函数对算法的性能进行仿真分析和验证。

2.3.1　测试函数

为了证明头脑风暴优化算法的通用性，这里采用 10 个标准测试函数进行仿真实验，包含五个单模态函数和五个多模态函数。测试函数的具体特性见附录 A，基本情况如表 2.1 所示。

表 2.1　测试函数基本情况

函数特性	函数名	最优点	最优值	搜索区间
单模态	Sphere	[0,0,…,0]	0	[−100,100]
	Schwefel's P221	[0,0,…,0]	0	[−100,100]
	Step	[0,0,…,0]	0	[−100,100]
	Schwefel's P222	[0,0,…,0]	0	[−10,10]
	Quartic Noise	[0,0,…,0]	0	[−1.28,1.28]
多模态	Ackley	[0,0,…,0]	0	[−32,32]
	Rastrigin	[0,0,…,0]	0	[−5.12,5.12]
	Rosenbrock	[1,1,…,1]	0	[−30,30]
	Schwefel's P226	[420.9687,420.9687,…,420.9687]	0	[−500,500]
	Griewank	[0,0,…,0]	0	[−600,600]

2.3.2　参数设定

为便于与后续章节的算法进行对比，本节的基本头脑风暴优化算法中的参数设置如表 2.2 所示。

表 2.2　头脑风暴优化算法参数设置

N	m	P_{5a}	P_{6b}	P_{6biii}	P_{6c}	k	T	μ	σ
100	5	0.2	0.8	0.4	0.5	20	2000	0	1

2.3.3　仿真结果

本章选用较高维数的测试函数进行分析和对比，分别为 30 维、50 维、100 维。为了避免算法的随机性，这里运行 30 次记录 30 维、50 维、100 维下最终的最优值、平均值、最劣值和方差。此外，设允许误差为 0.001，即若 BSO 算法寻优结果与函数最优值的误差小于 10^{-3}，则认为寻优成功。

本次实验在 MATLAB R2015a 上实现，实验在相同的机器上运行，为 2.40GHz Intel Core i3 CPU、2GB RAM 和 Windows 7 操作系统，仿真结果如表 2.3 所示。

表 2.3　头脑风暴优化算法的仿真结果

函数名	维数	最优值	平均值	最劣值	方差	成功次数
Sphere	30	1.46659e−42	2.61601e−42	4.89408e−42	5.52103e−85	30
	50	1.63287e−06	2.86105e−04	0.00163702	1.66062e−07	28
	100	3.52485	5.90284	10.3923	2.19380	0
Schwefel's P221	30	0.0679302	0.186616	0.415087	0.00839457	0
	50	0.661646	1.00896	1.46962	0.0522601	0
	100	4.83707	9.33828	27.4849	15.5825	0
Step	30	0	1.43333	5	1.28850	5
	50	5	9	16	8.34482	0
	100	47	78.0667	129	3.79581e+02	0
Schwefel's P222	30	1.69994e−12	0.0928358	0.700945	0.0321911	5
	50	0.583504	2.05358	3.89883	0.690829	0
	100	19.5810	29.4831	37.1133	14.4361	0
Quartic Noise	30	0.0212118	0.0644699	0.119375	6.62595e−04	0
	50	0.0864041	0.195779	0.395468	0.00471800	0
	100	0.461519	0.829898	1.48811	0.0571584	0
Ackley	30	9.76996e−15	0.478402	2.01331	0.471854	19
	50	1.15523	1.84814	2.53062	0.141870	0
	100	2.77206	3.32342	3.82546	0.0873659	0
Rastrigin	30	50.7428	77.5733	1.29343e+02	3.63712e+02	0
	50	98.5009	1.46065e+02	1.85066e+02	5.13501e+02	0
	100	2.33215e+02	3.79278e+02	4.47011e+02	2.39556e+03	0
Rosenbrock	30	24.0282	4.29400e+02	4.68697e+03	1.03080e+06	0
	50	43.60169	4.61842e+02	3.52957e+03	6.53356e+05	0
	100	7.34492e+02	2.62949e+03	5.92174e+03	1.91292e+06	0

续表

函数名	维数	最优值	平均值	最劣值	方差	成功次数
Schwefel's P226	30	3.43474e+03	5.37017e+03	6.81361e+03	5.45921e+05	0
	50	7.07193e+03	9.37959e+03	1.17489e+04	1.21180e+06	0
	100	1.67199e+04	1.92254e+04	2.39681e+04	2.74116e+06	0
Griewank	30	1.11022e−16	0.0232674	0.478749	0.00748139	13
	50	0.00151748	0.00927225	0.0395819	8.71288e−05	0
	100	0.180989	0.264227	0.373623	0.00200084	0

由表 2.3 可以得出以下结论。

(1) BSO 算法在求解中低维测试函数时，大部分具有很好的搜索性能。当问题的规模为 30 维时，Sphere、Step、Schwefel's P222、Ackley、Griewank 五个测试函数的优化精度已经达到 10^{-12} 以上。

(2) 与其他群智能优化算法类似，随着问题维数的增加，优化算法的复杂程度急剧增加，算法的搜索精度快速下降，算法的性能也急剧变差。而当问题的规模变到 50 维时，精度最高只能达到 10^{-2}，即 0.01。当规模继续增大变成 100 维时，即便是上述五个相对简单的测试函数算法，算法的收敛性能也已经很差了。

(3) 算法的寻优性能与优化问题的搜索难度有很大的关系。例如，对其他五个多模态或多局部极值点的测试函数，对于其他较难优化的测试函数，即使在小规模情况下，算法的收敛性能也不是特别好。

因此，作为一个基于群体智能行为的寻优机制，头脑风暴算法具有很好的发展潜力。但对于大规模复杂优化问题的求解，还需要对算法进行更深层次的分析和改进，对算法中的参数、机理进行进一步的研究，以获得更好的寻优效果。

2.4　头脑风暴法优化算法的参数分析

通过对 10 个标准测试函数的较高维数的优化问题进行仿真可以看出，基本 BSO 算法的求解性能有待进一步的提高。从头脑风暴过程来看，与其他群智能优化算法相比，BSO 算法中的参数较多，这样的机制在为算法提供更加多样化的搜索方式的同时也降低了算法的收敛效率，增加了算法的不确定性。因此，本节将对基本 BSO 算法中的参数进行分析，以期得到参数设置的合理范围和经验值，为今后的研究奠定良好的基础。

为了进一步分析参数对优化性能的影响，这里选取两个典型的标准测试函数，一个是基本的简单的单模态的 Sphere 函数；另一个是多模态的 Rastrigin 函数，该函数以局部极值点居多、优化难度大而著称。下面分别分析聚类个数、斜率 k 值、概率参数和种群大小等对算法性能的影响程度。

2.4.1 聚类个数对算法性能的影响

聚类是BSO算法中的第一步，也是关键的一步。无论是聚类方式还是聚类个数，都会影响算法的寻优精度和效率。一般来讲，算法的聚类个数也与种群规模有关，基于此，假设种群规模 $N=100$ 时，将聚类个数从2逐渐变化到10，对单模态测试函数Sphere和多模态测试函数Rastrigin的30维问题进行测试，分别记录运行30次得到的最优值、平均值、最劣值、方差、运行时间和成功次数，结果如表2.4所示。

表2.4 不同聚类个数下头脑风暴优化算法的仿真结果

函数名	聚类个数	最优值	平均值	最劣值	方差	运行时间/s	成功次数
Sphere	2	1.36436e−42	6.16740e−10	1.85022e−08	1.14111e−17	**19.6443**	30
	3	1.65375e−42	2.80292e−42	4.57069e−42	5.88805e−85	19.6912	30
	4	1.79347e−42	3.16765e−42	8.45049e−42	1.40248e−84	19.7229	30
	5	1.46659e−42	**2.61601e−42**	4.89408e−42	5.52103e−85	20.0199	30
	6	1.56564e−42	2.91793e−42	4.66519e−42	5.46137e−85	20.0958	30
	7	1.27836e−42	2.69695e−42	**4.42965e−42**	4.09933e−85	20.3450	30
	8	1.64307e−42	2.64891e−42	4.96422e−42	4.76709e−85	20.3394	30
	9	**1.21369e−42**	2.94378e−42	4.50733e−42	5.50779e−85	21.2286	30
	10	1.84214e−42	2.92377e−42	4.13978e−42	**3.65126e−85**	21.0805	30
Rastrigin	2	49.7478	79.8949	1.16409e+02	**2.18341e+02**	**19.6602**	0
	3	43.7781	70.1776	1.08450e+02	2.63372e+02	19.8099	0
	4	36.8134	79.5964	1.30338e+02	4.29288e+02	19.8818	0
	5	50.7428	77.5733	1.29343e+02	3.63712e+02	21.2567	0
	6	37.8084	74.9201	1.06460e+02	2.93303e+02	20.4402	0
	7	**29.8487**	76.5784	1.14419e+02	2.69773e+02	20.6621	0
	8	33.8285	**69.8791**	**94.5208**	2.58043e+02	20.5347	0
	9	46.7629	75.3181	1.29344e+02	3.69629e+02	20.4767	0
	10	44.7731	72.1674	1.12429e+02	2.53199e+02	20.3496	0

注：本书表中的加黑数字表示最优性能。

由表2.4可知，在Sphere函数中，聚类个数的变化对算法寻优精度的影响并不大，除了聚类个数为2的情况，其余的平均精度均能达到 10^{-42}。但随着聚类个数的增加，算法的运行时间也随之增加，因此对于Sphere函数的聚类个数应设置为较小值。当聚类个数为2时，算法的最优值仍能达到 10^{-42}，但平均最优值并不理想，可见聚类个数过少会抑制算法的多样性，因此，对于类似于Sphere函数的较为简单的单模态问题，应设置聚类个数为较小值，以3～5为宜。

对于多模态函数,尽管聚类个数的改变对算法寻优精度的影响并不大,但显然当聚类个数稍微大时算法性能更优,可见在多模态问题中,聚类个数的增加使得算法的多样性增加,更利于跳出局部最优解。考虑到算法运行时间随着聚类个数的增加而增加,设聚类个数为 4～8。

为更进一步表明聚类数对算法精度的影响,将上述仿真结果做到同一张表中进行对比分析。图 2.6 和图 2.8 分别为两个函数不同聚类个数的寻优曲线对比结果;图 2.7 和图 2.9 则分别为聚类数改变时适应度值大小与算法运行时间的对比结果。

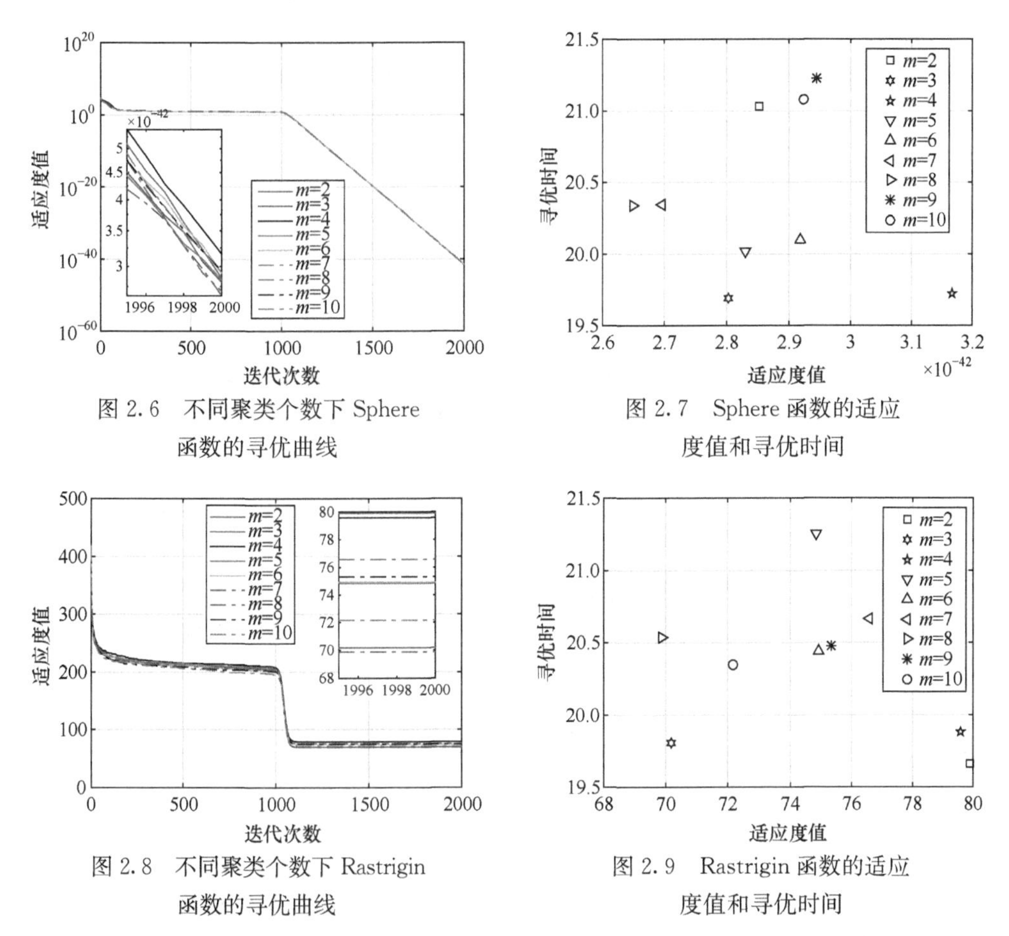

图 2.6　不同聚类个数下 Sphere 函数的寻优曲线

图 2.7　Sphere 函数的适应度值和寻优时间

图 2.8　不同聚类个数下 Rastrigin 函数的寻优曲线

图 2.9　Rastrigin 函数的适应度值和寻优时间

可以看出,尽管在聚类个数较大时算法有着最好的精度,但也消耗更多的时间。因此在实际应用中,聚类个数应根据时间性能协调设置,而基于自适应聚类数的聚类策略也是算法改进的重点。

2.4.2　斜率 k 值对算法性能的影响

斜率 k 值是变异中的一个重要参数,能够用来调节算法勘探和开采的平衡。

在算法迭代初期，由于种群为随机产生，个体普遍有着较差的适应度值，此时应重点进行全局搜索，即勘探。随着迭代次数的增加，种群内的个体质量普遍提高，此时在较好个体周围寻优时，为了防止跳过最优点，应重点进行局部搜索，即开采。在高斯变异中，初始时变异量较大，迭代后期量较小，k 值决定了变异量递减的斜率，不同步长下的 BSO 变异范围如图 2.10 所示。

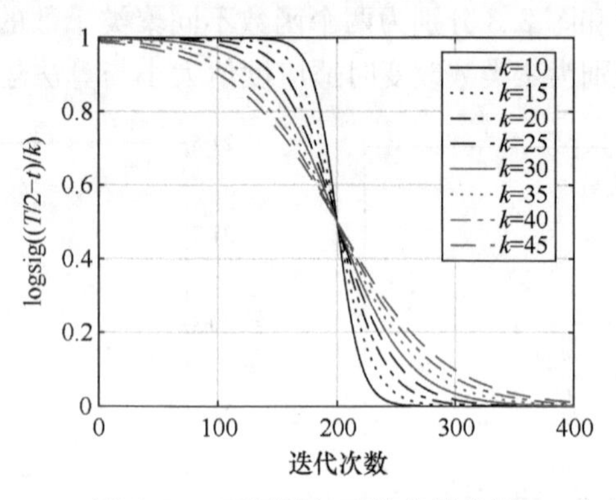

图 2.10　不同步长下的变异范围

可见，当 k 值增大时曲线变缓，变化率减少。为了进一步说明算法在不同 k 值下的性能，在 2.3 节算法其他参数不变的情况下，设置不同 k 值，采用单模态测试函数 Sphere 和多模态测试函数 Rastrigin 进行测试分析，k 值对于算法的时间性能基本没有影响，因此记录最终的最优值、平均值、最劣值、方差和成功次数。

由表 2.5 可见，对 Sphere 函数和 Rastrigin 函数而言，高斯变异中 k 值对算法的性能有着较大的影响。总体来讲，k 取较小值时算法性能较好，但当 k 值过小时，特别是对于 Sphere，寻优精度大幅降低。可见无论对于单模态 Sphere 函数还是多模态 Rastrigin 函数，都有较合理的取值范围。

表 2.5　不同步长下头脑风暴优化算法的仿真结果

函数名	步长	最优值	平均值	最劣值	方差	成功次数
Sphere	10	1.34233e−04	0.00528687	0.0296108	4.02358e−05	3
	15	**1.20184e−56**	1.16554e−09	3.48374e−08	4.04451e−17	30
	20	1.46659e−42	**2.61601e−42**	**4.89408e−42**	**5.52103e−85**	30
	25	6.17443e−34	1.01932e−33	1.51815e−33	3.74388e−68	30
	30	3.11658e−28	5.52632e−28	7.59976e−28	1.37437e−56	30
	35	4.47094e−24	6.30297e−24	9.30665e−24	1.62081e−48	30
	40	4.96392e−21	7.74241e−21	1.13958e−20	2.21945e−42	30
	45	1.10269e−18	1.83649e−18	3.27990e−18	2.07447e−37	30

续表

函数名	步长	最优值	平均值	最劣值	方差	成功次数
Rastrigin	10	46.8963	72.1046	**1.03153e+02**	2.50482e+02	0
	15	**40.7932**	**69.6801**	1.15414e+02	2.84040e+02	0
	20	50.7428	77.5733	1.29343e+02	4.50280e+02	0
	25	43.7781	77.0427	1.52227e+02	5.47510e+02	0
	30	43.7781	69.9454	1.03475e+02	2.71183e+02	0
	35	41.7882	73.7925	1.11434e+02	2.50901e+02	0
	40	43.7780	72.5654	1.09445e+02	2.57924e+02	0
	45	48.7528	72.3333	1.08450e+02	**2.39573e+02**	0

图 2.11 和图 2.12 为不同步长下的 Sphere 函数和 Rastrigin 函数的寻优曲线。由图 2.11 可明显看出，当 k 取 10 或 15 时可能会导致算法过早收敛，取过大值又会降低算法精度。由图 2.11 和图 2.12 可知，k 取 20～30 为宜。

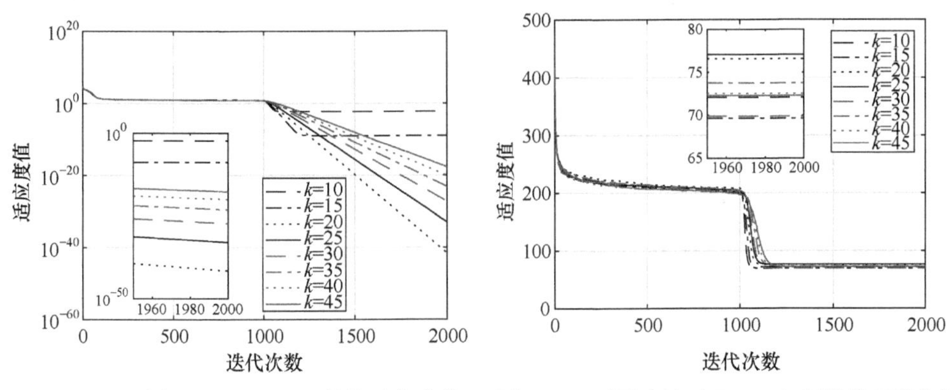

图 2.11　不同步长下 Sphere 函数的寻优曲线　　图 2.12　不同步长下 Rastrigin 函数的寻优曲线

2.4.3　概率参数对算法性能的影响

作为新型的群智能优化算法，BSO 算法提出了一种新颖的优化问题的“聚”“散”机制，通过设置不同的概率（如 P_{5a}、P_{6b}、P_{6biii}、P_{6c} 等）来调整新个体的搜索方向和机制。这些预设概率的选择，对算法的性能也有重要的影响。因此，这里重点分析在相同的种群规模 N、最大迭代次数 T 下概率 P_{5a}、P_{6b}、P_{6biii}、P_{6c} 的选择对算法性能的影响。

显然，N 和 T 越大，算法精度越高，但运行时间越长。在新个体生成的过程中，概率 P_{5a} 是替代聚类中心的选择概率，能够一定程度上防止算法收敛于局部最优；概率 P_{6b} 可确定产生新个体的方式，是向一个类还是两个类来产生，它的大小用来协调局部搜索与全局搜索的关系；而概率 P_{6biii} 和 P_{6c} 分别表示选择一个类还是两个类中心产生新个体的概率，其目的是增加搜索的多样性。

表 2.6～表 2.9 分别给出了上述四个概率从 0～1 均匀变化时算法的性能指标。表 2.6 给出了概率参数 P_{5a} 改变时 Sphere 函数和 Rastrigin 函数的适应值曲线的对比结果。图 2.13 和图 2.14 给出了详细的仿真对比图。从表 2.6 和图 2.13、图 2.14 可得，对于 Sphere 函数，算法在 P_{5a} 为 0 时有着最好的性能，当参数为 0～0.6 时有着相仿的性能，若参数值继续增加，则算法收敛性能迅速下降。对于多模态函数，当参数较小时算法依然有着最好的性能。可见，尽管 P_{5a} 使得算法以一定的概率跳出局部最优，但对算法的寻优效率产生了一定的影响，即有可能替换聚类中心之后使得算法的寻优速度变慢，当 P_{5a} 过大时甚至会导致算法止步于当前最优。因此，为减小计算量，常常可以假设 P_{5a} 为 0，这样得到的算法为简化 BSO 算法。

表 2.6　不同 P_{5a} 下头脑风暴优化算法的仿真结果

函数名	P_{5a}	最优值	平均值	最劣值	方差	成功次数
Sphere	0	**1.13686e−42**	**2.39278e−42**	**3.84618e−42**	4.43325e−85	30
	0.1	1.44332e−42	2.79820e−42	4.47251e−42	**4.02893e−85**	30
	0.2	1.46659e−42	2.61601e−42	4.89408e−42	5.52103e−85	30
	0.3	1.48956e−42	3.22099e−42	5.02025e−42	5.55637e−85	30
	0.4	2.07709e−42	3.34875e−42	6.92351e−42	9.81021e−85	30
	0.5	2.03882e−42	3.65751e−42	8.17861e−42	1.65300e−84	30
	0.6	2.21696e−42	3.78793e−42	6.69726e−42	1.32886e−84	30
	0.7	1.83043e−42	0.0909337	2.72801	0.248068	29
	0.8	2.72356e−42	0.00287516	0.0862549	2.47997e−04	29
	0.9	2.19744e−42	0.271296	8.13296	2.20472	28
	1.0	2.20018e−42	0.379726	11.3917	4.32576	29
Rastrigin	0	39.7983	**63.9757**	**98.5007**	2.57051e+02	0
	0.1	**29.8487**	68.0218	1.07455e+02	3.15923e+02	0
	0.2	50.7428	77.5733	1.29343e+02	3.63712e+02	0
	0.3	50.7428	79.2979	1.05465e+02	**2.17385e+02**	0
	0.4	37.8083	70.8409	1.16409e+02	4.00369e+02	0
	0.5	54.7224	77.8387	1.17404e+02	3.31844e+02	0
	0.6	51.7377	80.3260	1.28349e+02	4.78506e+02	0
	0.7	50.7428	87.1581	1.29344e+02	4.70838e+02	0
	0.8	38.8033	78.2698	1.08450e+02	4.15862e+02	0
	0.9	37.8084	81.2369	1.22379e+02	3.52381e+02	0
	1.0	56.7125	87.7061	2.00506e+02	6.60380e+02	0

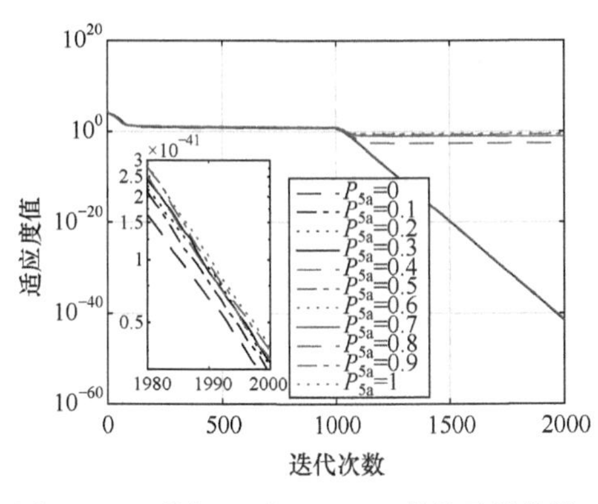

图 2.13　不同 P_{5a} 下 Sphere 函数的寻优曲线

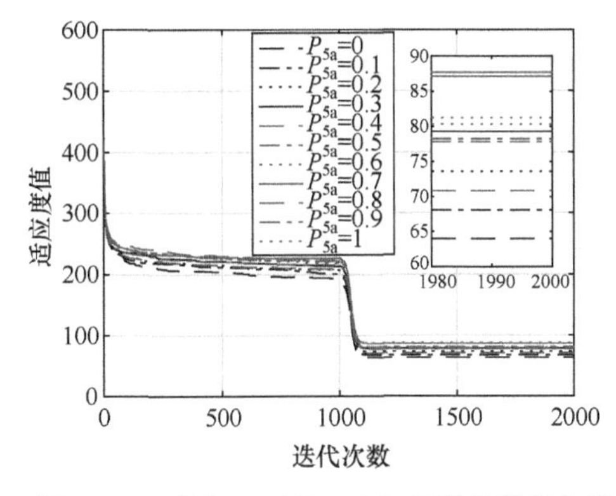

图 2.14　不同 P_{5a} 下 Rastrigin 函数的寻优曲线

表 2.7 给出了概率参数 P_{6b} 改变时 Sphere 函数和 Rastrigin 函数的适应值曲线的对比结果。图 2.15 和图 2.16 给出了详细的仿真对比图。从表 2.7 和图 2.15、图 2.16 可以看出，对于较为简单的单模态 Sphere 函数，取较大值时算法有着较快的收敛速度和较高的寻优精度，算法在 P_{6b} 为 1 时的平均精度高，因此对于简单的单模态函数，应该尽量以一个类来生成新个体；而对于多模态 Rastrigin 函数，P_{6b} 取较小值时有着较好的精度，但当参数为 0 时性能又大幅下降，即对于多模态函数，在考虑算法收敛速度的同时也应保证多样性。综合考虑，对于简单的单模态函数，可取 P_{6b} 为 0.7～1；对于较为复杂的多模态函数，应取 0.2～0.5 较优。

表 2.7　不同 P_{6b} 下头脑风暴优化算法的仿真结果

函数名	P_{6b}	最优值	平均值	最劣值	方差	成功次数
	0	7.60481	13.2237	26.8869	19.0715	0
	0.1	0.133398	0.533486	1.38973	0.0832946	0
	0.2	3.21993e−04	0.0237752	0.133375	0.00112942	2
	0.3	1.48986e−08	1.51325e−04	0.00129130	9.90917e−08	29
	0.4	4.10514e−42	0.236495	7.07032	1.66593	27
Sphere	0.5	2.69315e−42	0.685443	20.5632	14.0949	29
	0.6	1.52313e−42	7.60479e−42	1.16218e−40	4.21753e−82	30
	0.7	1.96387e−42	3.64632e−42	1.49358e−41	5.80829e−84	30
	0.8	**1.46659e−42**	2.61601e−42	4.89408e−42	5.52103e−85	30
	0.9	1.55314e−42	2.55284e−42	4.37257e−42	3.86127e−85	30
	1	1.54072e−42	**2.45674e−42**	**3.22564e−42**	**2.00984e−85**	30

续表

函数名	P_{6b}	最优值	平均值	最劣值	方差	成功次数
Rastrigin	0	96.8333	1.47961e+02	1.92552e+02	6.32255e+02	0
	0.1	38.7983	73.0859	1.14683e+02	3.16955e+02	0
	0.2	39.3073	**64.7589**	**93.5949**	2.20320e+02	0
	0.3	**23.9307**	65.3042	1.00490e+02	3.09426e+02	0
	0.4	50.7428	77.5733	1.29343e+02	3.63712e+02	0
	0.5	45.7680	72.3333	1.17404e+02	4.24928e+02	0
	0.6	35.8185	71.3715	1.02480e+02	2.52871e+02	0
	0.7	44.7731	76.0477	1.33323e+02	4.10218e+02	0
	0.8	46.7630	74.8538	1.06460e+02	**2.16602e+02**	0
	0.9	43.7781	79.9944	1.04470e+02	2.84253e+02	0
	1	52.7327	98.6995	1.73122e+02	7.58724e+02	0

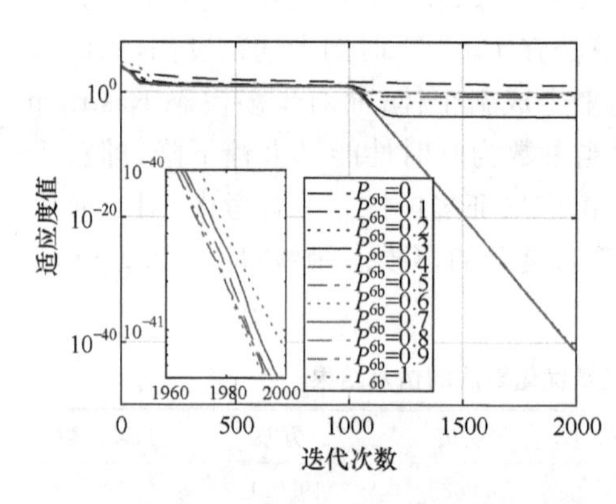

图 2.15 不同 P_{6b} 下 Sphere 函数的寻优曲线

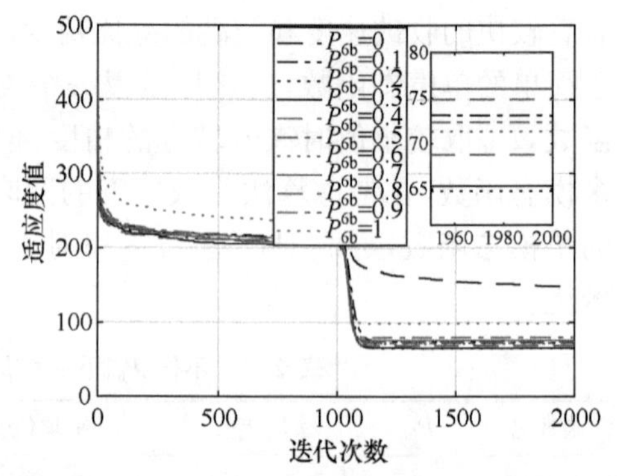

图 2.16 不同 P_{6b} 下 Rastrigin 函数的寻优曲线

表 2.8 给出了概率参数 P_{6biii} 改变时 Sphere 函数和 Rastrigin 函数的适应值曲线的对比结果。图 2.17 和图 2.18 给出了详细的仿真对比图。由表 2.8 和图 2.17、图 2.18 可见,对于两个测试函数而言,P_{6biii} 取 0.3～0.7 时算法较优,即应取中间值来协调算法全局搜索与局部搜索之间的关系。具体来说,对于 Sphere 函数,当 P_{6biii} 取 0.6 时算法有着最高的精度,可见对于简单的单模态函数,应用较大的概率以聚类中心来产生新个体;而对于 Rastrigin 函数,当 P_{6biii} 为 0.3 时算法有着最高的精度,可见对于较为复杂的多模态函数,应用较小的概率以聚类中心来生成新个体。综上所述,P_{6biii} 应采用较中间的概率,对于简单的函数可取较小值,问题复杂时可取较大值。

表 2.8　不同 P_{6biii} 下头脑风暴优化算法的仿真结果

函数名	P_{6biii}	最优值	平均值	最劣值	方差	成功次数
Sphere	0	0.105375	0.296031	0.595362	0.0201052	0
	0.1	2.22994e−07	6.44279e−04	0.00608345	1.43623e−06	25
	0.2	2.24126e−42	4.46565e−14	1.33784e−12	5.96554e−26	30
	0.3	2.04483e−42	3.44430e−42	5.02164e−42	**5.29001e−85**	30
	0.4	1.46659e−42	2.61601e−42	4.89408e−42	5.52103e−85	30
	0.5	1.19345e−42	2.60916e−42	8.70920e−42	1.63377e−84	30
	0.6	1.48816e−42	**2.29612e−42**	**3.86292e−42**	2.47415e−85	30
	0.7	1.30935e−42	2.75733e−42	1.22685e−41	4.71022e−84	30
	0.8	1.21722e−42	3.20526e−11	9.61579e−10	3.08211e−20	30
	0.9	**1.14937e−42**	1.74008e−05	5.22025e−04	9.08368e−09	30
	1	1.16280e−42	2.60756	11.5398	14.3539	16
Rastrigin	0	42.1441	78.9656	1.23478e+02	4.13883e+02	0
	0.1	44.7857	73.9507	1.24434e+02	4.01134e+02	0
	0.2	44.7730	77.5070	1.15414e+02	3.92581e+02	0
	0.3	46.7629	**72.2338**	**1.01485e+02**	2.39468e+02	0
	0.4	45.7680	76.7774	1.07455e+02	3.10434e+02	0
	0.5	50.7428	77.5733	1.29343e+02	3.63712e+02	0
	0.6	53.7277	80.8899	1.18399e+02	3.53176e+02	0
	0.7	39.7983	73.6930	1.21384e+02	3.18275e+02	0
	0.8	41.7882	78.1372	1.13424e+02	4.68186e+02	0
	0.9	**29.8487**	76.2183	**1.01485e+02**	2.77861e+02	0
	1	41.0748	88.9530	2.07792e+02	**1.42531e+03**	0

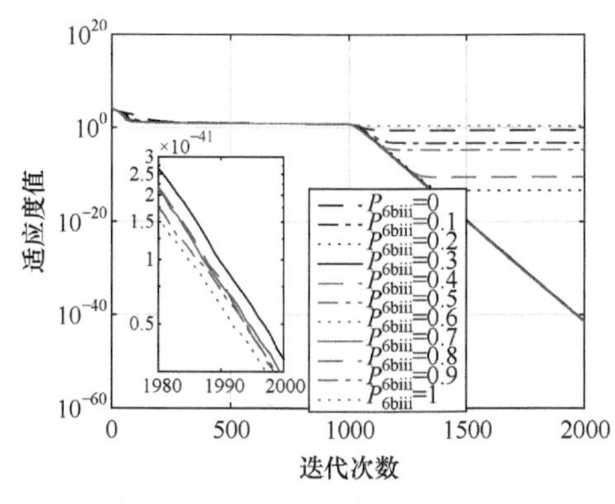

图 2.17　不同 P_{6biii} 下 Sphere 函数的寻优曲线

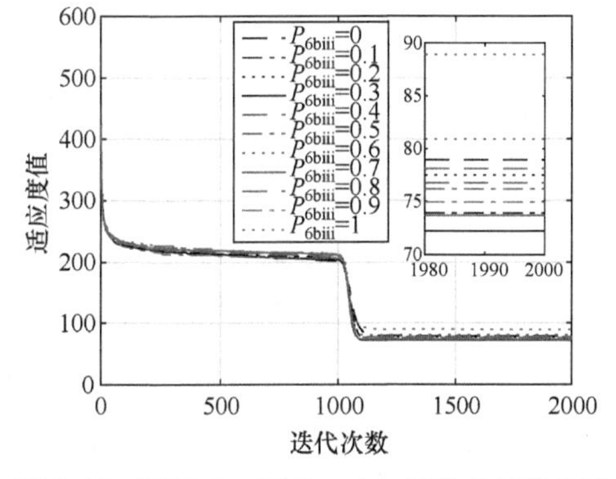

图 2.18　不同 P_{6biii} 下 Rastrigin 函数的寻优曲线

表 2.9 给出了概率参数 P_{6c} 改变时 Sphere 函数和 Rastrigin 函数的适应值曲线的对比结果。图 2.19 和图 2.20 给出了详细的仿真对比图。由表 2.9 和图 2.19、图 2.20 可见，对于两个测试函数，P_{6c} 对算法性能的影响并不是特别大，一般取 0.3～0.7 时算法有着较好的性能。

表 2.9　不同 P_{6c} 下头脑风暴优化算法的仿真结果

函数名	P_{6c}	最优值	平均值	最劣值	方差	成功次数
Sphere	0	1.87045e−42	3.19872e−42	9.47735e−42	3.10174e−84	30
	0.1	2.05040e−42	3.20735e−42	7.13013e−42	1.31176e−84	30
	0.2	1.95353e−42	2.88569e−42	5.41000e−42	8.48679e−85	30
	0.3	1.32281e−42	2.84196e−42	**4.14828e−42**	**3.98420e−85**	30
	0.4	1.94892e−42	2.91011e−42	5.37666e−42	5.22216e−85	30
	0.5	1.46659e−42	**2.61601e−42**	4.89408e−42	5.52103e−85	30
	0.6	**1.09858e−42**	2.88311e−42	7.83919e−42	1.43083e−84	30
	0.7	1.72417e−42	2.89300e−42	5.35795e−42	6.59869e−85	30
	0.8	1.97587e−42	3.02296e−42	6.01516e−42	6.73657e−85	30
	0.9	1.76177e−42	2.90194e−42	4.65861e−42	4.45776e−85	30
	1	1.81104e−42	2.94637e−42	7.36968e−42	1.13889e−84	30
Rastrigin	0	44.7731	76.3131	1.03475e+02	2.52340e+02	0
	0.1	45.7680	77.2749	1.13424e+02	2.83484e+02	0
	0.2	46.7629	72.7313	1.06460e+02	2.24567e+02	0
	0.3	42.7831	77.0096	1.12429e+02	3.13474e+02	0
	0.4	43.7781	78.2035	1.18399e+02	3.03915e+02	0
	0.5	42.7831	75.4176	**96.5107**	**1.65516e+02**	0
	0.6	35.8184	75.4176	1.24369e+02	3.68418e+02	0
	0.7	43.7781	**71.7695**	1.02480e+02	1.90049e+02	0
	0.8	**28.8537**	72.3665	1.02480e+02	2.83184e+02	0
	0.9	49.7478	79.6296	1.06460e+02	2.00612e+02	0
	1	49.7478	80.8567	1.40288e+02	4.19384e+02	0

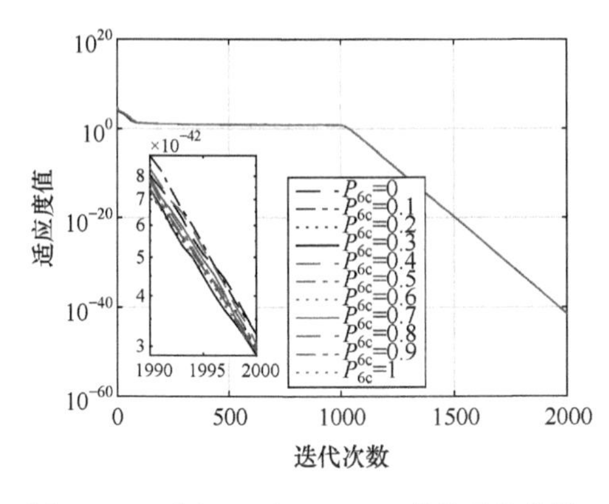

图 2.19　不同 P_{6c} 下 Sphere 函数的寻优曲线

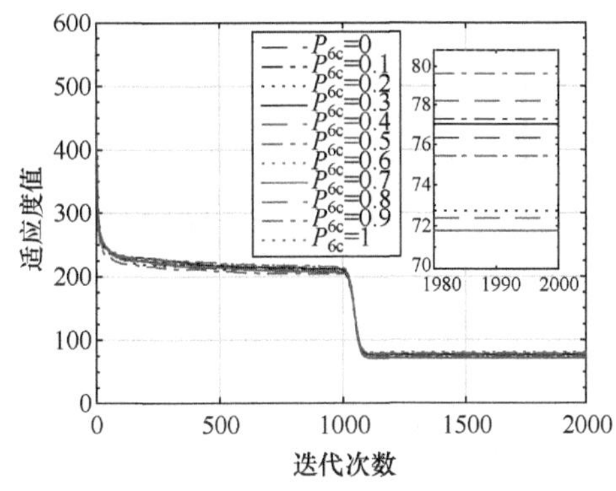

图 2.20　不同 P_{6c} 下 Rastrigin 函数的寻优曲线

2.4.4　种群大小对算法性能的影响

表 2.10 给出了种群规模大小改变时 Sphere 函数和 Rastrigin 函数的适应值曲线的对比结果。图 2.21 和图 2.22 给出了详细的仿真对比图，图 2.23 和图 2.24 给出了不同种群算法的时间性能比较。

表 2.10　种群规模不同时头脑风暴优化算法的仿真结果

函数名	种群规模	最优值	平均值	最劣值	方差	运行时间/s	成功次数
Sphere	50	3.56946e−40	0.210471	6.31413	1.32894	13.1010	29
	80	2.67703e−42	3.38471e−20	1.01541e−18	3.43688e−38	16.9381	30
	100	1.84803e−42	2.76862e−42	5.57245e−42	7.33864e−85	19.4486	30
	120	1.45248e−42	2.30803e−42	3.65114e−42	3.06083e−85	21.9405	30
	150	1.36609e−42	1.96083e−42	3.20463e−42	2.53754e−85	26.1690	30
	180	1.03257e−42	1.84295e−42	2.47026e−42	9.72062e−86	29.3761	30
	200	1.11980e−42	1.90111e−42	4.57345e−42	4.80990e−85	31.7957	30
Rastrigin	50	55.7176	87.3903	1.17404e+02	2.96849e+02	13.1687	0
	80	43.7780	73.6267	1.07455e+02	2.72674e+02	17.0751	0
	100	34.8235	73.0961	1.11434e+02	4.27631e+02	19.6837	0
	120	46.7630	72.2670	1.38298e+02	3.58934e+02	22.5038	0
	150	40.7932	79.9281	1.20389e+02	4.16408e+02	26.1330	0
	180	37.8083	72.1674	1.23374e+02	3.72673e+02	29.8609	0
	200	42.7831	68.7846	97.5056	2.92933e+02	32.4193	0

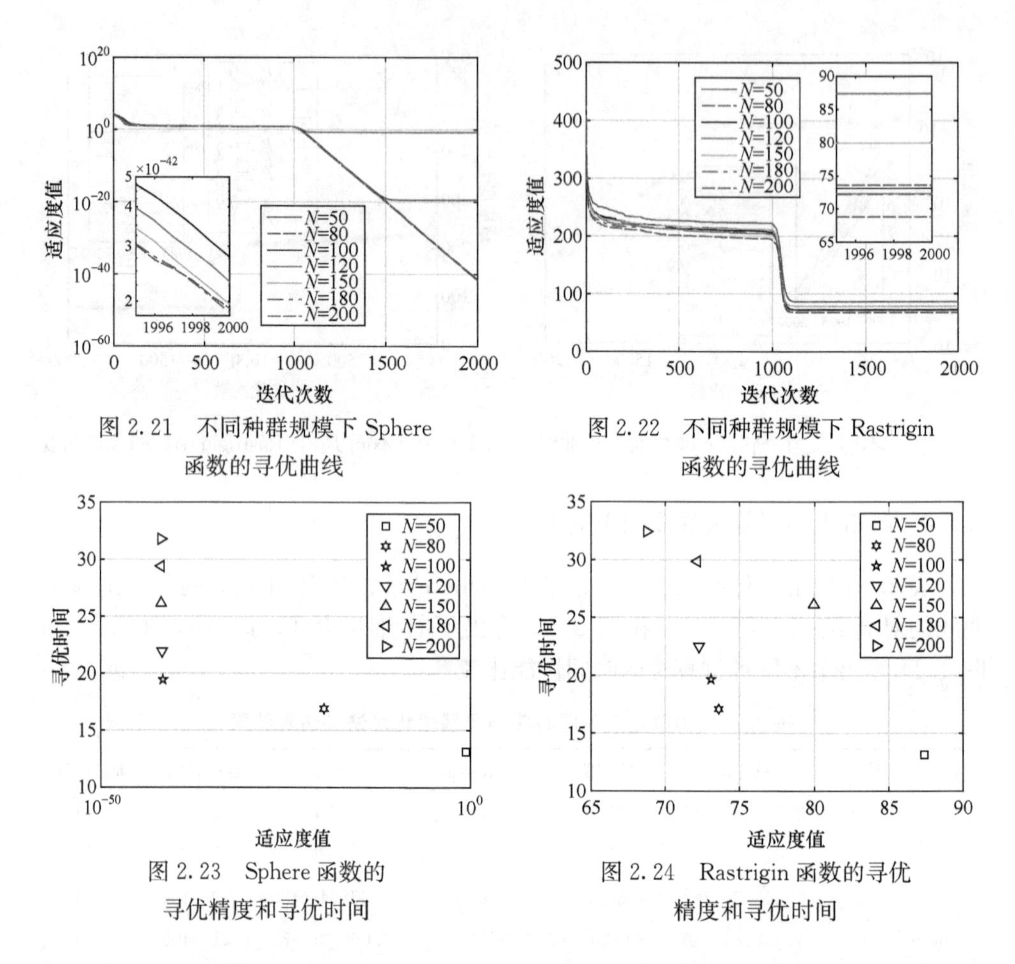

图 2.21　不同种群规模下 Sphere 函数的寻优曲线

图 2.22　不同种群规模下 Rastrigin 函数的寻优曲线

图 2.23　Sphere 函数的寻优精度和寻优时间

图 2.24　Rastrigin 函数的寻优精度和寻优时间

由表 2.10 可见，种群规模越大，算法精度越高，但寻优时间越长。具体来说，对于 Sphere 函数，当种群规模在 100 以上时算法的寻优精度差不多，均为 10^{-42}，但运行时间在增加；当种群规模小于 100 时，算法的精度相差很大，综合考虑可将种群规模设为 100。而对于 Rastrigin 函数，最优解在种群数为 100 时取得最好，随着种群规模的增大，时间成本提高，算法的寻优性能没有明显的提高，因此对于一般的优化问题，设置种群规模为 100 比较合理。

本节通过大量的仿真实验，分析了头脑风暴算法中的各个参数对算法性能的影响。总的来说，种群规模和聚类个数的多少对算法的时间性能有明显的影响，对算法的精度影响不大。几个概率参数的选择对算法性能的影响程度较大，变异操作中的斜率 k 值也明显影响算法的搜索效率，因此在后面的内容中，有关参数会在本节建议的区间内选择。

2.5 本章小结

本章从头脑风暴的基本过程出发，对头脑风暴的运行机理、激励机制和实施的关键因素进行较为详细的分析，在此基础上，提出头脑风暴优化算法的模型和基本操作；通过对多个不同维度的测试函数进行仿真，结果表明算法的合理性和有效性；针对算法中的参数，通过大量的仿真实验得到各参数对算法性能的影响程度，得到算法中参数的经验取值范围，为后续章节算法的进一步优化奠定良好的基础。

参考文献

[1] 瑞奇. 头脑风暴[M]. 孟涛，黄蓓蓓，等译. 北京：金城出版社，2005.
[2] Osborn A F. Applied Imagination: Principles and Procedures of Creative Problem-Solving[M]. Scituate: Creative Education Foundation, 1963.
[3] Shi Y H. Brain storm optimization algorithm[M]//Tan Y, Shi Y H, Chai Y, et al. Advances in Swarm Intelligence. Heidelberg: Springer, 2011.
[4] Yao X, Liu Y, Lin G M. Evolutionary programming made faster[J]. IEEE Transactions on Evolutionary Computation, 1999, 3(2): 82-102.
[5] Pavlyukevich I. Lévy flights, non-local search and simulated annealing[J]. Journal of Computational Physics, 2007, 226(2): 1830-1844.

第3章　基于变异操作改进的头脑风暴优化算法

第2章从头脑风暴过程出发，提出了一种基于头脑风暴过程的群体智能优化算法——头脑风暴优化算法，并对算法中的参数进行了分析，发现基本的头脑风暴优化算法在解决低维度优化问题时，优化性能较好，但对于大规模问题，算法的性能急剧下降。通过对算法的详细分析可以看出，影响头脑风暴优化算法的核心问题有：聚类操作的选择、新个体产生机制的选择和个体的选择及评价策略。在新个体产生的过程中，变异策略的选择对算法的性能有极为重要的影响。

目前众多的群智能优化算法利用变异方法取代传统的选择模型来产生新个体，从而增加信息的多样性、避免算法陷入局部最优，以及增强算法的全局搜索能力[1]。在头脑风暴算法中，变异就是在聚类中心产生新个体的基础上进行发散思维，集思广益，产生新信息，以获得更多的新个体。因此，本章拟通过对当前群体智能算法中常用的变异策略进行分析和总结，选择两类典型的变异操作来改善标准头脑风暴优化算法的性能，为头脑风暴优化算法的研究提供新的研究思路。

3.1　常用的变异方法及分类

变异就是在基因交叉之后产生的子代个体，其变量可能以很小的概率或者步长发生转变。目前常用的变异方法有很多种，如步长变异、高斯变异、柯西变异、混沌变异、差分变异和云模型变异等。根据个体编码方式的不同，变异的方法也可以大致分为随机变异和位串变异两种。

3.1.1　随机变异

1. 步长变异

步长变异是将原来个体加上（或减去）一个固定的值形成新的个体，这个固定值称为步长。大致公式为

$$X_{newd}=X_{selectd}\pm 0.5LH \tag{3.1}$$

式中，$X_{selectd}$为选择的个体X_{select}的第d维；X_{newd}为新产生个体X_{new}的第d维；L为种群中所有个体的第d维取值的上界和下界之差。

$$H=\frac{a(0)}{2^0}+\frac{a(1)}{2^1}+\cdots+\frac{a(m)}{2^m} \tag{3.2}$$

式中，$a(i)$以 $1/m$ 的概率取 1，以 $1-(1/m)$的概率取 0，一般 $m=20$。

2. 高斯变异

高斯变异是一种常用的变异方式。高斯变异的产生方法为：产生一个服从高斯分布的随机数，取代原先基因中的实数数值，在得到系数 ξ 后，与高斯随机函数相乘便得到变异量。

高斯分布服从 3σ 原则，即当 μ 和 σ 一定时，高斯函数产生的绝大多数值分布在$(\mu-3\sigma,\mu+3\sigma)$区间，如图 3.1 所示。

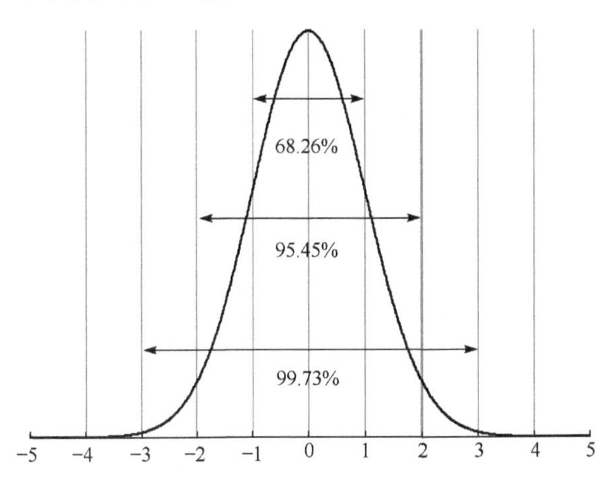

图 3.1　高斯分布图

对于均值为 $\mu=0$、方差为 $\sigma=1$ 的标准正态分布，变异量的范围几乎均为$(-3,3)$。一维的高斯分布(Gaussian distribution)(正态分布)的概率密度函数为

$$f(x)=\frac{1}{\sigma\sqrt{2\pi}}\mathrm{e}^{\frac{(x-\mu)^2}{2\sigma^2}}, \quad -\infty<x<\infty \tag{3.3}$$

高斯变异对个体的变异是根据如下公式进行的：

$$X_{\text{new}}=X_{\text{select}}+\xi\cdot G(0,1) \tag{3.4}$$

式中，$G(0,1)$为以均值为 0、方差为 1 的高斯随机函数；ξ 为衡量高斯随机值的贡献系数，一般地，ξ 的计算公式为

$$\xi=\operatorname{logsig}[(0.5\text{max\_iteration}-\text{current\_iteration})/K]\operatorname{rand}() \tag{3.5}$$

式中，logsig()为一个对数 S 型传递函数；max_iteration 为最大迭代次数；current_iteration 为当前迭代次数；K 用于改变 logsig()函数的斜率；rand()为(0,1)的随机值。

3. 柯西变异

柯西(Cauchy)变异的方法就是利用柯西随机数替代原先的高斯随机数。一维柯西分布的概率密度函数为

$$f_t(x)=\frac{1}{\pi}\frac{t}{t^2+x^2},\quad -\infty<x<\infty \tag{3.6}$$

式中,t 为比例参数且大于 0。

柯西变异对个体的变异是根据如下公式进行的:

$$X_{\text{new}}=X_{\text{select}}+\xi\cdot C(0,1) \tag{3.7}$$

式中,$C(0,1)$为由 $t=1$ 的柯西分布函数产生的随机数;其他参数与高斯变异相同。

Yao 等[2] 提出了一种快速演化程序设计(evolutionary programming made faster,FEP)算法,该算法采用了柯西变异算子替代传统的高斯变异算子,实验证明柯西变异算子具有更强的搜索能力。

4. 混沌变异

混沌变异[3]是利用混沌变异规律产生的随机数代替原先的高斯随机数(或柯西随机数)。混沌变异对个体的变异是根据如下公式进行的:

$$X_{\text{new}}=X_{\text{select}}+\xi\cdot L(0,1) \tag{3.8}$$

式中,$L(0,1)$为$(-2,2)$按混沌规律变化的序列,混沌算子表达成 $L(0,1)$的形式完全是为形式上的统一,变化范围调整到$(-2,2)$也是为与标准高斯变异和柯西变异的尺度相近。

混沌序列采用人们熟悉的虫口模型,即一维 Logistic 映射:

$$r_{n+1}=\lambda r_n(1-r_n),\quad r_n\in[0,1] \tag{3.9}$$

式中,参数 λ 取 0~4。Logistic 映射为$[0,1]$的不可逆映射。

可以证明,当参数 λ 取 4 时系统处于混沌状态,r_n 在$[0,1]$遍历。r_n 经过放大和平移,即得到 $L(0,1)$。

5. 差分变异

差分变异(differential variation)是利用种群中不同个体之间的差分对目标个体进行扰动来实现个体的变异,即个体之间信息的共享。

在差分进化(DE)算法中对于差分变异的操作,当前有以下五种不同的形式[4]。

(1) DE/random/1:

$$v_{i,j}(g+1)=x_{r_1,j}(g)+F[x_{r_2,j}(g)-x_{r_3,j}(g)] \tag{3.10}$$

(2) DE/current-to-best/1:

$$v_{i,j}(g+1)=x_{i,j}(g)+F[x_{\text{best},j}(g)-x_{i,j}(g)]+F[x_{r_1,j}(g)-x_{r_2,j}(g)] \tag{3.11}$$

(3) DE/random/2:

$$v_{i,j}(g+1)=x_{r_1,j}(g)+F[x_{r_2,j}(g)-x_{r_3,j}(g)]+F[x_{r_4,j}(g)-x_{r_5,j}(g)] \tag{3.12}$$

(4) DE/best/1:

$$v_{i,j}(g+1)=x_{\text{best},j}(g)+F[x_{r_1,j}(g)-x_{r_2,j}(g)] \tag{3.13}$$

(5) DE/best/2:

$$v_{i,j}(g+1)=x_{\text{best},j}(g)+F[x_{r_1,j}(g)-x_{r_2,j}(g)]+F[x_{r_3,j}(g)-x_{r_4,j}(g)] \tag{3.14}$$

式中,r_1、r_2、r_3、r_4、r_5 分别为不等于 i 的互不相同的整数;$x_{\text{best},j}(g)$ 为第 g 代种群中的最好个体;F 为缩放比例因子。

差分进化算法的变异操作由于操作简单,很容易与其他算法相结合,提高群体的多样性。在3.2节中,拟用差分变异替换标准头脑风暴优化算法中的高斯变异,与头脑风暴优化算法中的聚类过程相结合,提高标准头脑风暴优化算法的搜索性能。

6. 云模型变异

云模型变异(cloud model variation)是利用云算子(因子)代替原始高斯随机数来增加个体的随机性。一维正态云算子 $A(C(E_x,E_n,H_e))$ 是一个把定性概念的整体特征变换为定量表示的映射 $\pi:C\rightarrow\pi$,它不是简单的随机或者模糊,而是具有随机确定度的随机变量。详细介绍见3.3节。

3.1.2　位串变异

典型的位串变异是针对二进制编码的位串进行变异。

二进制编码的变异算子有两种类型:一种是位变异,即以一定概率 P_m(变异概率)选择染色体中的某一位,并进行取反即可。例如,对于二进制串10000111100001,如果取到第七位,则变异后的位串变为10000101100001。另一种称为串变异,即随机选择小于串长的两位,将二者之间的位取反,其他位保持不变,从而得到新的位串。例如,同样是上述的二进制串10000111100001,随机选择的两位为4和6,则将原二进制串中的第4~6位取反,其他保持不变,得到的变异后的位串为10011011100001。

基于二进制编码基因位的变异策略对编码串中的各个基因位赋予不同的变异率,在进化初期赋予个体的高位基因以较大的变异率,这样可以搜索到更大的解空间，提高算法的全局搜索能力；在进化后期已逼近最优解时，降低高位基因的变异率，减小较优个体被破坏的概率同时提高低位基因的变异率，增强算法在局部范围的搜索能力。

二进制编码的精度依赖于染色体的基因位数，因此对于高精度、多变量数值问题，基因位数需求很大，在如此大的搜索空间内搜索，其效率是很低的，同时，二进制这种编码方式并不直接反映真实的设计空间，这是因为设计变量的空间距离是靠染色体的基因决定的。采用实数编码的方式与二进制编码类似，只是用一个实数代替二进制设计变量，因此设计空间染色体串的长度等于设计变量的个数，实数编码的精度依赖于机器的精度，这显然比二进制编码要优越，尽管二进制代码可以增加位移来提高精度但降低搜索效率，但与二进制编码的最大区别是，实数编码能够直接反映设计空间，设计空间的两个染色体串的距离就是真实设计空间的距离，两个染色体越接近说明在实际空间里也越接近。

3.2 基于差分变异的头脑风暴优化算法

标准的头脑风暴优化算法采用高斯变异产生新个体所需的随机值。但高斯变异存在一些不足：高斯变异采用比较复杂的S型对数传递函数产生随机值，其计算量较大；logsig()函数返回(0,1)的随机值，而rand()也返回一个(0,1)随机值，其乘积ξ也是一个(0,1)随机值。即使乘以$\mu=0$、$\sigma=1$的高斯随机值，仍然对全局搜索效果不大；高斯变异产生的随机值并没有基于种群内其余个体，也就是说，在搜索过程中没有基于当代种群内个体的信息。因此，这里尝试采用差分变异代替高斯变异，构成差分头脑风暴优化算法，并对其性能进行分析。

3.2.1 基于差分变异的头脑风暴优化算法原理

头脑风暴优化算法是基于头脑风暴过程而抽象提出的，可以想象，在刚开始进行头脑风暴时，想法都比较一般，且每个人的想法之间都会有很大差距，因此想法之间的差异比较大，这种情况下种群中个体间的相互作用对每个个体的进化都能起到很重要的作用；随着搜索过程的进行，想法逐渐变好，每个人的想法之间的差距也缩小，此时即使利用了种群中个体的相互作用，也可能使得种群陷入局部最优。因此，这里在设计差分变异时，除了以种群中的个体来构造差分变异，还引入了开放性概率P_r概念，这样使得新个体生成过程中以一定的概率重新生成某一维。因此，本书的差分变异如下[5]：

$$x_{\text{new}d}=\begin{cases}\text{rand}(L_d,H_d), & \text{rand}()<P_r\\ x_{\text{select}d}+\text{rand}(0,1)\times(x_{1d}-x_{2d}), & \text{rand}()\geqslant P_r\end{cases}\tag{3.15}$$

式中，$x_{selectd}$ 为选择的个体的第 d 维；x_{newd} 为生成个体的第 d 维；L_d、H_d 为第 d 维的上下界；x_{1d}、x_{2d} 为在当代全局中选择的两个不同个体的第 d 维。

可见，式(3.15)中仅有随机函数和四则混合运算，相对高斯变异中的 S 型对数传递函数、高斯分布函数、随机函数和四则混合运算来说，其运行速度无疑会提高。在式(3.15)中随机值的产生是基于当代种群内其他个体而来的，能够得到种群内其他个体的信息，其搜索效率会更高。因此，式(3.15)能够在搜索过程中更好地平衡局部搜索和全局搜索，有效地提高算法性能。

与标准 BSO 算法相比，基于差分变异的头脑风暴算法仅在变异时算法发生变化。因此，二者实现步骤大体相同，在产生随机值时用差分变异代替原来的高斯变异即可。本书记基于差分变异的头脑风暴优化算法为 DBSO。

3.2.2　仿真结果分析

为验证 DBSO 算法的性能，本章采用与第 2 章相同的测试函数和系统参数进行仿真测试，并将仿真结果与标准 BSO 算法的性能进行分析和对比。

为了避免算法的随机性，这里运行 30 次，记录 30 维、50 维、100 维下最终的最优值、平均值、最劣值、方差和成功次数。此外，设允许误差为 0.0001，即若 DBSO 算法寻优结果与函数最优值的误差小于 10^{-4}，则认为寻优成功。

本次实验在 MATLAB R2015a 上实现，实验在相同的机器上运行，为 2.40GHz Intel core i3 CPU、2GB RAM 和 Windows 7 操作系统，仿真结果如表 3.1 所示。

表 3.1　DBSO 算法的仿真结果

函数名	维数	算法名称	最优值	平均值	最劣值	方差	成功次数
Sphere	30	BSO	1.46659e−42	2.61601e−42	4.89408e−42	5.52103e−85	30
		DBSO	1.0246e−73	7.3504e−70	6.4512e−69	2.1358e−138	30
	50	BSO	1.63287e−06	2.86105e−04	0.00163702	1.66062e−07	28
		DBSO	1.7888e−73	1.5137e−67	4.3297e−66	6.2311e−133	30
	100	BSO	3.52485	5.90284	10.3923	2.19380	0
		DBSO	6.7843e−74	7.8836e−70	3.7550e−69	1.4516e−138	30
Schwefel's P221	30	BSO	0.0679302	0.186616	0.415087	0.00839457	0
		DBSO	6.1722e−05	0.0872	2.2750	0.1739	1
	50	BSO	0.661646	1.00896	1.46962	0.0522601	0
		DBSO	2.9641e−05	0.0014	0.0060	2.1807e−06	2
	100	BSO	4.83707	9.33828	27.4849	15.5825	0
		DBSO	4.7644e−05	0.0098	0.2461	0.0020	1

续表

函数名	维数	算法名称	最优值	平均值	最劣值	方差	成功次数
Step	30	BSO	0	1.43333	5	1.28850	5
		DBSO	0	0	0	0	30
	50	BSO	5	9	16	8.34482	0
		DBSO	0	0	0	0	30
	100	BSO	47	78.0667	129	3.79581e+02	0
		DBSO	0	0	0	0	30
Schwefel's P222	30	BSO	1.69994e−12	0.0928358	0.700945	0.0321911	5
		DBSO	5.0162e−43	2.4343e−21	7.3029e−20	1.7778e−40	30
	50	BSO	0.583504	2.05358	3.89883	0.690829	0
		DBSO	1.1317e−43	4.8301e−35	1.4462e−33	6.9711e−68	30
	100	BSO	19.5810	29.4831	37.1133	14.4361	0
		DBSO	1.9558e−43	1.0164e−19	3.0495e−18	3.0997e−37	30
Quartic Noise	30	BSO	0.0212118	0.0644699	0.119375	6.62595e−04	0
		DBSO	0.017907	0.045449	0.093972	0.000467	0
	50	BSO	0.0864041	0.195779	0.395468	0.00471800	0
		DBSO	0.004798	0.040296	0.131184	0.000819	0
	100	BSO	0.461519	0.829898	1.48811	0.0571584	0
		DBSO	0.009337	0.038543	0.106493	0.000408	0
Ackley	30	BSO	9.76996e−15	0.478402	2.01331	0.471854	19
		DBSO	6.2172e−15	1.0362e−14	1.3323e−14	1.2259e−29	30
	50	BSO	1.15523	1.84814	2.53062	0.141870	0
		DBSO	6.2172e−15	8.3489e−15	1.3323e−14	1.0968e−29	30
	100	BSO	2.77206	3.32342	3.82546	0.0873659	0
		DBSO	2.6645e−15	7.7568e−15	1.3323e−14	1.0170e−29	30
Rastrigin	30	BSO	50.7428	77.5733	1.29343e+02	3.63712e+02	0
		DBSO	0	0	0	0	30
	50	BSO	98.5009	1.46065e+02	1.85066e+02	5.13501e+02	0
		DBSO	0	0	0	0	30
	100	BSO	2.33215e+02	3.79278e+02	4.47011e+02	2.39556e+03	0
		DBSO	0	0	0	0	30

续表

函数名	维数	算法名称	最优值	平均值	最劣值	方差	成功次数
Rosenbrock	30	BSO	24.0282	4.29400e+02	4.68697e+03	1.03080e+06	0
		DBSO	0.009601	4.798488	15.463461	30.314147	0
	50	BSO	43.60169	4.61842e+02	3.52957e+03	6.53356e+05	0
		DBSO	0.000448	7.867572	47.690281	109.043246	0
	100	BSO	7.34492e+02	2.62949e+03	5.92174e+03	1.91292e+06	0
		DBSO	0.002456	21.440142	391.403395	5009.395611	0
Schwefel's P226	30	BSO	3.43474e+03	5.37017e+03	6.81361e+03	5.45921e+05	0
		DBSO	0.000382	0.000382	0.000382	6.694e−25	0
	50	BSO	7.07193e+03	9.37959e+03	1.17489e+04	1.21180e+06	0
		DBSO	0.000382	0.000382	0.000382	8.5190e−25	0
	100	BSO	1.67199e+04	1.92254e+04	2.39681e+04	2.74116e+06	0
		DBSO	0.000382	0.000382	0.000382	7.1879e−25	0
Griewank	30	BSO	1.11022e−16	0.0232674	0.478749	0.00748139	13
		DBSO	0.000000	0.001641	0.017236	2.0771e−05	28
	50	BSO	0.00151748	0.00927225	0.0395819	8.71288e−05	0
		DBSO	0.000000	0.001314	0.014772	3.2353e−06	28
	100	BSO	0.180989	0.264227	0.373623	0.00200084	0
		DBSO	0	0	0	0	30

由表 3.1 可以看出，无论哪个函数，DBSO 算法的搜索性能都比标准 BSO 算法要强很多。在仿真的十个测试函数中，有五个函数（Sphere、Step、Rastrigin、Schwefel's P222、Ackley）无论是 30 维、50 维还是 100 维，成功率都达到了 100%；而其他五个测试函数，性能也有了明显提高。Griewank 函数在 30 维、50 维、100 维时成功次数分别达到 28、28、30，而在标准 BSO 算法中次数分别为 13、0、0；Schwefel's P221 函数的成功次数也有了提高，对于其他几个函数的精度也得到了不同程度的提高。

从上述分析可以看出：与标准 BSO 算法相比，DBSO 算法在上述十个测试函数的高维问题上均表现出良好的寻优性能。但不难发现，随着维数的增加，无论是标准 BSO 算法还是 DBSO 算法的运行时间都会成倍增加。因为维数增加时所需的运行时间不仅在数据统计方面，在计算适应度或聚类时还更为明显。在有些对时间性能有要求的实际问题中，会降低算法的可行性。因此，无论是为了算法本身的性能，还是能够更好地应用于实际问题，都很有必要提高算法的时间性能。

3.3　基于云模型的头脑风暴优化算法

3.2节通过引入差分变异替换头脑风暴优化算法中的高斯变异和柯西变异，提高了算法的运行时间和收敛性能。从差分操作的特点来看，差分变异有利于增加种群的多样性，这对算法的局部搜索性能有很大的提高。本节从变异的不确定性出发，尝试将云模型用于头脑风暴优化过程中的新个体产生机制中，研究其对算法性能的影响。

李德毅等[6]提出了“隶属云与语言原子模型”的思想，在结合概率论和模糊数学理论两者的基础上，通过赋予样本点以随机确定度来统一刻画概念中的随机性、模糊性及其关联性，并逐渐完善为云理论。云模型是一种用自然语言值表示定性与定量概念间的不确定性转换模型，用来描述客观世界中事物或人类知识中概念的模糊性和随机性，并将二者有效集成在一起，从而为社会和自然科学中很多问题用定性与定量相结合的处理方法奠定了基础。云模型的具体实现方法可以有多种[7]，基于不同的概率分布可以构成不同的云，如基于均匀分布的均匀云、基于高斯分布的高斯云、基于幂律分布的幂律云、基于正态分布和正态隶属函数的正态云等。其中，正态云是一种重要的云模型，具有普适性[8]。文献[9]运用正态云模型中的Y条件云发生器实现遗传算法中的交叉变异操作，运用基本云发生器实现变异操作，并证明了算法的有效性。文献[10]应用云模型有效地将蚁群算法中的信息素挥发参数与信息素随机结合。文献[11]和文献[12]应用云模型实现遗传算法的交叉概率与变异概率的自适应调节，显著改善了算法避免陷入局部最优的能力。上述各种改进算法均在一定程度上提高了算法的寻优能力。

3.3.1　云模型概述

在概率分布中，正态分布是最基本、最重要、应用最广泛的模型。正态分布由两个参数决定：期望和方差。正态隶属函数是模糊理论中最常用的隶属函数。正态云模型就是利用正态分布和正态隶属函数实现的，它是一个遵循正态分布规律且具有稳定倾向性的随机数集，由期望值 E_x、熵 E_n 和超熵 H_e 三个特征值来表征（图3.2）。期望值 E_x 反映了云的中心位置，在数域空间最能够代表这个定性概念的点；熵 E_n 一方面反映了在数域空间的点能够代表这个语言值的概率，表示定性概念的云滴出现的随机性，另一方面反映了在数域空间可被语言值接受的范围，它揭示了模糊性和随机性的关联性；超熵 H_e 是熵的熵，即熵的不确定度，反映了在数域空间代表该语言值的所有点的不确定度的凝聚性，即云滴的凝聚性。

定义3.1[9,10]　设 U 为论域 μ 上的语言值，映射 $C_U(x):\mu\to[0,1]$，$\forall x\in\mu$，$x\to C_U(x)$，则 $C_U(x)$ 在 μ 上的分布称为 U 的隶属云，简称云。当 $C_U(x)$ 服从正态分布时，称为正态云模型。

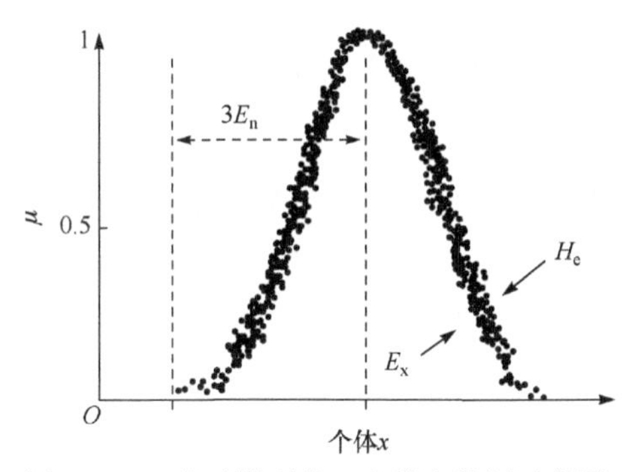

图3.2　正态云模型的三个数字特征示意图

1. 正态云的基本生成(基本云发生器)

基本云发生器产生云滴的流程如图3.3所示。根据此流程图可以生成所需数量的云滴(新个体)。

2. Y条件云发生器

Y条件云发生器是在给定云的三个特征值(E_x,E_n,H_e)和论域μ上的特定值μ_0产生的云滴(x_i,μ_0)。Y条件云发生器生成云滴的流程如图3.4所示。

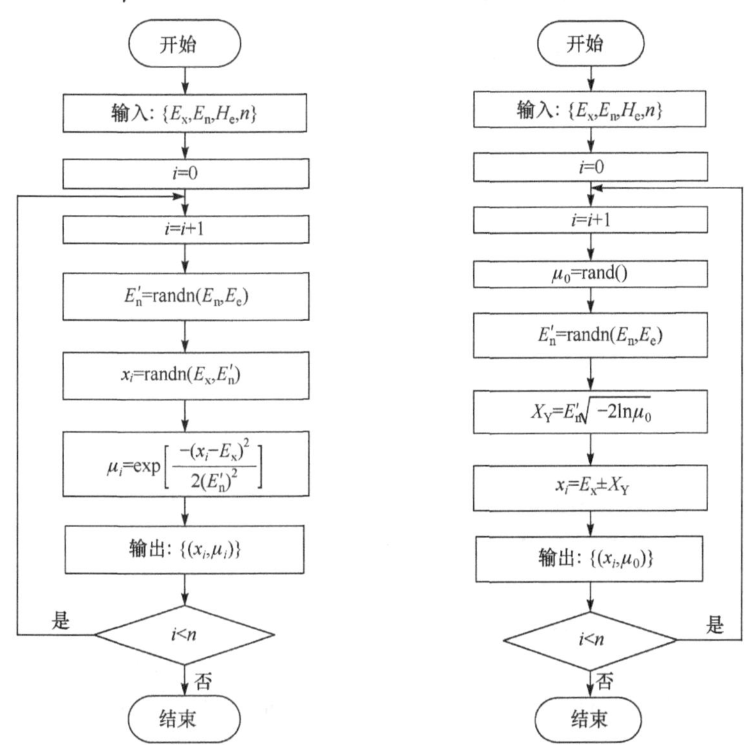

图3.3　基本云发生器产生云滴流程图　　图3.4　Y条件云发生器产生云滴流程图

3.3.2 基于云模型的头脑风暴优化算法原理

在头脑风暴优化算法中用高斯变异可在原个体的基础上产生新信息，高斯变异是一种典型的变异算法，在粒子群、遗传算法等进化算法中都有用到，但是在变异的过程中变异范围偏大且没有方向性，从而影响算法的收敛性；而云模型通过 E_x、E_n、H_e 三个特征值来确定随机数值的稳定倾向性，为算法找到稳定的收敛趋势，以满足算法的快速寻优能力，因此这里采用云模型中的 Y 条件云发生器实现变异操作。云模型变异根据如下公式产生新个体：

$$\begin{cases} X_{\text{new}}=\delta(E_x \pm E'_n\sqrt{-2\ln\mu_0}) \\ E'_n=\text{randn}(E_n, H_e) \end{cases} \tag{3.16}$$

式中，E_n 为均值，$E_n=(\text{rand\_}r-\text{rand\_}l)/c_1$，rand_$l$ 与 rand_r 为个体取值的上、下界值；H_e 为方差的正态分布随机数；$E'_n\sqrt{-2\ln\mu_0}$ 为 Y 条件发生器产生的变异因子（子代云滴），$E'_n=\text{normrnd}(E_n, H_e)$；$E_x=X_{\text{select}}$ 为选择的父代个体；$H_e=E_n/c_2$；δ 的取值与式(3.3)中的取值相同；c_1 和 c_2 为控制系数，$6<c_1<3N$，N 为个体数，c_2 在 5～15 取值，因为 c_1 和 c_2 分别决定变异的范围以及变异的离散程度，变异的主要目的也是增加种群的多样性，所以在云模型变异中，建议 c_1 取 6，c_2 取 5。

3.3.3 云模型变异产生新个体的步骤

云模型变异产生新个体的步骤如算法 3.1 所示。

算法 3.1　基于云模型的 BSO 算法新个体产生步骤

---

(1) 在(0,1)产生随机值。

(2) 如果该值小于概率 P_{6b}，则以概率 P_{6bi} 随机选择一个聚类中心实现个体更新，具体过程如下：

① 产生(0,1)的随机值；

② 用式(3.16)产生云变异因子；

③ 如果该值小于 P_{6biii}，则选择聚类中心并加变异因子来产生新个体；

④ 否则，从这个聚类中随机选择一个个体并加变异因子来产生新个体。

(3) 如果该值不小于概率 P_{6b}，随机选择两个类来产生新个体，更新过程如下：

① 产生一个随机值；

② 如果该值小于 P_{6c}，这两个聚类中心合并加一个随机值来产生新个体；

③ 否则，从选择的两个聚类中选择两个随机的个体合并加一个随机值来产生新个体。

3.3.4　基于云模型的头脑风暴优化算法步骤

基于云模型的头脑风暴优化算法(cloud model brain storm optimization algorithm)简称CBSO算法。算法3.2表述了CBSO算法的步骤。

算法3.2　CBSO算法步骤

(1) 随机产生 N 个个体。
(2) 将 N 个个体聚为 m 类。
(3) 评价这 N 个个体。
(4) 将每一类中的个体进行排序,选择3～5个聚类中心。
(5) 以很小的概率用任意解替代聚类中心。
(6) 按照云模型变异产生新的个体。
(7) 如果 N 个新个体都已经产生,则转步骤(8);否则,转步骤(6)。
(8) 如果最大迭代次数达到,则结束;否则,转步骤(2)。

3.3.5　测试函数测试结果及分析

为验证CBSO算法的性能,本章同样针对附录A中的十个测试函数,使用与第2章基本BSO算法相同的参数,对CBSO算法的性能进行仿真分析,并与标准BSO算法性能进行对比。为了避免算法的随机性,这里运行30次,记录30维、50维、100维下最终的最优值、平均值、最劣值和方差。此外,设允许误差为0.0001,即若CBSO算法寻优结果与函数最优值误差小于 10^{-4},则认为寻优成功。

本次实验在MATLAB 2015a上实现,实验在相同的机器上运行,为2.40GHz Intel core i3 CPU、2GB RAM和Windows 7操作系统,仿真结果如表3.2所示。

表3.2　CBSO算法的仿真结果

函数名	维数	算法名称	最优值	平均值	最劣值	方差	成功次数
Sphere	30	BSO	1.46659e−42	2.61601e−42	4.89408e−42	5.52103e−85	30
		CBSO	2.4119e−40	3.5348e−40	4.6021e−40	3.3058e−81	30
	50	BSO	1.63287e−06	2.86105e−04	0.00163702	1.66062e−07	28
		CBSO	4.6294e−40	7.5325e−40	9.8149e−40	1.4732e−80	30
	100	BSO	3.52485	5.90284	10.3923	2.19380	0
		CBSO	1.4148e−39	1.8465e−39	2.1537e−39	3.4860e−80	30

续表

函数名	维数	算法名称	最优值	平均值	最劣值	方差	成功次数
Schwefel's P221	30	BSO	0.0679302	0.186616	0.415087	0.00839457	0
		CBSO	6.3086e−21	7.5228e−21	8.7402e−21	4.8651e−43	30
	50	BSO	0.661646	1.00896	1.46962	0.0522601	0
		CBSO	7.7329e−21	9.0814e−21	1.0324e−20	3.3885e−43	30
	100	BSO	4.83707	9.33828	27.4849	15.5825	0
		CBSO	9.6003e−21	1.1479e−20	1.2457e−20	3.8304e−43	30
Step	30	BSO	0	1.43333	5	1.28850	5
		CBSO	0	0	0	0	30
	50	BSO	5	9	16	8.34482	0
		CBSO	0	0	0	0	30
	100	BSO	47	78.0667	129	3.79581e+02	0
		CBSO	0	0	0	0	30
Schwefel's P222	30	BSO	1.69994e−12	0.0928358	0.700945	0.0321911	5
		CBSO	7.0078e−21	8.0517e−21	8.0517e−21	2.5596e−43	30
	50	BSO	0.583504	2.05358	3.89883	0.690829	0
		CBSO	1.2583e−20	1.4904e−20	1.6295e−20	8.9712e−43	30
	100	BSO	19.5810	29.4831	37.1133	14.4361	0
		CBSO	3.0107e−20	3.3827e−20	3.5494e−20	1.6865e−42	30
Quartic Noise	30	BSO	0.0212118	0.0644699	0.119375	6.62595e−04	0
		CBSO	2.2573e−07	1.4832e−05	4.1614e−05	1.7695e−10	30
	50	BSO	0.0864041	0.195779	0.395468	0.00471800	0
		CBSO	3.1764e−08	9.9776e−06	4.0366e−05	9.5164e−11	30
	100	BSO	0.461519	0.829898	1.48811	0.0571584	0
		CBSO	3.6998e−07	1.0385e−05	4.2092e−05	9.7980e−11	30
Ackley	30	BSO	9.76996e−15	0.478402	2.01331	0.471854	19
		CBSO	−8.8818e−16	−8.8818e−16	−8.8818e−16	0	30
	50	BSO	1.15523	1.84814	2.53062	0.141870	0
		CBSO	−8.8818e−16	−8.8818e−16	−8.8818e−16	0	30
	100	BSO	2.77206	3.32342	3.82546	0.0873659	0
		CBSO	−8.8818e−16	−8.8818e−16	−8.8818e−16	0	30

续表

函数名	维数	算法名称	最优值	平均值	最劣值	方差	成功次数
Rastrigin	30	BSO	50.7428	77.5733	1.29343e+02	3.63712e+02	0
		CBSO	0	0	0	0	30
	50	BSO	98.5009	1.46065e+02	1.85066e+02	5.13501e+02	0
		CBSO	0	0	0	0	30
	100	BSO	2.33215e+02	3.79278e+02	4.47011e+02	2.39556e+03	0
		CBSO	0	0	0	0	30
Rosenbrock	30	BSO	24.0282	4.29400e+02	4.68697e+03	1.03080e+06	0
		CBSO	28.6889	28.7380	28.7622	2.5535e−04	0
	50	BSO	43.60169	4.61842e+02	3.52957e+03	6.53356e+05	0
		CBSO	48.5917	48.6229	48.6427	0.0002	0
	100	BSO	7.34492e+02	2.62949e+03	5.92174e+03	1.91292e+06	0
		CBSO	98.2638	98.3067	98.3332	0.0003	0
Schwefel's P226	30	BSO	3.43474e+03	5.37017e+03	6.81361e+03	5.45921e+05	0
		CBSO	8.3445e+03	8.8898e+03	9.5885e+03	9.8853e+03	0
	50	BSO	7.07193e+03	9.37959e+03	1.17489e+04	1.21180e+06	0
		CBSO	1.5548e+04	1.6389e+04	1.7142e+04	1.4359e+04	0
	100	BSO	1.67199e+04	1.92254e+04	2.39681e+04	2.74116e+06	0
		CBSO	3.4822e+04	3.5746e+04	3.6389e+04	1.6419e+05	0
Griewank	30	BSO	1.11022e−16	0.0232674	0.478749	0.00748139	13
		CBSO	0	0	0	0	30
	50	BSO	0.00151748	0.00927225	0.0395819	8.71288e−05	0
		CBSO	0	0	0	0	30
	100	BSO	0.180989	0.264227	0.373623	0.00200084	0
		CBSO	0	0	0	0	30

从表 3.2 中可以看出，无论是多峰函数还是单峰函数，在迭代次数和初始个体值设置相同的条件下，虽然 CBSO 算法消耗的时间长，但是其最优值、最劣值、平均值和方差均比标准 BSO 算法小。

(1) 对于单峰函数 Sphere 的 30 维，CBSO 算法性能没有标准 BSO 算法的性能好，但是对于 50 维、100 维时，CBSO 算法表现出优于标准 BSO 算法的性能，且成功次数较高。

(2) 对于多峰函数，除了 Schwefel's P226 函数，CBSO 算法的最优值、最劣值、平均值、方差均比标准 BSO 算法小；对于 Rosenbrock 函数的 30 维、50 维，

CBSO算法虽然没有标准BSO算法的寻优性能好，但是对于100维时，CBSO算法的优化性能比标准BSO算法好很多。

(3) 对于复杂的多模态Griewank函数，维数越低越难优化，而对于本节算法，无论对于低维还是高维，CBSO算法均能达到其最优值，故CBSO算法在解决该问题时具有很大优势。

综上所述，CBSO算法更适合应用于优化多峰高维函数问题，变异操作的引入使得算法有效跳出局部最优，抑制早熟收敛，并且具有较高的求解精度和求解稳定性。

3.4 不同变异操作仿真结果对比分析

本章在介绍常用变异操作的基础上，分别给出了基于差分变异和云模型变异的头脑风暴优化算法的改进思路，也对两种算法的仿真结果进行了详细的分析。本节将对这两种算法的仿真结果进行对比和分析，更进一步说明各种改进策略的优势和劣势。

1. DBSO算法和CBSO算法的寻优性能比较

表3.3给出了在基本参数设置相同的情况下，差分变异头脑风暴优化算法(DBSO算法)和云模型变异头脑风暴优化算法(CBSO算法)各运行30次的仿真结果的统计数据。

表3.3 DBSO算法和CBSO算法的仿真结果对比

函数名	维数	算法名称	最优值	平均值	最劣值	方差	成功次数
Sphere	30	DBSO	1.0246e−73	7.3504e−70	6.4512e−69	2.1358e−138	30
		CBSO	2.4119e−40	3.5348e−40	4.6021e−40	3.3058e−81	30
	50	DBSO	1.7888e−73	1.5137e−67	4.3297e−66	6.2311e−133	30
		CBSO	4.6294e−40	7.5325−40	9.8149e−40	1.4732e−80	30
	100	DBSO	6.7843e−74	7.8836e−70	3.7550e−69	1.4516e−138	30
		CBSO	1.4148e−39	1.8465e−39	2.1537e−39	3.4860e−80	30
Schwefel's P221	30	DBSO	6.1722e−05	0.0872	2.2750	0.1739	1
		CBSO	6.3086e−21	7.5228e−21	8.7402e−21	4.8651e−43	30
	50	DBSO	2.9641e−05	0.0014	0.0060	2.1807e−06	2
		CBSO	7.7329e−21	9.0814e−21	1.0324e−20	3.3885e−43	30
	100	DBSO	4.7644e−05	0.0098	0.2461	0.0020	1
		CBSO	9.6003e−21	1.1479e−20	1.2457e−20	3.8304e−43	30

续表

函数名	维数	算法名称	最优值	平均值	最劣值	方差	成功次数
Step	30	DBSO	0	0	0	0	30
		CBSO	0	0	0	0	30
	50	DBSO	0	0	0	0	30
		CBSO	0	0	0	0	30
	100	DBSO	0	0	0	0	30
		CBSO	0	0	0	0	30
Schwefel's P222	30	DBSO	5.0162e−43	2.4343e−21	7.3029e−20	1.7778e−40	30
		CBSO	7.0078e−21	8.0517e−21	8.0517e−21	2.5596e−43	30
	50	DBSO	1.1317e−43	4.8301e−35	1.4462e−33	6.9711e−68	30
		CBSO	1.2583e−20	1.4904e−20	1.6295e−20	8.9712e−43	30
	100	DBSO	1.9558e−43	1.0164e−19	3.0495e−18	3.0997e−37	30
		CBSO	3.0107e−20	3.3827e−20	3.5494e−20	1.6865e−42	30
Quartic Noise	30	DBSO	0.017907	0.045449	0.093972	0.000467	0
		CBSO	2.2573e−07	1.4832e−05	4.1614e−05	1.7695e−10	30
	50	DBSO	0.004798	0.040296	0.131184	0.000819	0
		CBSO	3.1764e−08	9.9776e−06	4.0366e−05	9.5164e−11	30
	100	DBSO	0.009337	0.038543	0.106493	0.000408	0
		CBSO	3.6998e−07	1.0385e−05	4.2092e−05	9.7980e−11	30
Ackley	30	DBSO	6.2172e−15	1.0362e−14	1.3323e−14	1.2259e−29	30
		CBSO	−8.8818e−16	−8.8818e−16	−8.8818e−16	0	30
	50	DBSO	6.2172e−15	8.3489e−15	1.3323e−14	1.0968e−29	30
		CBSO	−8.8818e−16	−8.8818e−16	−8.8818e−16	0	30
	100	DBSO	2.6645e−15	7.7568e−15	1.3323e−14	1.0170e−29	30
		CBSO	−8.8818e−16	−8.8818e−16	−8.8818e−16	0	30
Rastrigin	30	DBSO	0	0	0	0	30
		CBSO	0	0	0	0	30
	50	DBSO	0	0	0	0	30
		CBSO	0	0	0	0	30
	100	DBSO	0	0	0	0	30
		CBSO	0	0	0	0	30

续表

函数名	维数	算法名称	最优值	平均值	最劣值	方差	成功次数
Rosenbrock	30	DBSO	0.009601	4.798488	15.463461	30.314147	0
		CBSO	28.6889	28.7380	28.7622	2.5535e−04	0
	50	DBSO	0.000448	7.867572	47.690281	109.043246	0
		CBSO	48.5917	48.6229	48.6427	0.0002	0
	100	DBSO	0.002456	21.440142	391.403395	5009.395611	0
		CBSO	98.2638	98.3067	98.3332	0.0003	0
Schwefel's P226	30	DBSO	0.000382	0.000382	0.000382	6.694e−25	0
		CBSO	8.3445e+03	8.8898e+03	9.5885e+03	9.8853e+03	0
	50	DBSO	0.000636	0.000636	0.000636	1.2489e−23	0
		CBSO	1.5548e+04	1.6389e+04	1.7142e+04	1.4359e+04	0
	100	DBSO	0.001273	0.001273	0.001273	1.7098e−23	0
		CBSO	3.4822e+04	3.5746e+04	3.6389e+04	1.6419e+05	0
Griewank	30	DBSO	0.000000	0.001641	0.017236	2.0771e−05	28
		CBSO	0	0	0	0	30
	50	DBSO	0	0.001314	0.014772	3.2353e−06	28
		CBSO	0	0	0	0	30
	100	DBSO	0	0	0	0	30
		CBSO	0	0	0	0	30

从表3.3中可以看出，总体来说，基于差分变异和云模型变异的改进BSO算法比标准BSO算法的搜索强很多。而这两种变异策略则各有优势，体现在求解不同的测试函数时，两种算法的效果差异比较明显。具体来说，对于Sphere、Schwefel's P222、Rosenbrock、Rastrigin、Schwefel's P226这五个测试函数，差分变异的BSO算法效果要好于云模型变异的BSO算法，而对于Schwefel's P221、Quartic Noise、Ackley、Griewank这四个测试函数，基于云模型变异的BSO算法的性能优于基于差分变异的BSO算法。

2. DBSO算法和CBSO算法的收敛结果对比分析

为了更清晰地描述标准BSO算法、DBSO算法和CBSO算法的收敛效果，图3.5～图3.14给出了三种算法对十个标准测试函数分别在30维、50维和100维的仿真结果的收敛曲线图。

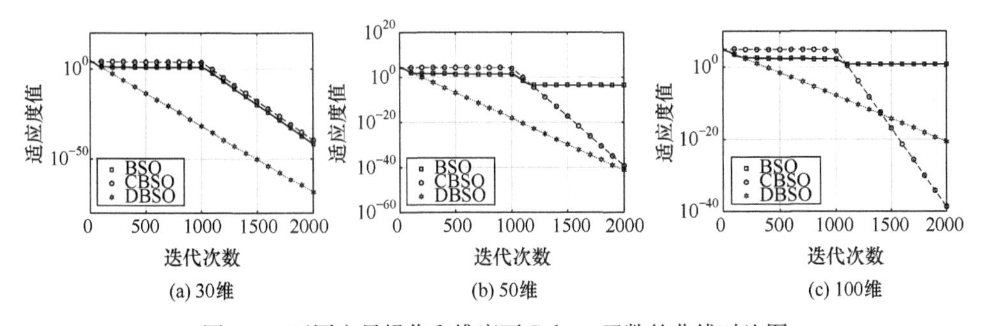

图 3.5　不同变异操作和维度下 Sphere 函数的曲线对比图

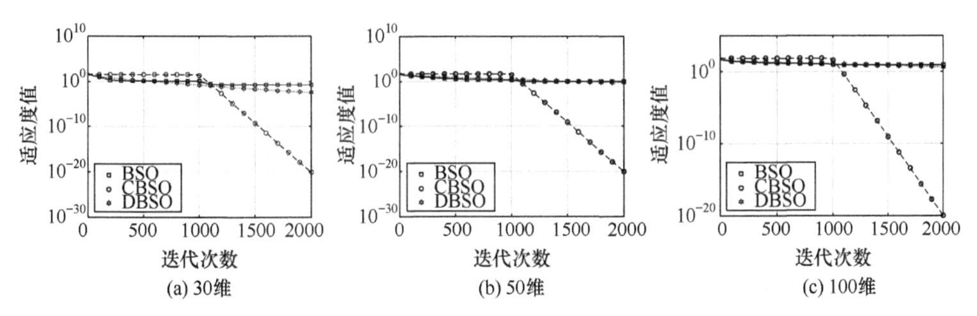

图 3.6　不同变异操作和维度下 Schwefel's P221 函数的曲线对比图

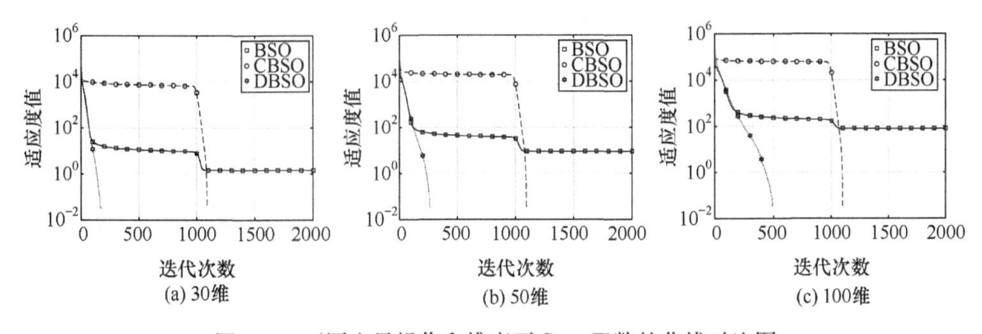

图 3.7　不同变异操作和维度下 Step 函数的曲线对比图

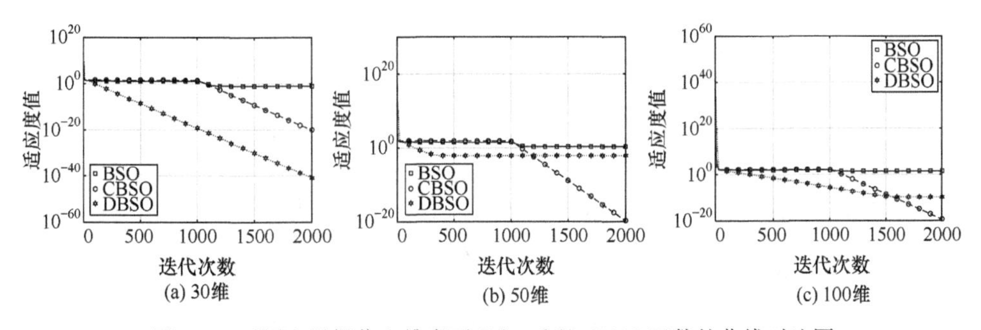

图 3.8　不同变异操作和维度下 Schwefel's P222 函数的曲线对比图

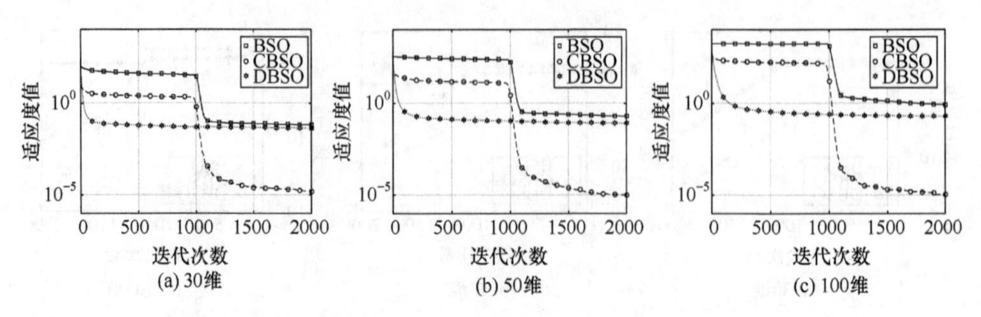

图 3.9　不同变异操作和维度下 Quartic Noise 函数的曲线对比图

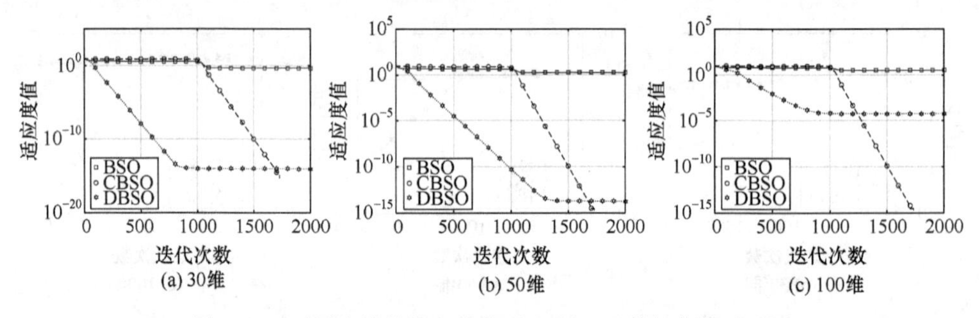

图 3.10　不同变异操作和维度下 Ackley 函数的曲线对比图

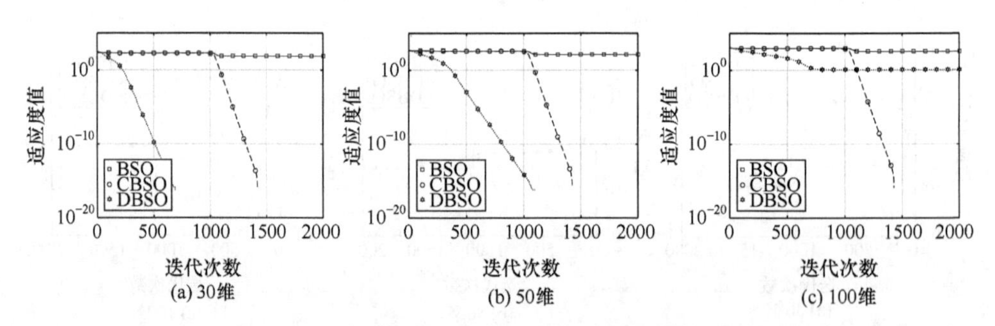

图 3.11　不同变异操作和维度下 Rastrigin 函数的曲线对比图

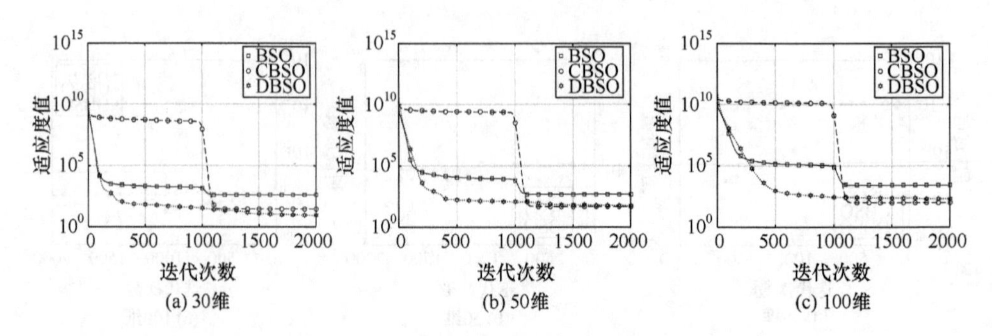

图 3.12　不同变异操作和维度下 Rosenbrock 函数的曲线对比图

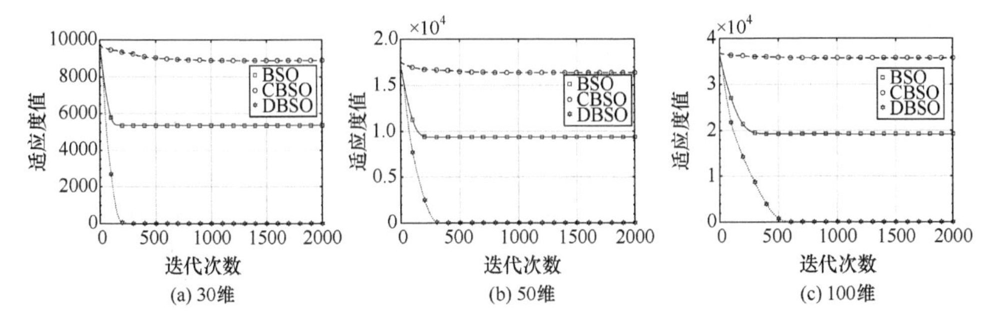

图 3.13　不同变异操作和维度下 Schwefel's P226 函数的曲线对比图

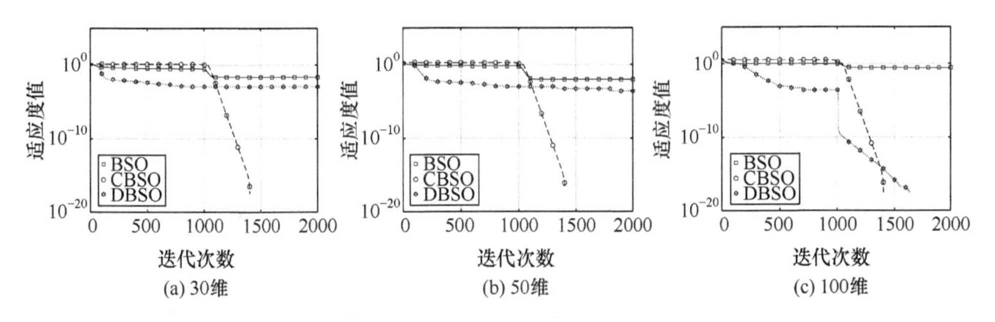

图 3.14　不同变异操作和维度下 Griewank 函数的曲线对比图

从收敛曲线可以明显地看出，改进算法比标准算法的收敛性能高出许多。虽然在不同的测试函数上两种改进算法的性能各有优势，但总的来说，对于同一个测试函数，不同的维数下算法的收敛效果是类似的，因此在实际问题的分析过程中，应该针对不同的问题选择不同的变异策略。

3. DBSO 算法和 CBSO 算法的盒图对比分析

盒图(boxplot)是经济学中数据统计分析的一种重要工具，它可以很好地反映数据的分布情况。其中，盒子中间的线为样本的中位数，盒子的上下线为样本的上下四分位数，上下虚线表示样本的其余部分(异常点除外)，虚线顶端为样本最大值，最小值为虚线底端，"＋"表示异常点(即脏数据)，切口部分是样本的置信区间。

为了更进一步分析算法 30 次运行最优解的分布，这里给出了三种算法对十个测试函数分别在 30 维、50 维和 100 维的仿真盒图，具体如图 3.15～图 3.24 所示。

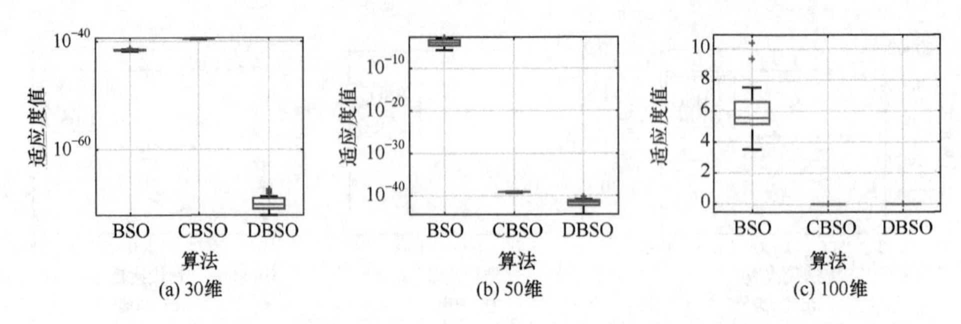

图 3.15　不同变异操作和维度下 Sphere 函数的盒图对比图

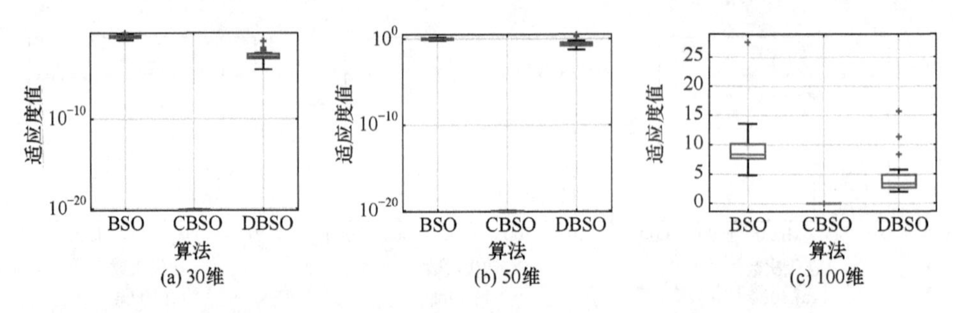

图 3.16　不同变异操作和维度下 Schwefel's P221 函数的盒图对比图

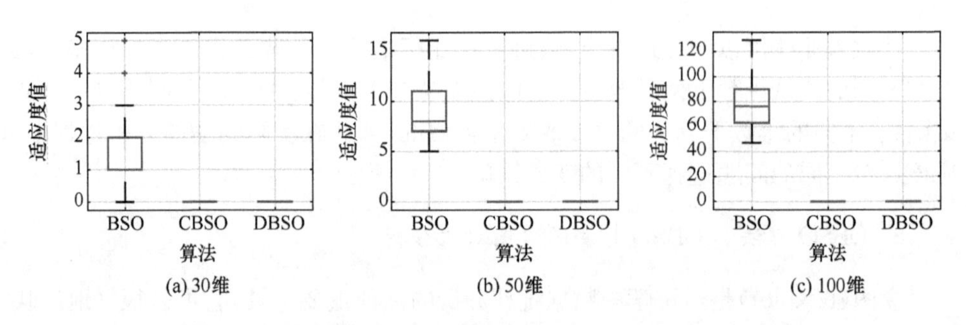

图 3.17　不同变异操作和维度下 Step 函数的盒图对比图

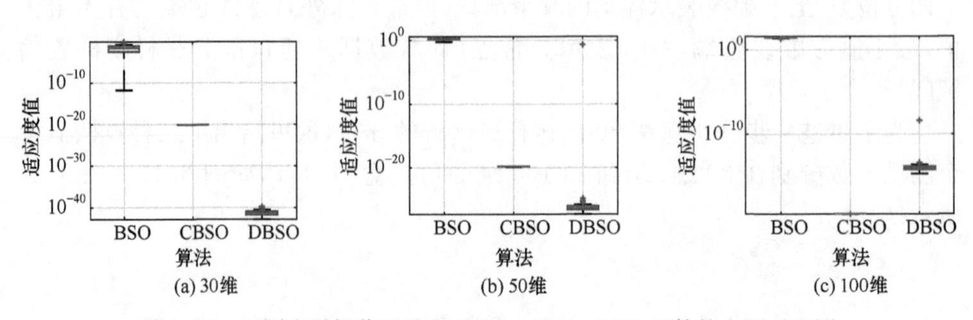

图 3.18　不同变异操作和维度下 Schwefel's P222 函数的盒图对比图

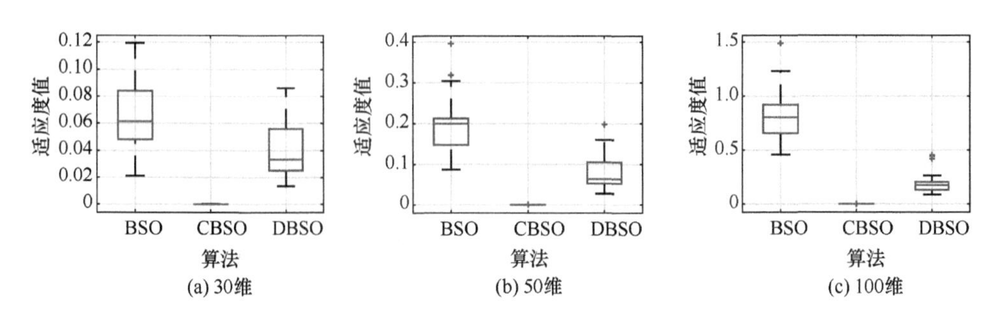

图 3.19　不同变异操作和维度下 Quartic Noise 函数的盒图对比图

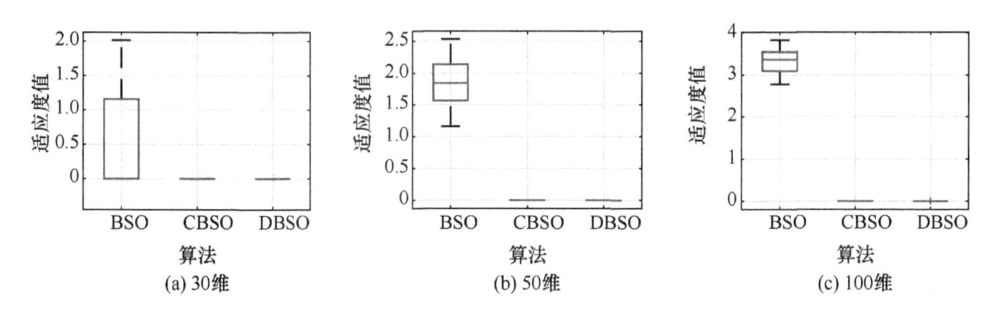

图 3.20　不同变异操作和维度下 Ackley 函数的盒图对比图

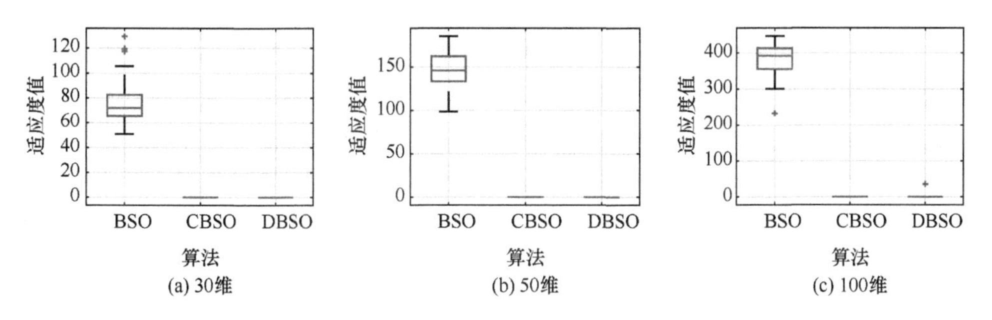

图 3.21　不同变异操作和维度下 Rastrigin 函数的盒图对比图

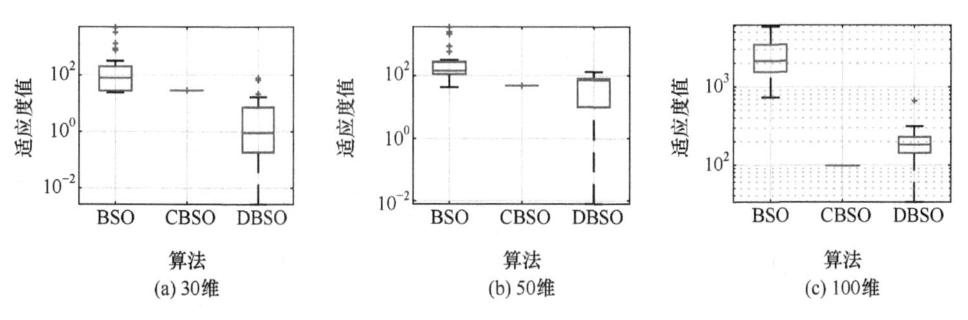

图 3.22　不同变异操作和维度下 Rosenbrock 函数的盒图对比图

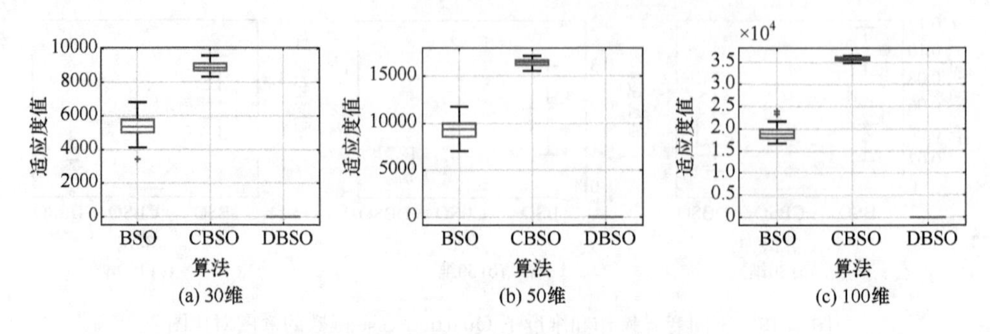

(a) 30维　(b) 50维　(c) 100维

图 3.23　不同变异操作和维度下 Schwefel's P226 函数的盒图对比图

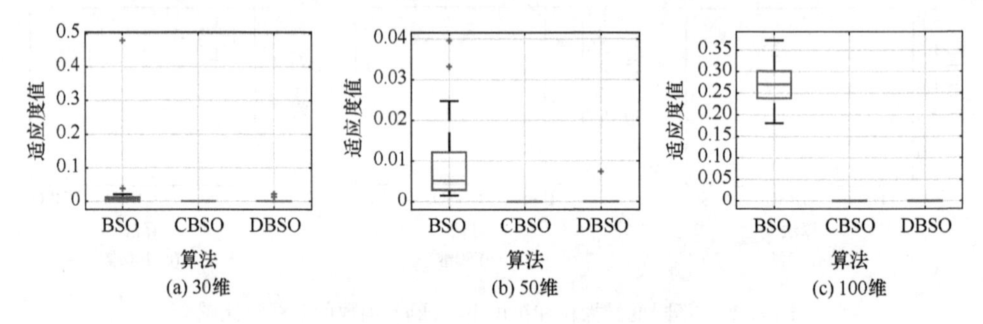

(a) 30维　(b) 50维　(c) 100维

图 3.24　不同变异操作和维度下 Griewank 函数的盒图对比图

通过盒图,可以很直观地看出三种变异情况下算法搜索最优解的分布情况。对大部分函数来说,改进变异后的头脑风暴优化算法的鲁棒性比标准算法好很多,算法的搜索性能也强很多。而对于不同的函数和不同的维数,各算法的性能不尽相同,一方面由于本节仅对 30 次的算法运行结果进行了统计,数据量偏小;另一方面头脑风暴优化算法作为随机优化算法,其鲁棒性问题也是一直引起广泛兴趣的问题,需要在理论方面进行进一步的研究。

3.5　本章小结

本章在对标准 BSO 算法中的变异操作进行优缺点分析的基础上,对常用变异方法进行了总结和分析,将两种典型的变异操作(差分变异和云模型变异)用于改进头脑风暴优化算法的性能。通过对大量的不同特征、不同维数的测试函数的仿真分析可以看出,基于差分变异的头脑风暴优化算法(DBSO 算法)在解决高维问题上表现出比标准 BSO 算法更好的寻优性能;而基于云模型变异的头脑风暴优化算法(CBSO 算法)则因其模糊性和稳定倾向性的特点,更适合应用于多峰函数问题,且更适合解决高维复杂问题。通过三种变异操作的对比分析发现,改进后的变异操作各有优缺点，需要根据所求问题的复杂程度进行相应的选择，这也为后续研究中针对具体问题进行深入研究提供思路。

参考文献

[1] 夏真友，魏建香，安元. 基于变异机制的人工蜂群算法[J]. 电脑知识与技术：学术交流，2013，(33)：7575-7576.

[2] Yao X，Liu Y，Lin G M. Evolutionary programming made faster[J]. IEEE Transactions on Evolutionary Computation，1999，3(2)：82-102.

[3] 骆晨钟，邵惠鹤. 采用混沌变异的进化算法[J]. 控制与决策，2000，15(5)：557-560.

[4] Das S，Suganthan P N. Differential evolution：A survey of the state-of-the-art[J]. IEEE Transactions on Evolutionary Computation，2011，15(1)：4-31.

[5] 善林，李永森，湖笑旋，等. K-means 算法中的 k 值优化问题研究[J]. 系统工程理论与实践，2006，26(2)：97-101.

[6] 李德毅，杜鹢. 不确定性人工智能[M]. 北京：国防工业出版社，2005.

[7] O'Neill M. Artificial intelligence and cognitive science[C]. Proceedings of the Irish Conference on Artificial Intelligence and Cognitive Science，Ireland，2002.

[8] Li D Y，Liu C Y. Study on the universality of the normal cloud model[J]. Engineering Sciences，2004，6(8)：28-34.

[9] 戴朝华，朱云芳，陈维荣，等. 云遗传算法及其应用[J]. 电子学报，2007，35(7)：1419-1424.

[10] Yan Z P，Zhang Y C. Research of a genetic algorithm ant colony optimization based on cloud model[C]. International Conference on Mechatronics and Automation，Changchun，2009.

[11] Dong L L，Li N，Gong G H. Adaptive & parallel simulated annealing genetic algorithm based on cloud model[C]. International Conference on Intelligent Computing and Integrated Systems，Guilin，2010.

[12] 戴朝华，朱云芳，陈维荣. 云自适应遗传算法[J]. 控制理论与应用，2007，24(4)：1419-1424.

第 4 章 基于聚类操作改进的头脑风暴优化算法

第 3 章对新个体产生机制中的变异算子进行了分析，讨论了变异策略对算法性能的影响。在头脑风暴优化算法中，聚类操作主要是通过聚类算法按照一定的规则将种群分类，并在每个类中找出聚类中心，根据聚类中心对其他个体通过变异寻优来增加头脑风暴过程的搜索效率，以实现多个类并行的局部搜索过程。这样做的好处在于，便于在各子类之间进行信息交互，从而增加群体中个体的多样性，进而在全局寻优的过程中避免跳入局部最优，找到最优方案。

本章专门介绍不同类型的聚类操作对算法性能的影响。首先总结当前聚类的常用算法及发展现状，然后针对不同聚类类型，选择两类典型的聚类算法对头脑风暴优化算法进行改进和更新，最后通过大量的仿真实验分析不同聚类策略对算法的影响。

4.1 聚类算法的分类及发展现状

聚类(clustering)是根据某个特征原则(一般为距离准则)，将一个数据集以类或簇(cluster)的形式分割开，使数据对象在同一簇内尽可能地相似，而在不同簇中尽可能有较大的差别。也就是说，经过聚类，使具有相同类别的一些数据最好能够汇集到一起，从而让差异性较大的一些数据分离开。

早在 20 世纪 60 年代，就有学者着手聚类算法方面的研究，但由于某些条件的限制，其发展比较缓慢，直到最近几十年，随着人们对大数据的需求越来越多，聚类算法取得了重大突破，一系列聚类算法[1]被提了出来。按其发展进程，聚类算法大致分为传统聚类算法和现代聚类算法，在不同类中又可以按照技术细节进行进一步的细分。

4.1.1 传统聚类算法

传统聚类是现代聚类发展的理论基础。传统的聚类算法可分为划分聚类算法、层次聚类算法、基于密度的聚类算法和基于网格的聚类算法。

1. 划分聚类算法

对于一个给定的具有 n 个样本的数据集，通过划分聚类算法可以将这些数据集划分成 k 个互不相交的子集，$k\leqslant n$。划分聚类算法的实现过程为：建立一个基本的划分，使用迭代的重定位技术，根据对象在不同划分间来回变动改进划分，直到找到局部最优。

K-means 聚类算法是划分聚类算法中最具代表性的算法，它首先需要确定聚成几类；然后根据迭代的方法，计算类的重心；最后按照类重心和向量的聚类重新分类，不断重复，直到重心稳定或者分类稳定。

作为硬聚类算法的代表，K-means 聚类算法是一种基于局部原型的目标函数聚类算法。它的优化目标函数常以数据点到原型的一个距离来表示，迭代运算的调整规则运用函数求极值的方法获得。

K-means 聚类算法是典型的基于距离的聚类算法，算法采用距离作为相似性的评价指标，两个对象之间的距离越近，相似度越大。算法常以欧氏距离作为相似量度的方法，找到相应的初始聚类中心点向量 V 的具体分类，使评价指标 J 获得极小值。K-means 聚类算法中，距离靠近的对象组合成簇，最终目标是那些紧凑且独立的簇。该算法的聚类准则函数常以误差平方和聚类准则函数表示。

K-means 聚类算法的优点较多，主要包括：①对聚类初始顺序要求不大；②曾对凸型数据的聚类有比较好的结果；③圆对数值特性有不错的统计和几何价值；④能在任意范数下聚类。同时，K-means 聚类算法也存在一些缺点，具体为：①由于 K-means 聚类算法比较依赖于初始簇的数目，且对初始聚类中心点的选取比较敏感，通常得到的是次优解而非全局最优解；②对于初始聚类中心点的选择并没有统一的标准或规则；③如果初始数据中存在噪声或异常点，那么往往得不到比较好的聚类效果；④不能任意处理不同类型或形状的数据；⑤聚类结果有时会失衡。

2. 层次聚类算法

层次聚类算法的基本思想是先将每个对象作为一个初始簇，然后对最近距离的两个簇依次进行合并，直至全部对象都合并为一个簇，最后以一棵聚类层次树的形式结束。式(4.1)定义了层次聚类算法中簇与簇之间的距离，揭示了两个簇中距离最近的两个对象之间的距离：

$$d(C_i,C_j)=\min\{d(x,y|x\in C_i,y\in C_j)\} \tag{4.1}$$

为了实现层次聚类，首先要确定聚类的 N 个对象和相似性矩阵(距离矩阵)，然后根据下面的步骤完成聚类过程。

(1) 将数据集中的对象进行分类，N 个对象则有 N 类，并且是没有交集的 N 个类。在这 N 个类中的每个对象之间的距离，可以用来近似衡量类与类之间的距离。

(2) 为了减少类的个数，计算所有类之间的距离，将距离最小的归为一类，这样可以减少一个类数。

(3) 将得到的新类提取出来，利用所有初始类计算与新类之间的距离。

(4) 多次重复操作步骤(2)和步骤(3),直至包含了 N 个对象的一个类产生。

依据步骤(3)不同的操作方法,层次聚类算法又可分为 Single-linkage 算法、Complete-linkage 算法和 Average-linkage 算法。Single-linkage 算法采用的是最小距离,Complete-linkage 算法采用的是最大距离,Average-linkage 算法采用的是平均距离,分别定义如下:

$$\text{最小距离 } \mathrm{dist}_{\min}(C_i,C_j)=\min_{p\in C_i,p'\in C_j}\{|p-p'|\}$$

$$\text{最大距离 } \mathrm{dist}_{\max}(C_i,C_j)=\max_{p\in C_i,p'\in C_j}\{|p-p'|\}$$

$$\text{平均距离 } \mathrm{dist}_{\mathrm{avg}}(C_i,C_j)=\frac{1}{n_i n_j}\sum_{p\in C_i,p'\in C_j}\{|p-p'|\}$$

其中,n_i、n_j 分别为聚类集合 C_i、C_j 中的节点数。

层次聚类算法的优点包括:①能够处理任意形状的数据集;②算法不依赖于相似度或距离的形式;③能够灵活处理不同聚类粒度的数据。层次聚类算法的缺点包括:①如何确定终止条件并没有比较明确的标准;②对于已经得到的聚类结果,聚类性能无法通过重新构建来提高;③对于动态数据集的处理不是很好。

3. 基于密度的聚类算法

基于密度的聚类算法与其他算法的一个根本区别是:它不是基于各种各样的距离的,而是基于密度的。这样,就能克服基于距离的算法只能发现"类圆形"的聚类的缺点。该方法的基本思想是只要临近区域的密度(对象或数据点的数目)超出某个阈值,就继续聚类。也就是说,对于给定类中的每个数据点,在一个给定范围的区域中必须包含一定数目的点。这样的方法可以用来过滤"噪声"孤立点数据,发现任意形状的簇。代表算法有 DBSCAN 算法、OPTICS 算法、DENCLUE 算法等。

(1) DBSCAN 算法是根据一个密度阈值来控制簇的增长,将类看成数据空间中被低密度区域分割开的高密度对象区域。该算法的基本思想是:考察数据库 D 中的某一个点 P,若点 P 是核心点,则通过区域查询得到该点的邻域,邻域中的点和 P 同属于一个类,这些点将作为下一轮的考察对象,并通过不断地对种子点进行区域查询来扩展它们所在的类,直至找到一个完整的类。

DBSCAN 算法的优点为:①对噪声不敏感;②能发现任意形状的聚类。但 DBSCAN 算法也具有缺点,具体为:①聚类的结果与参数有很大的关系;②DBSCAN用固定参数识别聚类,但当聚类的稀疏程度不同时,相同的判定标准可能会破坏聚类的自然结构,即较稀的聚类会被划分为多个类或者密度较大且离得较近的类会被合并成一个聚类。DBSCAN 算法的初始参数 E 和 MinPts 需用户手动输入,且不同的取值产生的结果也不相同。因此,研究者提出了 OPTICS 聚类算法。

(2) OPTICS算法为自动和交互的聚类分析提供了一个聚类顺序。OPTICS算法克服了DBSCAN参数设置的缺点,但由于其自身的局限,低密度区域的对象往往被累积在结果序列的末尾,算法的性能未能充分体现,该算法的详细过程见4.2节。

(3) DENCLUE算法的主要思想是:①每个数据点的影响可以用一个数学函数来形式化地模拟,它描述了一个数据点在邻域内的影响,称为影响函数(influence function);②数据空间的整体密度可以模拟为所有数据点的影响函数的总和;③聚类可以通过确定密度吸引点(density attractor)来得到,这里的密度吸引点是全局密度函数的局部最大值。

DENCLUE算法的优点包括:①有坚实的数学基础,概括了其他的聚类算法,包括基于划分的、层次的等;②对于有大量"噪声"的数据集合,它有良好的聚类特性;③对高维数据集合的任意形状的聚类,它给出了简洁的数学描述;④使用了网格单元,只保存了关于实际包含数据点的网格单元的信息。DENCLUE算法的缺点包括:要求对密度参数和噪声阈值进行仔细的选择,因为这样的参数选择可能会明显地影响聚类结果的质量,即对参数比较敏感。

4. 基于网格的聚类算法

基于网格的聚类算法采用了网格的数据结构,将空间量化为有限数目的单元,这些单元形成网格结构,所有的聚类操作都在网格上进行。这种算法的主要优点是处理速度快,其处理的时间独立于数据对象的数目,仅依赖于量化空间中每一维上的单元数目[2]。

基于网格的聚类算法主要包括:①STING(statistical information grid),利用存储在网格单元中的统计信息;②WAVE-CLUSTER,利用一种小波转换方法来聚类;③CLIQUE(clustering in quest),是在高维数据空间基于网格和密度的聚类方法[3]。

(1) STING是一种基于网格的多分辨率聚类技术[4],它将空间区域划分为矩形单元,不同级别的分辨率通常存在多个级别的矩形单元,这些单元形成了一个层次结构,高层的每个单元被划分为多个低一层的单元。每个网格单元属性的统计信息(如平均值、最大值和最小值等)被预先计算和存储。

STING算法的优点包括:①存储在每个单元中的统计信息提供了单元中的数据不依赖于查询的汇总信息,因此基于网格的计算是独立于查询的;②网格结构有利于并行处理和增量更新;③效率很高。STING算法的缺点包括:①由于采用多分辨率的方法进行聚类分析,STING聚类的质量取决于网格结构的最底层粒度,如果粒度太细,处理代价会显著增加,如果粒度太粗,将会降低聚类的质量;②STING在构建一个父亲单元时,没有考虑孩子单元与其相邻单元的关系,因此结果簇没有对角边界,尽管拥有较快的处理速度,但可能会降低簇的质量和精确度。

(2) WAVE-CLUSTER 是一种多分辨率的聚类算法,它首先通过在数据空间上强加一个多维网格结构来汇总数据,然后采用一种小波变换来变换原特征空间,在变换后的空间中找到密集区域。在该算法中,每个网格单元汇总了一组映射到该单元中的点的信息。

WAVE-CLUSTER 算法的优点包括:①提供了无指导聚类;②能够自动排除孤立点;③聚类速度快。

(3) CLIQUE 聚类算法综合了基于网格和基于密度的聚类方法。它对大规模数据库中的高维数据的聚类比较有效。CLIQUE 算法的中心思想是:给定一个多维数据点的大集合,数据点在数据空间中通常不是均衡分布的。CLIQUE 区分空间中稀疏的和拥挤的区域,以发现数据集合的全局分布模式。如果一个单元中的数据点的数目超过了某个输入模型参数,则该单元是密集的。在 CLIQUE 算法中,簇定义为相连的密集单元的最大集合。

CLIQUE 算法无需架设任何规范的数据分布,它随着输入数据的大小线性扩展,当数据的维数增加时,具有良好的可伸缩性。但是,由于方法显著简化,聚类结果的精确度可能会降低。

4.1.2 现代聚类算法

传统聚类算法多数属于硬聚类,每个元素只能属于一个集合,在元素特征模糊时聚类结果将受到影响。此外,一些传统聚类算法需要输入子集数量的初始值,这使得在处理大数据时聚类效果不佳。随着科学技术的发展以及待处理数据的多元化和数据洪流的出现,传统聚类算法不断自我完善和改进,一些基于新的思想或理论的聚类算法亦不断出现。

1. 模糊聚类

1969 年,数据集模糊划分[5]的概念被 Ruspini 首先提出,也首次系统探究了关于模糊聚类的算法,其后的一些学者相继提出基于模糊关系的聚类算法。但由于当数据集较大时基于模糊关系的聚类算法需要先建立模糊等价矩阵,计算量非常大,对于这类方法的研究也就逐渐减少。与此同时,借助于图论、动态规划、进化算法和马尔可夫随机场等技术,学者提出了许多其他的模糊聚类算法,其中应用最为广泛的是基于目标函数的聚类方法。该方法设计简单,应用范围广,本质上来说可归结为较为简单的优化问题。模糊 C 均值(fuzzy C-means,FCM)算法是基于目标函数的模糊聚类算法的典型代表。

FCM 算法最早是从硬聚类目标函数的优化中导出的，通过计算每一项与对应簇的中心点距离用隶属平方加权，将类内误差平方和目标函数改写为类内加权误差平方和目标函数，得到关于目标函数模糊聚类的一种大致描述。由于 FCM 算法的实用性和数据处理效果，目前已经形成了庞大的体系。对于 FCM 算法的研究和改进主要有基于目标函数的研究、不同数据类型的聚类、隶属度约束条件的研究、算法实现等方面。

2011 年 Tsai 等[6]提出了一种包含距离变量的新居里准则，在 FCM 算法和 KFCM 算法中尝试应用并得到了较好的效果。当数据并非球体分布时，通过核函数改造目标函数中的距离测度成为一种解决方案。2010 年，Graves 等[7]提出了一种综合比较分析的模糊核聚类算法，在一定程度上解决了非球体分布数据的聚类问题，但核函数的选择构造及参数设定又成为一个新的难题。

2. 量子聚类

随着量子力学理论在实践方面的发展，量子计算在物理方面的实现极大地推动了量子计算理论与量子算法的创新。2002 年，Horn 将量子机制与聚类算法结合，通过将数据映射到量子空间，构建波函数，测量势能方程来获取最终的聚类中心，由此提出了一种量子聚类算法[8]。2010 年，曾成等[9]采用量子遗传算法，将聚类问题转化为聚类中心学问题，提出一种基于量子遗传算法的聚类方法。

3. 谱聚类

谱聚类[10]是聚类分析中一个新兴且具有生命力的分支，是近年来国际上机器学习数据挖掘领域的一个新的研究热点。谱聚类建立在谱图理论基础上，解决了传统聚类中对于样本空间形状的局限，以及可能陷入局部最优而非全局最优的问题。

谱聚类算法本质上是将聚类问题转化为图的最优划分问题，属于点对聚类算法。谱聚类算法大致分为三个阶段：①构建矩阵 W 表示样本集；②计算 W 的前 k 个特征值和特征向量，构建特征向量空间；③利用 K-means 或其他经典聚类算法对向量空间中的特征向量进行聚类。不同的谱映射方法和准则函数的选择形成了不同的谱聚类算法。蔡晓妍等[11]将谱聚类按使用的划分准则分为迭代谱和多路谱两类，并介绍了各类中的典型算法。

迭代谱聚类算法中，PF(Perona-Freeman)算法于 1998 年由 Perona 等[12]提出，通过用相似矩阵 W 的第一个特征向量 x_1（最大特征值对应的特征向量）进行聚类。该算法以其简单易于实现的特征引起了学术界的广泛关注。2000 年，美国学者 Shi 和 Malik 提出了 SM(Shi-Malik)算法[13]，该算法中构造正规相似矩阵 W 代入分割准则计算，并且用到了前两个特征值对应的特征向量，这样的改进使其 DE 聚类效果明显优于 PF 算法。此外，迭代谱聚类算法中的典型算法还包括 Scott 等提出的 SLH(Scott-Longuet-Higgins)算法[14]、Kannan 等提出的 KVV(Kannan-Vempala-Veta)算法[15]等。

早期关于谱聚类的研究者倾向于利用二路划分准则通过迭代方式聚类样本数据。但近期研究发现，选择多个特征直接进行 k 路分割会得到更好的聚类效果。2000 年，Meila 等提出了 MS(Meila-Shi)算法[16]，此算法以将相似性解释为马尔可夫链中的随机游动为基础，对 MNcut 进行概率解释，在此解释的框架下选择随机游动矩阵 P 的前 k 个特征向量构造矩阵 X，在实际应用中取得了一定的效果。2002 年，Ng 等提出了 NJW(Ng-Jordan-Weiss)算法[17]，选取 Laplacican 矩阵的前 k 个特征向量，在 k 维空间中生成与原数据一一对应的映像，并在此空间中进行聚类。

对比头脑风暴优化算法对聚类目的的需求，上述涉及的所有聚类方法理论上都能用于头脑风暴过程中的聚类操作，但显然不同算法产生的效果不尽相同。因此，本章拟通过对头脑风暴中聚类操作的分析，采用两种典型的聚类方法和聚类策略，分析不同空间聚类、不同聚类算法对头脑风暴优化算法的影响。

4.2 头脑风暴优化算法中的聚类方法及其优缺点

在标准的头脑风暴优化算法中，为操作简单起见，聚类过程采用 K-means 聚类。正如 4.1 节内容所述，K-means 聚类算法的基本思想是[18]：将每个聚类子集内的所有数据样本的平均值作为该聚类的代表点，以欧氏距离作为相似测度，通过迭代过程将数据集根据相似测度划分为不同的类别，使得评价聚类性能的准则函数达到最优，从而生成类内紧凑类间独立的每个类。

在 K-means 算法中，k 个初始聚类中心点的选取对聚类结果影响较大。在初始聚类时，随机选取 k 个初始聚类中心点，由这 k 个初始聚类中心点代表 k 个初始簇。迭代过程中，根据数据集中所有对象与各个簇初始聚类中心点的距离重新分配每个对象，分配的原则是就近原则，将离簇近的对象划分到相应的簇中。如此循环，直至数据集中所有对象分配完毕，一次迭代运算完成，得到最新的聚类中心点。若经过一次迭代后评价函数的值与迭代前没有发生改变，说明已经是收敛状态。K-means 聚类算法的基本步骤如算法 4.1 所示。

算法 4.1　K-means 聚类算法的基本步骤

(1) 从当前 n 个个体中选出 m 个作为聚类中心。

(2) 计算当前个体到每个聚类中心的欧氏距离，并将其聚到与其欧氏距离最小的类中。

(3) 计算每个类中所有点的坐标平均值，并将这个平均值作为新的聚类中心。

(4) 重复步骤(2)～步骤(3)，直到聚类中心不再进行大范围移动或者聚类次数达到要求。

以聚类数为 2 为例，K-means 聚类过程的直观表示如图 4.1 所示。

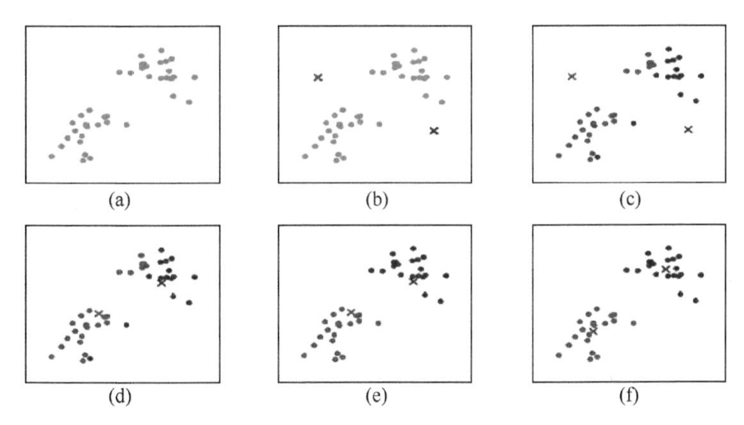

图 4.1　K-means 聚类模拟图

从算法 4.1 和图 4.1 可以看出，K-means 聚类算法存在以下缺点。

(1) 聚类数 k 是事先给定的，而在头脑风暴过程中，k 值非常难以估计。对于给定的优化问题，事先并不知道给定的数据集应该分成多少个类别才最合适。如果聚类数太小，会减慢局部搜索速度和效果；反之，在优化后期，不停地增加信息的多样性，会导致算法难以收敛。

(2) 初始聚类中心的选择对聚类结果有较大的影响，一旦初始聚类中心选择不好，便会得到截然不同的聚类，可能无法得到有效的聚类结果。

(3) 聚类中心是类个体的平均值，故对“噪声”和孤立点数据敏感，少量的该类数据能够对平均值产生极大的影响。

K-means 聚类方法的这些缺点难免会影响 BSO 算法的性能。因此，研究者从聚类策略入手提出了不同类型的头脑风暴优化算法。Zhu 等[19]提出的标准 BSO 采用 K-means 聚类方式和高斯变异实现群体中个体的更新。文献[20]提出了基于 K-medians 聚类的头脑风暴优化算法，以通过 K-medians 聚类代替 K-means 聚类来提高算法的时间效率。杨玉婷等[20]则提出了基于差分步长的头脑风暴优化算法。Zhan 等用一种简单的聚类方式——SGM 聚类代替 K-means 聚类，并用差分变异代替标准 BSO 算法中的高斯变异，提出了一种改进的头脑风暴算法(MBSO)，改进算法缩短了运行时间，同时大幅度提高了算法的寻优精度[21]。杨玉婷等[22]在分析头脑风暴过程的基础上，提出了一种基于讨论机制的头脑风暴算法(DMBSO)，提高了标准 BSO 算法的优化效果和算法稳定性。基于此，4.3 节和 4.4 节将尝试通过两种不同的思路来对 BSO 算法中的聚类方式进行改进。一种是采用自适应聚类数的 OPTICS(ordering points to identify the clustering structure)算法取代原有的聚类数固定的情况；另一种是将聚类操作从决策空间改为在目标空间上聚类。通过将两种思路融入 BSO 算法，来提高算法的性能指标。

4.3 基于 OPTICS 聚类的头脑风暴优化算法

K-means 聚类算法仅采用一个数据点表示类的节点集，其他数据点是利用距离矢量来判断所符合的类，因此只适用于球形数据集聚类，而不适用于任意形状数据集。此外，K-means 聚类一般在数据量少的情况下工作良好，但是在大数据量情况下效率很低。为克服这些缺点，本节采用 OPTICS 聚类算法来替代原有头脑风暴过程中的聚类操作。由于 OPTICS 聚类算法不需要给出 K 值和聚类中心，对噪声不敏感，且能有效地解决密度分布不均匀的数据集并发现任意形状的聚类，对 BSO 算法性能的提升更有意义。

4.3.1 OPTICS 聚类概述

与 K-means 聚类不同，OPTICS 聚类不是基于距离的，它是基于密度的聚类，即给定采样数据，根据数据信息的密集程度将数据划分为不用的类别，每个类中处于中心的点记为该类的聚类中心。这样不仅可以自动产生聚类数，也可以自动生成聚类中心，并且可以避免孤立点对聚类中心及聚类的影响。

OPTICS 聚类方法[23]是 1999 年 Ankerst 等提出来的，是一种基于密度的自动交互式聚类方法，该方法的基本思想是[24]：只要临近区域的密度(对象或数据点的数目)超出某个阈值，就继续聚类。也就是说，对于给定类中的每个数据点，在一个给定范围的区域中必须包含一定数目的点。虽然聚类方法中需要给定邻域值 ε 和 MinPts 阈值，但是阈值的微小变化对聚类结果不会产生影响。这样的方法可以用来过滤“噪声”孤立点数据，发现任意形状的簇。

4.3.2 OPTICS 聚类的具体步骤

在介绍 OPTICS 聚类之前，首先要介绍以下几个定义[25]。

定义 4.1 核心点(core-object)：如果 ε 邻域内邻居数据超过指定阈值

MinPts，则称该数据点为核心点。

定义 4.2　核心距离(core-distance)：假定点 P 包含的第 MinPts 个邻居的最小半径为 MinPts-distance(p)，那么 P 的核心距离定义为

$$\text{核心距离}=\begin{cases}\text{undefined}, & P\text{ 不是核心点}\\ \text{MinPts-distance}, & P\text{ 是核心点}\end{cases}$$

也就是说，核心距离是一个点成为核心点的最小邻域半径。

定义 4.3　可达距离(reachability-disitance)的定义为

$$\text{可达距离}=\begin{cases}\text{undefined}, & P\text{ 不是核心点}\\ \max(\text{核心距离，点 }O\text{ 与点 }P\text{ 间的距离}), & P\text{ 是核心点}\end{cases}$$

定义 4.4　ξ 阶梯上升点(ξ-steep upward point)：与数据点 Q_n 相邻的下一个数据点 Q_{n+1} 的可达距离比数据点 Q_n 的可达距离高 $\xi\%$，r 为半径，则数据点 Q_n 称为 ξ 阶梯上升点：

$$\text{UpPoint}_\xi(Q_n)\Leftrightarrow r(Q_n)\leqslant r(Q_{n+1})\times(1-\xi)$$

定义 4.5　ξ 阶梯下降点(ξ-steep downward point)：与数据点 Q_n 相邻的下一个数据点 Q_{n+1} 的可达距离比数据点 Q_n 的可达距离低 $\xi\%$，则数据点 Q_n 称为 ξ 下阶梯降点：

$$\text{DownPoint}_\xi(Q_n)\Leftrightarrow r(Q_n)\times(1-\xi)\leqslant r(Q_{n+1})$$

定义 4.6　ξ 阶梯区(ξ-steepareas)：当区间 $I=[s,e]$ 满足以下几个条件时：

(1) s 是 ξ 阶梯上升点。

(2) e 是 ξ 阶梯下降点。

(3) s 和 e 之间的数据点可达距离不比前一个数据点可达距离小：

$$\forall x, s<x\leqslant e: r(x)\geqslant r(x-1)$$

(4) I 中不能含有多于 MinPts 个连续的非阶梯上升点。区间 I 称为 ξ-阶梯上升区(UpArea_ξ)，反之则称为 ξ 阶梯下降区(DownArea_ξ)。

定义 4.7　ξ 聚类(ξ-cluster)：如果区间 $C=[s,e]\subseteq[1,n]$，$\exists D=[s_D,e_D]$，$U=[s_U,e_U]$ 满足以下四个条件：

(1) $\text{DownArea}_\xi(D)\wedge s\in D$

(2) $\text{UpArea}_\xi(D)\wedge e\in U$

(3) $e-s\geqslant \text{MinPts}$；$\forall x, s_D<x<e_U: (r(x)\leqslant \min(r(s_D), r(e_U))\times(1-\xi))$

(4) $$(s,e)=\begin{cases}(\max\{x\in D\mid r(x)>r(e_U+1)\}, e_U), & r(s_D)\times(1-\xi)\geqslant r(e_U+1)\\ (s_D, \min\{x\in U\mid r(x)<r(s_D)\}), & r(e_U+1)\times(1-\xi)\geqslant r(s_D)\\ (s_D, e_U), & \text{其他}\end{cases}$$

则区间 C 称为 ξ 类。

按照上述定义，OPTICS 聚类算法共分为三个阶段：排序、隔离和分类，其关系如图 4.2 所示。下面分别介绍三个阶段的具体操作步骤。

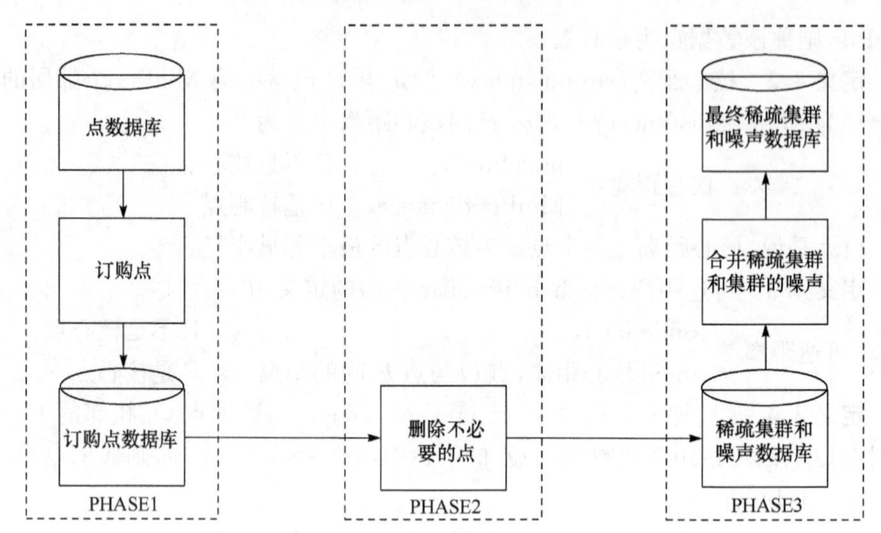

图 4.2　OPTICS 聚类算法方块图

1. 排序阶段步骤

排序阶段的详细步骤如下。

(1) 初始化有序种子对列为空,结果对列为空。

(2) 判断是否所有点处理完毕,若是,则算法结束;否则,选择一个未处理对象放入有序队列。

(3) 如果有序种子队列为空,返回步骤(2),否则选择第一个数据 O 进行扩张。如果 O 不是核心点,转步骤(4);否则,对 O 的 ε 邻域内任一未扩张的邻域进行以下扩张:

① 如果 Q 已在有序种子队列中且从 O 到 Q 的可达距离小于旧值,则更新 Q 的可达距离,并调整 Q 到相应位置以保证队列的有序性;

② 如果 Q 不在有序种子队列中,则根据 O 到 Q 的可达距离将其插入有序队列。

(4) 从有序种子队列中删除 O,并将 O 写入结果队列中,返回步骤(3)。

2. 隔离阶段步骤

隔离阶段的详细步骤如下。

(1) 输入已经排序的数据。

(2) 根据定义 4.4 和定义 4.5 求出所有 ξ 阶梯上升点和 ξ 阶梯下降点。

(3) 根据定义 4.6 求出 ξ 阶梯上升区和 ξ 阶梯下降区。

3. 分类阶段步骤

分类阶段的详细步骤如下。

（1）输入已求得的 ξ 阶梯上升区和 ξ 阶梯下降区。

（2）根据定义 4.7 进行聚类，其他数据组成一个类。

（3）计算聚类数。

（4）每个类中可达距离最小采样数据为聚类中心。

由图 4.2 可知，OPTICS 聚类可以自动将个体分类，分类后每个类中的个体数据平均值为该类的聚类中心。随着迭代次数的增加，个体逐渐相似，聚类数逐渐减少，在算法后期增加了算法的收敛速度，而在算法前期通过两个类个体变异生成新个体寻优时，由于种群比较多而增加了种群的多样性。

基于 OPTICS 聚类的 DBSO 算法（简称 OPDBSO 算法）是用 OPTICS 聚类方法代替 DBSO 中的 K-means 聚类过程后的头脑风暴优化算法，即用 OPTICS 聚类方法将信息聚类，使得信息自行分类，不再产生不必要的硬性分类。该算法的优点是能够在优化过程中自动调整聚类的个数；缺点是聚类过程比较复杂，耗时较长。

4.3.3　仿真结果分析

为了验证 OPDBSO 算法的性能，本章采用与第 2 章和第 3 章相同的测试函数和系统参数进行仿真测试，并将仿真结果与 DBSO 算法的性能进行分析和对比。

为了避免算法的随机性，本节运行 30 次，记录 30 维、50 维、100 维下最终的最优值、平均值、最劣值和方差。此外，设允许误差为 0.0001，即若算法寻优结果与函数最优值误差小于 10^{-4}，则认为寻优成功。

本次实验在 MATLAB R2014a 上实现，实验在相同的机器上运行，为 3.20GHz Intel Core i5 CPU、12GB RAM 和 Windows 7 操作系统，仿真结果如表 4.1 所示。

表 4.1　OPDBSO 算法与 DBSO 算法的仿真结果对比

函数名	维数	算法名称	最优值	平均值	最劣值	方差	成功次数
Sphere	30	DBSO	6.7006e−73	3.0487e−69	3.6004e−68	5.7369e−137	30
		OPDBSO	2.5057e−75	6.2788e−68	1.2436e−66	5.4244e−134	30
	50	DBSO	4.1302e−45	5.7976e−42	5.6704e−41	1.0991e−82	30
		OPDBSO	1.0299e−44	4.3673e−32	1.3102e−30	5.7220e−62	30
	100	DBSO	2.4018e−22	2.2539e−21	1.4066e−20	9.7674e−42	30
		OPDBSO	1.6463e−23	8.4102e−22	4.8797e−21	1.5704e−42	30
Schwefel's P221	30	DBSO	3.5731e−05	0.0034	0.0514	8.67623e−05	13
		OPDBSO	1.4810e−05	0.0015	0.0370	4.5289e−05	30
	50	DBSO	0.063291	0.486420	3.282905	0.505488	0
		OPDBSO	0.0509	1.3774	23.4770	21.7107	0
	100	DBSO	1.989647	4.324355	15.684650	8.363204	0
		OPDBSO	1.5040	3.1611	13.1085	5.3987	0

续表

函数名	维数	算法名称	最优值	平均值	最劣值	方差	成功次数
Step	30	DBSO	0	0	0	0	30
		OPDBSO	0	0	0	0	30
	50	DBSO	0	0	0	0	30
		OPDBSO	0	0	0	0	30
	100	DBSO	0	0	0	0	30
		OPDBSO	0	1. 2667	38	48. 1333	30
Schwefel's P222	30	DBSO	1. 5033e−43	1. 6198e−41	1. 6857e−40	1. 0156e−81	30
		OPDBSO	1. 0128e−42	9. 8636e−40	1. 1607e−38	7. 1966e−78	30
	50	DBSO	4. 7151e−28	1. 3094e−25	2. 8066e−26	6. 3704e−52	30
		OPDBSO	1. 0310e−27	4. 4114e−26	2. 3921e−25	3. 1260e−51	30
	100	DBSO	1. 3321e−15	1. 3173e−10	3. 9515e−09	5. 2047e−19	30
		OPDBSO	1. 0165e−15	1. 0205e−14	5. 3521e−14	1. 7163e−28	30
Quartic Noise	30	DBSO	0. 013304	0. 041606	0. 086132	0. 000450	0
		OPDBSO	0. 0133	0. 0502	0. 1682	9. 7835e−04	0
	50	DBSO	0. 027450	0. 080232	0. 197472	0. 001664	0
		OPDBSO	0. 0299	0. 1213	0. 4566	0. 0092	0
	100	DBSO	0. 085511	0. 196169	0. 455581	0. 009121	0
		OPDBSO	0. 0967	0. 1686	0. 2702	0. 0022	0
Ackley	30	DBSO	6. 2172e−15	8. 2305e−15	1. 3323e−14	1. 0170e−29	30
		OPDBSO	6. 217e−15	8. 1120e−15	1. 3323e−14	1. 0213e−29	30
	50	DBSO	9. 7700e−15	1. 6402e−14	2. 0428e−14	1. 3695e−29	30
		OPDBSO	1. 332e−14	1. 6875e−14	2. 753e−14	1. 6539e−29	30
	100	DBSO	4. 4320e−13	1. 8254e−12	3. 9035e−12	8. 8041e−25	30
		OPDBSO	3. 5083e−13	0. 1146	3. 4379	0. 3940	30
Rastrigin	30	DBSO	0	0	0	0	30
		OPDBSO	0	0	0	0	30
	50	DBSO	0	0	0	0	30
		OPDBSO	0	0	0	0	30
	100	DBSO	0	1. 194168	35. 825035	42. 781103	30
		OPDBSO	0	3. 5001e−09	1. 0361e−07	3. 5775e−16	30

续表

函数名	维数	算法名称	最优值	平均值	最劣值	方差	成功次数
Rosenbrock	30	DBSO	0.002679	8.462053	76.576572	331.815760	0
		OPDBSO	0.0143	8.1102	19.7854	56.5648	0
	50	DBSO	0.002679	8.462053	76.576572	331.815760	0
		OPDBSO	0.0054	65.2550	291.4744	3.4212e+03	0
	100	DBSO	33.167653	195.462540	661.021718	12414.0902	0
		OPDBSO	52.2562	195.7750	464.1874	6.8415e+03	0
Schwefel's P226	30	DBSO	0.000382	0.000382	0.000382	0	0
		OPDBSO	0.000382	0.000382	0.000382	0	0
	50	DBSO	0.000636	0.000636	0.000636	0	0
		OPDBSO	0.000636	0.000636	0.000636	0	0
	100	DBSO	0.001273	0.001273	0.001273	0	0
		OPDBSO	0.001273	0.001273	0.001273	0	0
Griewank	30	DBSO	0	0.001149	0.022141	2.1000 e−05	28
		OPDBSO	0	6.5723e−04	0.0123	6.6741e−06	28
	50	DBSO	0	2.4700 e−04	0.007396	1.8234e−06	29
		OPDBSO	0	3.2858e−04	0.0099	3.2389e−06	29
	100	DBSO	0	0	0	0	30
		OPDBSO	0	0	0	0	30

由表 4.1 可以看出，OPDBSO 算法与 DBSO 算法搜索性能相当，但精度有进一步的增强。具体表现为：在仿真中的十个测试函数中，有五个函数（Sphere、Step、Rastrigin、Schwefel's P222 和 Ackley）无论是 30 维、50 维还是 100 维，成功率都达到了 100%；而对于其他几个函数，成功率或者精度也有了不同程度的提高。

OPTICS 聚类算法的复杂性导致 OPDBSO 算法的运行时间较长，因此在一定程度上降低了算法的时间性能。4.4 节将从聚类空间的选择出发，讨论提高算法时间性能的改进算法。

4.4 基于目标空间的差分头脑风暴优化算法

实际上，聚类策略的计算量本身就比较大，即使简单的 K-means 聚类算法，运行时间也比较长。因此，转换空间的聚类策略就为算法的简化提供了很好的思路。文献[26]尝试用 BSO 算法解决多目标问题(MOBSO 算法)，用非支配排序来对由非劣解构成归档集进行更新，表明 BSO 算法在解决多目标问题上的有效性。借鉴多目标优化的理念，Shi 等[27]通过对目标空间的分类(即精英类和普通类)来代替复杂的决策空间聚类方法，提出基于目标空间的头脑风暴优化(BSO-OS)算法，极大地加快了算法的运行速度，降低了算法的复杂度。

因此，这里在以前的研究基础上，通过对“聚”“散”行为的分析，提出通用的基于目标空间的差分头脑风暴优化(difference brain storm optimization based on objective space，DBSO-OS)算法，并通过测试函数对算法的性能进行分析。

4.4.1 基于目标空间的差分头脑风暴优化算法原理

不同类型的聚类方法会对头脑风暴优化算法的性能产生很大的影响，差分变异操作对头脑风暴优化算法的性能有很大的提升。因此，本节采用基于目标空间的差分头脑风暴优化算法来提高算法的性能。

在采用 BSO 算法解决多目标优化问题时，首次采用对目标空间聚类的思想，以减小多目标优化非劣比较的复杂程度，因此本节将聚类算法用于单目标优化问题的目标空间，通过个体在目标空间的欧氏距离来对个体进行分类，通过聚类个数的改变来分析基于目标空间聚类的差分头脑风暴优化算法的性能。基于目标空间欧氏距离聚类的过程如算法 4.2 所示。

算法 4.2 基于目标空间欧氏距离聚类的过程

---

(1) 从当前 n 个个体中选出 m 个作为聚类中心。

(2) 对个体进行评价，计算当前个体的适应度值到每个聚类中心的适应度值的欧氏距离。

(3) 将这个个体分配到与其欧氏距离最小的一个聚类中心的类中。

(4) 重复步骤(2)和步骤(3)，直到所有个体聚类完成。

将上述算法用于头脑风暴过程中，得到基于目标空间的 DBSO(DBSO-OS)算法的步骤，如算法 4.3 所示。

算法 4.3 DBSO-OS 算法的步骤

(1) 初始化种群。

(2) 对个体进行评价,计算当前个体的适应度值到每个聚类中心的适应度值的欧氏距离。

(3) 取个体的前 perce%作为精英,其余为普通。

(4) 给随机选择的个体加扰动。

(5) 个体更新。

(6) 若满足终止条件,进行下一步;否则,返回步骤(2)。

(7) 输出新个体。

DBSO-OS 算法的目的是在不降低 DBSO 算法性能的基础上减少算法的运行时间。因此,所有对于原 DBSO 算法做出的改动,尤其是发散操作都可以采用。最终,算法 4.3 中"评价个体"和"更新个体"的操作将保持与原 DBSO 算法一样。原 DBSO 算法的"聚类"操作变为"取个体的前 perce%作为精英,其余为普通"。原 DBSO 算法的"给聚类中心加扰动"在算法 4.3 中变为"给随机选择的个体加扰动"。

(1) 取个体的前 perce%作为精英,其余为普通:与用聚类算法对个体进行聚类不同,"取个体的前 perce%作为精英,其余为普通"是对所有的个体根据适应度值对其进行由好到劣的划分。根据等级划分将所有个体分为两类,而不是在原 DBSO 中的 m 类,m 可以取 5。前 perce%的个体为"精英",其余(100−perce)%的个体则为"普通"。"精英"类似于原 DBSO 算法中的聚类中心,"普通"类似于原 DBSO 算法中的其余个体。当然,也可以将种群划分为更多的类,这里为使 DBSO-OS 简单分为两类。

(2) 个体更新:因为在 DBSO-OS 中仅有两类,所以在"个体更新"时有一点不同。与原 DBSO 算法一样,根据式(2.1)~式(2.3)用一个或两个选中个体生成新个体。不同的是,首先决定新个体是由"精英"还是"普通"来生成,然后考虑是用一个还是两个选中的个体。算法实现过程中,由"精英"个体生成的概率用 P_e 表示,由"普通"个体生成的概率用 P_{one} 表示。文献[25]和文献[26]用两个以上个体来生成新个体,但本书的目的和原 DBSO 算法的一样,用基于目标空间的聚类代替基于解空间聚类保持算法的有效性和高效性。

(3) 给随机选择的个体加扰动:为了减少添加扰动引起的随机性,在 DBSO-OS 算法中,将原 DBSO 算法中用随机生成个体代替选中个体变为用随机生成值代替选中个体中的选中维度。作为补偿,会在每一代中加扰动,而不是以一个小的概率,如 20%。

4.4.2 仿真结果分析

1. 测试问题及设置

为了验证 DBSO-OS 算法的性能,这里同样采用附录 A 列出的十个函数作为测试函数,其中前五个是单峰值函数,其余五个为多峰值函数。十个函数均为最小化问题且最小值为 0。与之前所有的测试类似,对每个测试函数的不同维度均运行 30 次进行统计分析。这里仿真结果的所有测试都是在 Intel 3.20GHz CPU、12GB 内存、Windows 7 操作系统、MATLAB R2014a 环境下运行。

2. 参数选择及设置

为方便比较,这里对两种 DBSO 算法设置相同的参数:种群规模为 100,斜率 k 为 25,最大迭代次数为 2000,高斯变异中 μ 和 σ 分别为 0 和 1。由于要分析头脑风暴优化算法的时间性能,本节选择相对较大的问题规模,即每个基准函数都会分别测试不同的维数,分别为 30 维、50 维和 100 维。

其他算法中相关的参数根据文献[28]和文献[21]中的设置,具体如表 4.2 所示。

表 4.2　原始 DBSO 算法与 DBSO-OS 算法的其他参数对比

原始 DBSO					DBSO-OS		
m	P_{5a}	P_{6b}	P_{6biii}	P_{6e}	perce	P_e	P_{one}
5	0.2	0.8	0.4	0.5	0.1	0.2	0.8

此外,DBSO-OS 算法和原 DBSO 算法的总评价次数保持一致,因此实际 DBSO-OS 算法的最大迭代次数应该比给出的最大迭代次数要小,因为在对一个函数执行"给所选个体加扰动"可以通过式(4.2)来计算:

$$T_a = T - \frac{T}{P_s} \tag{4.2}$$

式中,T 为给出的最大迭代次数;T_a 为实际的最大迭代次数;P_s 为种群规模。所以实际的最大迭代次数为 2000−2000/100=1980。

3. DBSO 算法和 DBSO-OS 算法的仿真结果分析

为验证 DBSO-OS 算法的性能,表 4.3 统计了 30 次运行之后的各测试函数在 30 维、50 维、100 维下最终的最优值、平均值、最劣值、方差、成功次数和总耗时间。此外,设允许误差为 0.0001,即若 DBSO-OS 算法寻优结果与函数最优值误差小于 10^{-4},则认为寻优成功。

表 4.3　DBSO 算法与 DBSO-OS 算法的仿真结果对比

函数名	维数	算法名称	最优值	平均值	最劣值	方差	成功次数	总耗时/s
Sphere	30	DBSO	6.7006e−73	3.0487e−69	3.6004e−68	5.7369e−137	30	324.1843
		DBSO-OS	1.0219e−52	4.3063e−50	3.8362e−49	6.9676e−99	30	146.8293
	50	DBSO	4.1302e−45	5.7976e−42	5.6704e−41	1.0991e−82	30	367.5175
		DBSO-OS	3.3845e−32	7.1878e−31	7.5002e−30	2.1085e−60	30	156.2458
	100	DBSO	2.4018e−22	2.2539e−21	1.4066e−20	9.7674e−42	30	405.7932
		DBSO-OS	9.9792e−19	1.0743e−16	1.0313e−15	4.1653e−32	30	179.2861
Schwefel's P221	30	DBSO	3.5731e−05	0.0034	0.0514	8.67623e−05	13	321.6514
		DBSO-OS	2.4495e−09	7.9077e−08	8.1361e−07	2.3627e−14	30	152.7482
	50	DBSO	0.063291	0.486420	3.282905	0.505488	0	338.5974
		DBSO-OS	0.000416	0.001633	0.009918	3.0173e−06	10	160.1823
	100	DBSO	1.989647	4.324355	15.684650	8.363204	0	385.3360
		DBSO-OS	0.067946	0.174754	0.409136	0.003846	0	178.9660
Step	30	DBSO	0	0	0	0	30	290.4667
		DBSO-OS	0	0	0	0	30	146.4560
	50	DBSO	0	0	0	0	30	319.2802
		DBSO-OS	0	0	0	0	30	160.5126
	100	DBSO	0	0	0	0	30	386.0654
		DBSO-OS	0	0	0	0	30	184.2585
Schwefel's P222	30	DBSO	1.5033e−43	1.6198e−41	1.6857e−40	1.0156e−81	30	291.8105
		DBSO-OS	2.2375e−42	1.1561e−38	1.9592e−37	1.4781e−75	30	149.2797
	50	DBSO	4.7151e−28	1.3094e−25	2.8066e−26	6.3704e−52	30	317.0723
		DBSO-OS	4.0195e−27	3.1369e−25	9.9161e−25	1.0073e−49	30	159.6511
	100	DBSO	1.3321e−15	1.3173e−10	3.9515e−09	5.2047e−19	30	379.5294
		DBSO-OS	1.3247e−14	1.1809e−13	4.4098e−13	1.3108e−26	30	187.2018
Quartic Noise	30	DBSO	0.013304	0.041606	0.086132	0.000450	0	321.9741
		DBSO-OS	0.004466	0.022165	0.058017	0.000137	0	172.9965
	50	DBSO	0.027450	0.080232	0.197472	0.001664	0	368.8940
		DBSO-OS	0.018514	0.048762	0.122884	0.000757	0	199.4362
	100	DBSO	0.085511	0.196169	0.455581	0.009121	0	478.1545
		DBSO-OS	0.042489	0.114699	0.395105	0.005174	0	268.6128

续表

函数名	维数	算法名称	最优值	平均值	最劣值	方差	成功次数	总耗时/s
Ackley	30	DBSO	6.2172e−15	8.2305e−15	1.3323e−14	1.0170e−29	30	304.9026
		DBSO-OS	6.2172e−15	7.1646e−15	1.3323e−14	6.0352e−30	30	160.1332
	50	DBSO	9.7700e−15	1.6402e−14	2.0428e−14	1.3695e−29	30	334.8149
		DBSO-OS	6.2127e−14	1.7704e−14	2.7534e−14	2.2356e−29	30	172.8016
	100	DBSO	4.4320e−13	1.8254e−12	3.9035e−12	8.8041e−25	30	410.6099
		DBSO-OS	5.9052e−11	2.5060e−10	7.1340e−10	3.4637e−20	30	206.5372
Rastrigin	30	DBSO	0	0	0	0	30	292.1152
		DBSO-OS	0	0	0	0	30	150.2369
	50	DBSO	0	0	0	0	30	323.5018
		DBSO-OS	0	0	0	0	30	164.6642
	100	DBSO	0	1.194168	35.825035	42.781103	29	399.1437
		DBSO-OS	1.7764e−13	5.1946e−10	9.8381e−09	3.3479e−18	30	201.6436
Rosenbrock	30	DBSO	0.002679	8.462053	76.576572	331.815760	0	295.7621
		DBSO-OS	0.008292	34.761499	107.755280	885.765478	0	149.7874
	50	DBSO	0.007921	54.087142	135.084622	1587.69342	0	317.8066
		DBSO-OS	0.000307	84.251848	337.129392	3743.53743	1	161.4249
	100	DBSO	33.167653	195.462540	661.021718	12414.0902	0	402.6295
		DBSO-OS	65.043460	188.523622	305.502254	3942.2154	0	188.4113
Schwefel's P226	30	DBSO	0.000382	0.000382	0.000382	0	0	311.7635
		DBSO-OS	0.000382	0.000382	0.000382	0	0	161.6140
	50	DBSO	0.000636	0.000636	0.000636	0	0	306.4875
		DBSO-OS	0.000636	0.000636	0.000636	0	0	215.4675
	100	DBSO	0.001273	0.001273	0.001273	0	0	370.3238
		DBSO-OS	0.001273	0.001273	0.001273	0	0	215.4675
Griewank	30	DBSO	0	0.001149	0.022141	0.000021	28	311.2684
		DBSO-OS	0	0	0	0	30	160.7827
	50	DBSO	0	0.000247	0.007396	1.8234e−06	29	304.9142
		DBSO-OS	0	0.000247	0.007396	1.8234e−06	29	177.5620
	100	DBSO	0	0	0	0	30	369.2052
		DBSO-OS	0	0	0	0	30	211.8652

由表4.3可以看出，DBSO算法和DBSO-OS算法性能都比较好，对于五个单模

态函数中的 Sphere 函数和 Schwefel's P222 函数，DBSO 算法结果略优；但是对于 Schwefel's P221 和 Quartic Noise 函数，DBSO-OS 算法结果略优。对于 Step 函数，两种 BSO 算法均找到了最优解 0。总体来说，DBSO 算法和 DBSO-OS 算法的性能相当。对于五个多模态函数，DBSO 算法和 DBSO-OS 算法的性能相当。其中，对于 Rosenbrock 函数，DBSO 算法结果略优；而对于 Griewank 函数，DBSO-OS 算法结果略优。

4. 高维测试函数的性能分析与比较

通过对目标空间聚类过程的分析可以看出，在 DBSO-OS 算法中，通过个体的适应度值对其进行排序时，它的计算时间完全取决于种群规模而与问题的维数无关；但在原 DBSO 算法中，收敛操作的计算时间由种群规模和问题维数决定。因此，当种群规模相同时，DBSO-OS 算法的收敛操作在不同维数下的有着相似的计算时间，而 DBSO 算法由于在解空间中计算距离，其计算时间成倍增加。因此，与 DBSO 算法相比，DBSO-OS 算法的运行时间性能更有优势。然而，目标空间聚类虽然计算量减少，但由于基于目标空间进行，其个体的多样性容易受到限制。在前一部分对小规模问题的分析可以看出，DBSO 算法和 BSO-OS 算法有着相似的性能，但问题规模变大后，二者的性能应该或多或少会有差距。因此，下面将十个测试函数的规模增大，对 DBSO-OS 算法分别进行 500 维和 1000 维的测试，除了维数其他参数保持不变。表 4.4 为五个单峰基准函数在不同维数下运行 30 次的结果比较，表 4.5 为五个多峰基准函数在不同维数下运行 30 次的结果比较。

表 4.4　五个单峰基准函数在 500 维和 1000 维下运行 30 次的实验结果

测试函数	500 维				1000 维			
	平均值	最优值	最劣值	方差	平均值	最优值	最劣值	方差
f_1	1.601685	4.49e−05	9.210446	5.214876	2.657915	0.000312	13.08547	13.42979
f_2	0.311055	0.054535	0.651752	0.029381	0.192134	0.020289	0.577441	0.024411
f_3	0	0	0	0	0	0	0	0
f_4	0.225479	0.002443	1.264876	0.093557	0.197926	0.003798	0.934777	0.056142
f_5	0.002962	7.14e−05	0.034823	5.11e−05	0.002400	4.59e−05	0.039031	4.94e−05

表 4.5　五个多峰基准函数在 500 维和 1000 维下运行 30 次的实验结果

测试函数	500 维				1000 维			
	平均值	最优值	最劣值	方差	平均值	最优值	最劣值	方差
f_6	0.050635	0.000185	0.144885	0.001798	0.029667	0.000639	0.075059	0.000497
f_7	0.759087	2.92e−05	3.322015	0.914075	0.384083	0.000359	2.937018	0.382859
f_8	620.2239	493.9763	1518.469	43144.58	920.2282	28.56375	3415.917	407889.3
f_9	34149.21	0.012555	108359.4	1.62e+9	123620.1	0.015446	354997.6	1.79e+10
f_{10}	0.014997	2.75e−07	0.446922	0.006655	5.65e−05	2.33e−08	0.000274	3.66e−09

由表 4.4 和表 4.5 的统计结果可以看出，DBSO-OS 算法可以找到高维基准函数的较好解，但不稳定。例如，对于函数 f_9，DBSO-OS 算法在 500 维和 1000 维下分别可以找到解 0.012555 和 0.015446，但找到的解的平均值分别为 34149.21 和 123620.1。此外，DBSO-OS 算法在 1000 维下运行 30 次中有 7 次可以找到比 1 小的解，其余 23 次的解在 2.048313～354997.6。对于函数 f_7，DBSO-OS 算法可以找到非常好的平均解，为 0.384083，这与其在 30 维、50 维、100 维下的结果相近。综上分析，基于目标空间聚类的差分头脑风暴优化算法具有很好的应用前景。

4.5 不同聚类操作的仿真结果对比与分析

本章在介绍常用聚类操作的基础上，分别给出了基于密度的 OPTICS 聚类和基于目标空间聚类的头脑风暴优化算法的改进思路，也对两种算法的仿真结果进行了比较详细的分析。本节将对这两种算法的仿真结果从寻优效果、时间性能等方面进行对比，以便更清晰地分析改进策略的优势和缺陷。

4.5.1 OPDBSO 算法和 DBSO-OS 算法的寻优性能比较

表 4.6 给出了基于密度的 OPTICS 聚类的头脑风暴算法（OPDBSO 算法）和基于目标空间聚类的头脑风暴算法（DBSO-OS 算法）各运行 30 次的仿真结果的统计数据。

表 4.6 OPDBSO 算法与 DBSO-OS 算法的仿真结果对比

函数名	维数	算法名称	最优值	平均值	最劣值	方差	成功次数	总耗时/s
Sphere	30	OPDBSO	2.5057e−75	6.2788e−68	1.2436e−66	5.4244e−134	30	580.5883
		DBSO-OS	1.0219e−52	4.3063e−50	3.8362e−49	6.9676e−99	30	146.8293
	50	OPDBSO	1.0299e−44	4.3673e−32	1.3102e−30	5.7220e−62	30	694.679
		DBSO-OS	3.3845e−32	7.1878e−31	7.5002e−30	2.1085e−60	30	156.2458
	100	OPDBSO	1.6463e−23	8.4102e−22	4.8797e−21	1.5704e−42	30	918.7086
		DBSO-OS	9.9792e−19	1.0743e−16	1.0313e−15	4.1653e−32	30	179.2861
Schwefel's P221	30	OPDBSO	1.4810e−05	0.0015	0.0370	4.5289e−05	30	620.4999
		DBSO-OS	2.44950e−09	7.9077e−08	8.1361e−07	2.3627e−14	30	152.7482
	50	OPDBSO	0.0509	1.3774	23.4770	21.7107	0	721.6691
		DBSO-OS	0.000416	0.001633	0.009918	3.0173e−06	10	160.1823
	100	OPDBSO	1.5040	3.1611	13.1085	5.3987	0	935.2678
		DBSO-OS	0.067946	0.174754	0.409136	0.003846	0	178.9660

续表

函数名	维数	算法名称	最优值	平均值	最劣值	方差	成功次数	总耗时/s
Step	30	OPDBSO	0	0	0	0	30	607.5646
		DBSO-OS	0	0	0	0	30	146.4560
	50	OPDBSO	0	0	0	0	30	697.2799
		DBSO-OS	0	0	0	0	30	160.5126
	100	OPDBSO	0	1.2667	38	48.1333	29	918.2654
		DBSO-OS	0	0	0	0	30	184.2585
Schwefel's P222	30	OPDBSO	1.0128e−42	9.8636e−40	1.1607e−38	7.1966e−78	30	596.7682
		DBSO-OS	2.2375e−42	1.1561e−38	1.9592e−37	1.4781e−75	30	149.2797
	50	OPDBSO	1.0310e−27	4.4114e−26	2.3921e−25	3.1260e−51	30	696.8192
		DBSO-OS	4.0195e−27	3.1369e−25	9.9161e−25	1.0073e−49	30	159.6511
	100	OPDBSO	1.0165e−15	1.0205e−14	5.3521e−14	1.7163e−28	30	925.4847
		DBSO-OS	1.3247e−14	1.1809e−13	4.4098e−13	1.3108e−26	30	187.2018
Quartic Noise	30	OPDBSO	0.0133	0.0502	0.1682	9.7835e−04	0	641.6046
		DBSO-OS	0.004466	0.022165	0.058017	0.000137	0	172.9965
	50	OPDBSO	0.0299	0.1213	0.4566	0.0092	0	756.5677
		DBSO-OS	0.018514	0.048762	0.122884	0.000757	0	199.4362
	100	OPDBSO	0.0967	0.1686	0.2702	0.0022	0	1.024e+03
		DBSO-OS	0.042489	0.114699	0.395105	0.005174	0	268.6128
Ackley	30	OPDBSO	6.217e−15	8.1120e−15	1.3323e−14	1.0213e−29	30	664.0729
		DBSO-OS	6.2172e−15	7.1646e−15	1.3323e−14	6.0352e−30	30	160.1332
	50	OPDBSO	1.332e−14	1.6875e−14	2.753e−14	1.6539e−29	30	792.4101
		DBSO-OS	6.2127e−14	1.7704e−14	2.7534e−14	2.2356e−29	30	172.8016
	100	OPDBSO	3.5083e−13	0.1146	3.4379	0.3940	29	969.5570
		DBSO-OS	5.9052e−11	2.5060e−10	7.1340e−10	3.4637e−20	30	206.5372
Rastrigin	30	OPDBSO	0	0	0	0	30	676.5466
		DBSO-OS	0	0	0	0	30	150.2369
	50	OPDBSO	0	0	0	0	30	803.8323
		DBSO-OS	0	0	0	0	30	164.6642
	100	OPDBSO	0	3.5001e−09	1.0361e−07	3.5775e−16	30	1.049e+03
		DBSO-OS	1.7764e−13	5.1946e−10	9.8381e−09	3.3479e−18	30	201.6436

续表

函数名	维数	算法名称	最优值	平均值	最劣值	方差	成功次数	总耗时/s
Rosenbrock	30	OPDBSO	0.0143	8.1102	19.7854	56.5648	0	623.1015
		DBSO-OS	0.008292	34.761499	107.755280	885.765478	0	149.7874
	50	OPDBSO	0.0054	65.2550	291.4744	3.4212e+03	0	713.9504
		DBSO-OS	0.000307	84.251848	337.129392	3743.53743	1	161.4249
	100	OPDBSO	52.2562	195.7750	464.1874	6.8415e+03	0	1.006e+03
		DBSO-OS	65.043460	188.523622	305.502254	3942.2154	0	188.4113
Schwefel's P226	30	OPDBSO	0.000382	0.000382	0.000382	0	0	642.9667
		DBSO-OS	0.000382	0.000382	0.000382	0	0	161.6140
	50	OPDBSO	0.000636	0.000636	0.000636	0	0	750.2990
		DBSO-OS	0.000636	0.000636	0.000636	0	0	215.4675
	100	OPDBSO	0.001273	0.001273	0.001273	0	0	978.7100
		DBSO-OS	0.001273	0.001273	0.001273	0	0	215.4675
Griewank	30	OPDBSO	0	6.5723e−04	0.0123	6.6741e−06	28	612.9726
		DBSO-OS	0	0	0	0	30	160.7827
	50	OPDBSO	0	3.2858e−04	0.0099	3.2389e−06	29	736.0059
		DBSO-OS	0	0.000247	0.007396	1.8234e−06	29	177.5620
	100	OPDBSO	0	0	0	0	30	961.1034
		DBSO-OS	0	0	0	0	30	211.8652

从表 4.6 可见，对所有的测试函数，DBSO-OS 算法的运行时间比 OPDBSO 算法要小很多。这表明基于目标空间聚类的算法确实有利于算法时间性能的提高，而对算法的搜索精度影响则不同，与测试函数性能有关。其中，在 Sphere、Schwefel's P222、Ackley、Rastrigin 和 Griewank 这五个测试函数及其不同维数时，OPDBSO 算法的性能更高，而对于其他几个函数，DBSO-OS 算法的搜索精度更高一些。

因此，综合算法的时间性能和搜索精度，BDSO-OS 算法具有更好的综合性能。而 OPDBSO 算法由于自适应的聚类操作，虽然延长了算法的运行时间，但对于多模态等特殊问题的求解具有很大的优势。在实际应用问题中，应根据问题的不同特点和需求设置合理的优化算法。

4.5.2 OPDBSO 算法和 DBSO-OS 算法的收敛结果对比分析

图 4.3～图 4.12 给出了基于原始差分、密度聚类和目标空间聚类的头脑风暴

优化算法对十个标准测试函数分别在 30 维、50 维和 100 维的仿真收敛曲线图，通过收敛曲线图可以很直观地看出三种聚类策略对算法寻优能力好坏的影响程度。

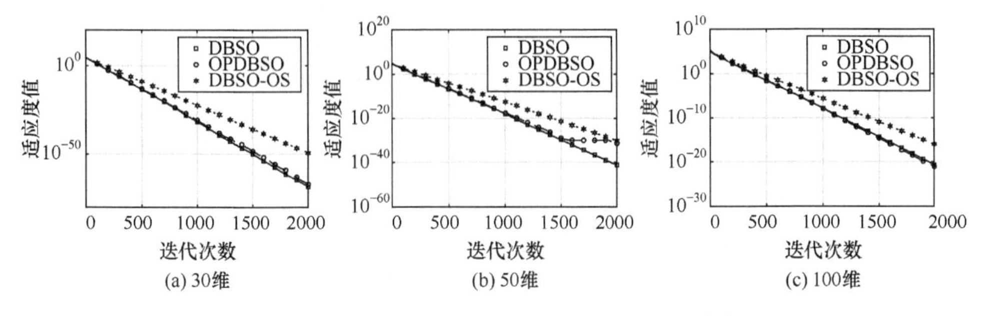

图 4.3　不同聚类操作和维度下 Sphere 函数的寻优曲线对比图

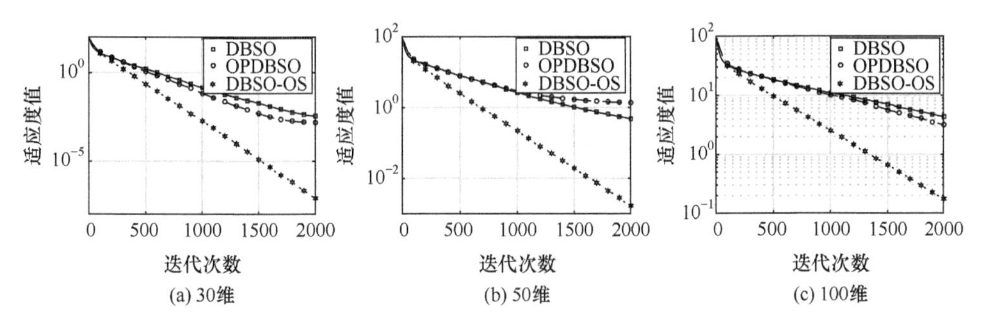

图 4.4　不同聚类操作和维度下 Schwefel's P221 函数的寻优曲线对比图

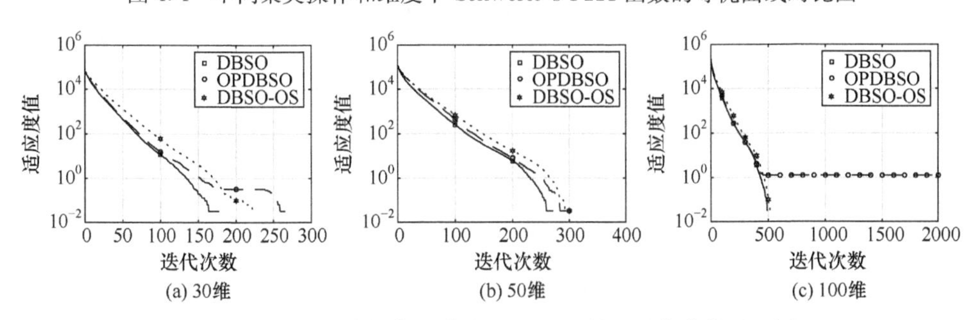

图 4.5　不同聚类操作和维度下 Step 函数的寻优曲线对比图

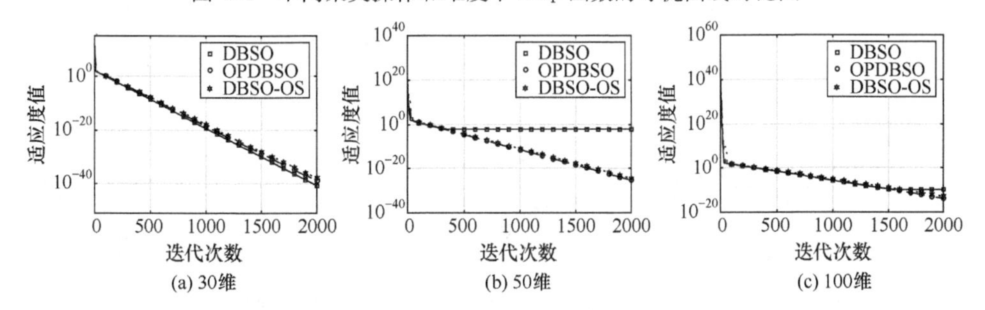

图 4.6　不同聚类操作和维度下 Schwefel's P222 函数的寻优曲线对比图

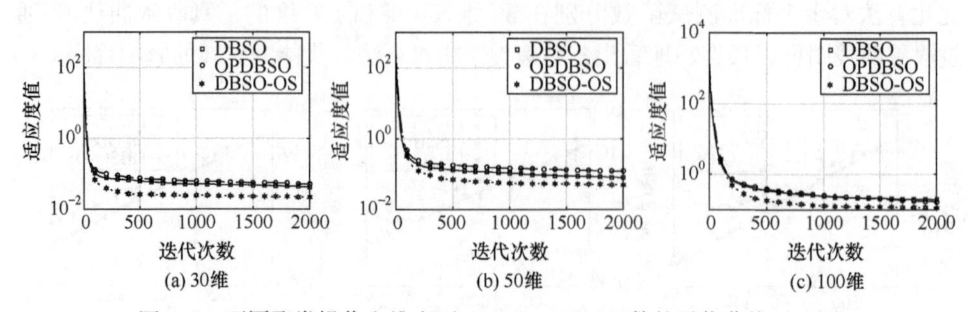

图 4.7　不同聚类操作和维度下 Quartic Noise 函数的寻优曲线对比图

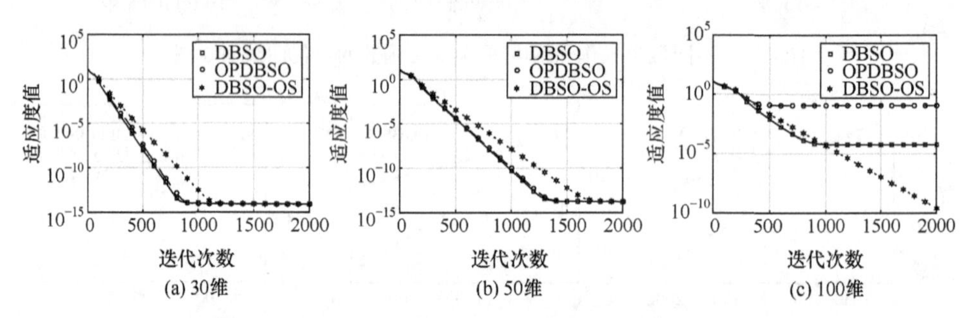

图 4.8　不同聚类操作和维度下 Ackley 函数的寻优曲线对比图

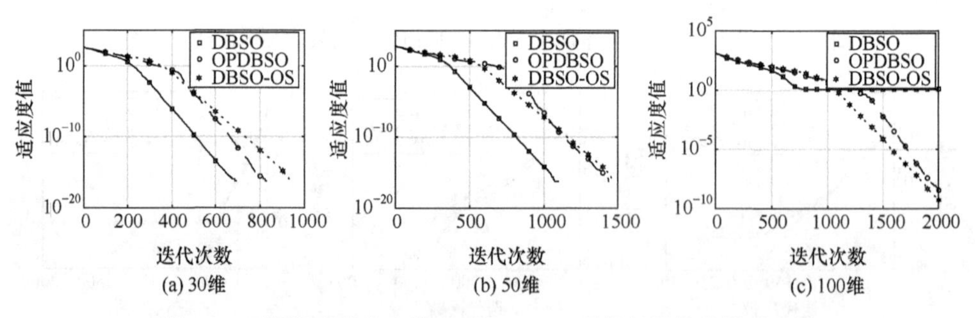

图 4.9　不同聚类操作和维度下 Rastrigin 函数的寻优曲线对比图

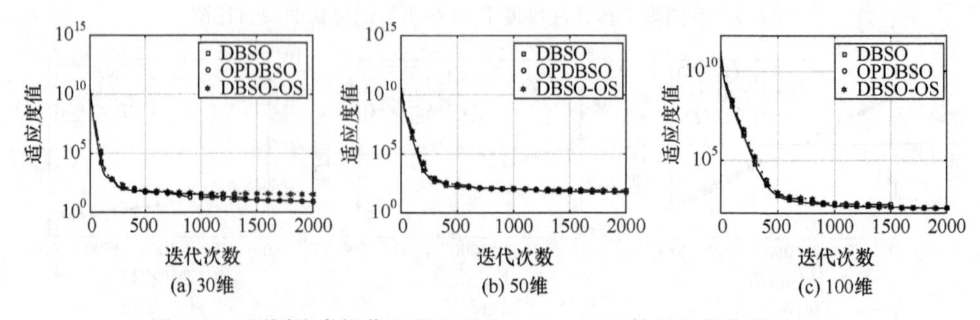

图 4.10　不同聚类操作和维度下 Rosenbrock 函数的寻优曲线对比图

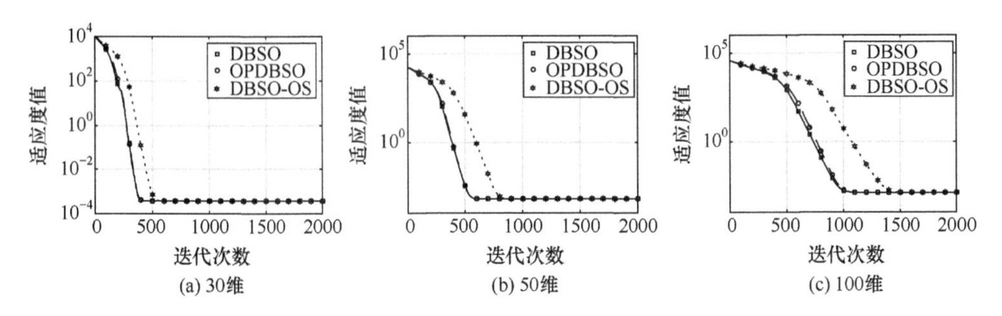

图 4.11　不同聚类操作和维度下 Schwefel's P226 函数的寻优曲线对比图

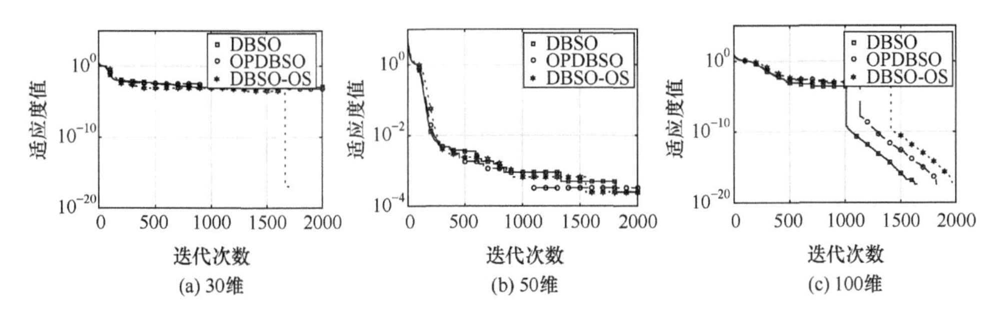

图 4.12　不同聚类操作和维度下 Griewank 函数的寻优曲线对比图

从收敛曲线可以明显地看出:对不同的测试函数及其不同的维数,三类算法的收敛速度和精度各不相同。除了 Step 函数、Rastrigin 函数在 30 维和 50 维,以及 Griewank 函数在 100 维这四种情况,大部分函数中 DBSO 算法的收敛精度比改进的两种算法要差一些;而改进的 DBSO-OS 算法和 OPDBSO 算法则各有优势。Sphere、Schwefel's P222、Ackley、Rastrigin 和 Griewank 这五个测试函数及其不同维数时,OPDBSO 算法的性能更好,而对于其他几个函数,DBSO-OS 算法的搜索精度更高一些。因此,在实际问题的分析过程中,应该针对不同的问题选择不同的聚类策略。

4.5.3　DBSO 算法和 CBSO 算法的统计性能分析

图 4.13～图 4.22 给出了基于原始差分、密度聚类和目标空间聚类的头脑风暴优化算法对十个标准测试函数分别在 30 维、50 维和 100 维的仿真盒图,通过盒图可以很直观地看出三种聚类策略情况下算法最优解的分布情况。

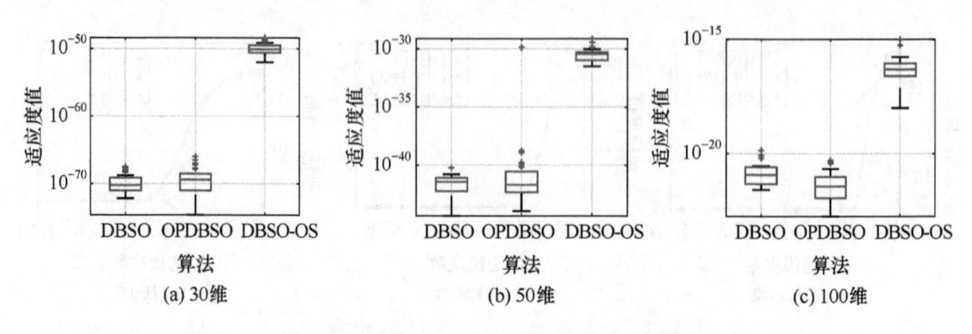

图 4.13　不同变异操作和维度下 Sphere 函数的盒图对比图

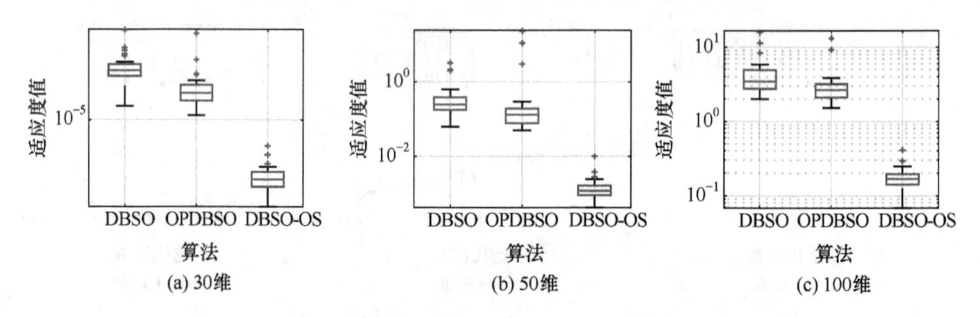

图 4.14　不同变异操作和维度下 Schwefel's P221 函数的盒图对比图

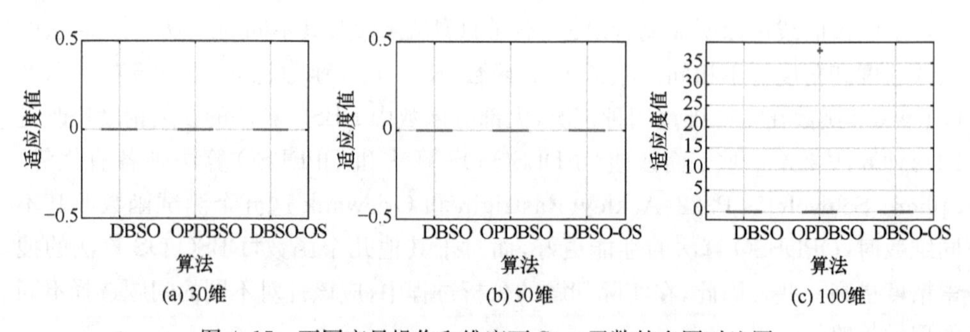

图 4.15　不同变异操作和维度下 Step 函数的盒图对比图

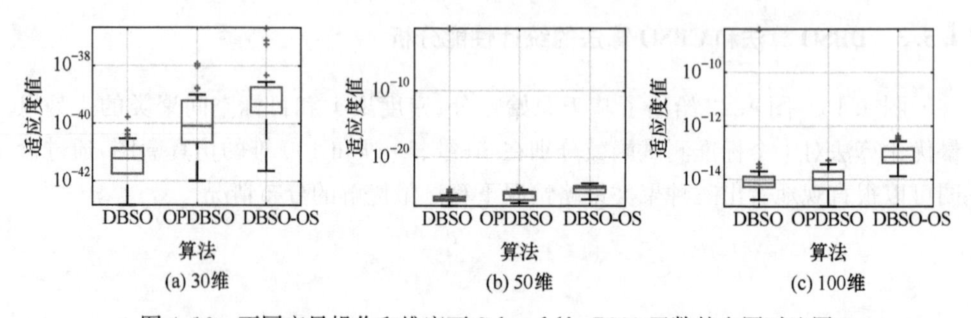

图 4.16　不同变异操作和维度下 Schwefel's P222 函数的盒图对比图

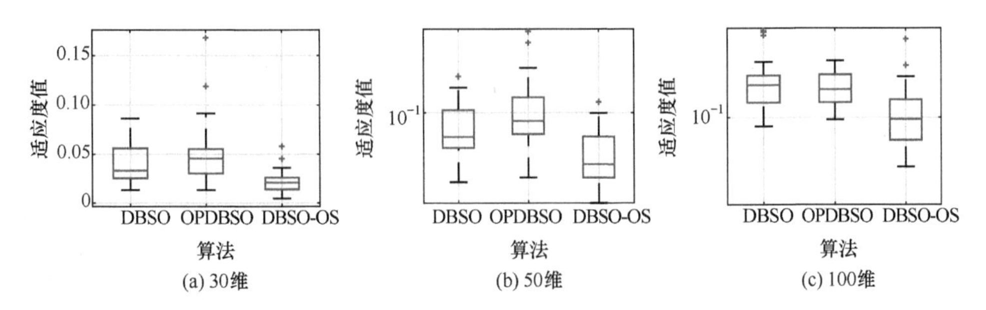

图 4.17　不同变异操作和维度下 Quartic Noise 函数的盒图对比图

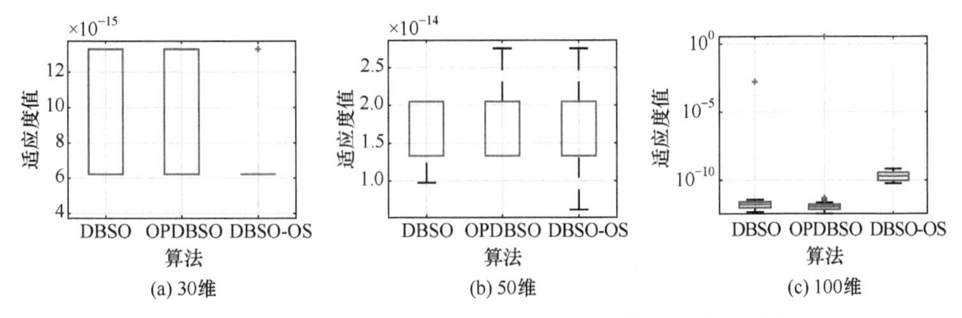

图 4.18　不同变异操作和维度下 Ackley 函数的盒图对比图

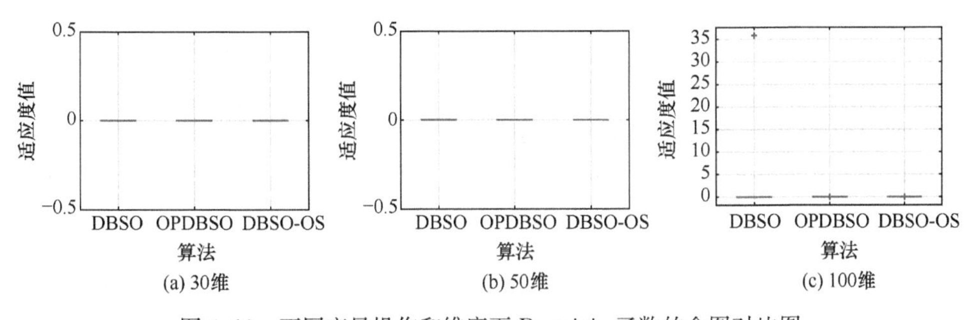

图 4.19　不同变异操作和维度下 Rastrigin 函数的盒图对比图

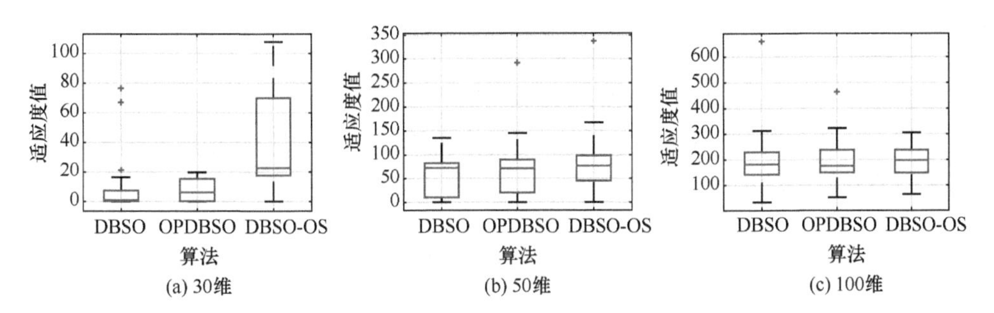

图 4.20　不同变异操作和维度下 Rosenbrock 函数的盒图对比图

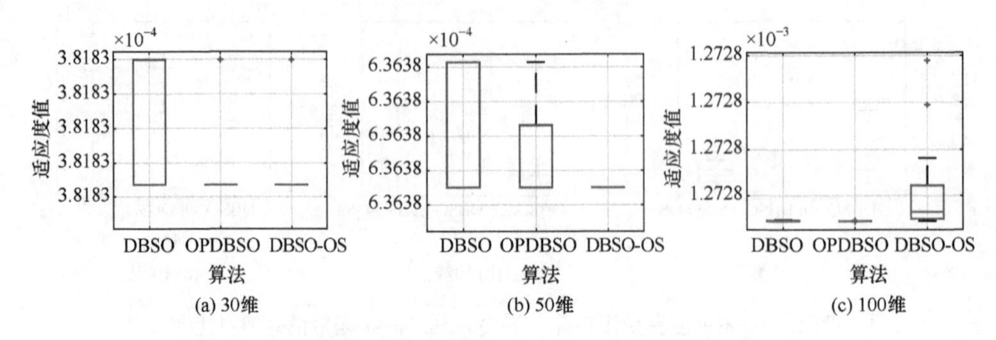

图 4.21　不同变异操作和维度下 Schwefel's P226 函数的盒图对比图

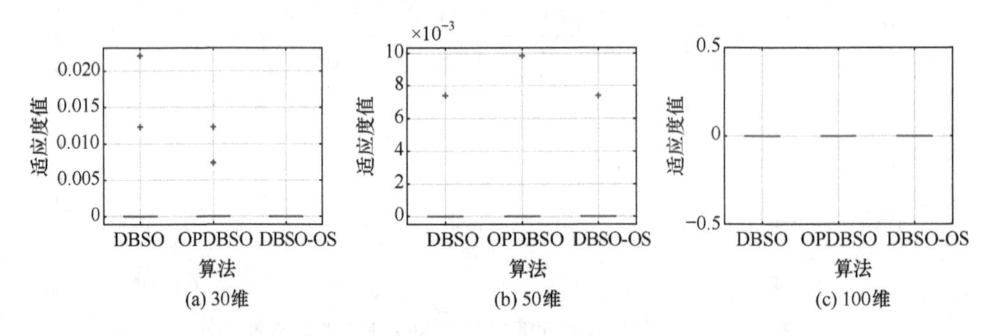

图 4.22　不同变异操作和维度下 Griewank 函数的盒图对比图

通过盒图可以很直观地看出三种聚类策略下 DBSO 算法的性能差异。从搜索精度上来看，DBSO-OS 算法的搜索精度总体不如其他两种算法，尤其是对于 Sphere、Schwefel's P226 和 Ackley 这三个测试函数及其不同维数。而对于大部分测试函数，改进聚类算法后，算法的性能有进一步的提升。具体来说，对于 Schwefel's P221 函数和 Griewank 函数，两种改进算法的性能比原始差分进化算法都要好，DBSO-OS 算法的性能更好一些；对 Step 函数而言，三种算法精度类似，但 OPDBSO 算法有个别噪声点；对 Quartic Noise 函数而言，不同维数三种算法的性能各异；对于 Rastrigin 函数，三种算法的性能类似；而对 Rosenbrock 函数而言，三种算法的均值类似，对不同的维数，鲁棒性程度也各有优劣；对于 Schwefel's P226 函数，尽管各种算法的精度误差都在 10^{-3} 或 10^{-4} 以上，两种不同改进的聚类算法的鲁棒性要强，尤其是 30 维和 50 维问题。

综上所述，在三种不同的聚类策略下，算法的时间性能、搜索精度各不相同，需要进一步在聚类理论方面对算法进行进一步的分析和研究。

4.6　本章小结

本章主要对头脑风暴优化算法中的聚类操作进行分析和研究。在对常见的聚类操作进行总结并分析其优缺点的基础上，本章从两个侧面分析头脑风暴优化算法中的聚类策略。一方面是对不同聚类算法的操作改进，并针对标准头脑风暴优化算法中 K-means 算法的局限性，选择自适应的 OPTICS 聚类算法来改进差分头脑风暴算法，实现了算法迭代过程中聚类个数的自适应改变，得到了较好的性能；另一方面是对聚类操作的空间进行转换，根据优化问题中决策空间和目标空间的维数差异，将聚类操作应用于目标空间，从而降低聚类的复杂性，获得良好的时间性能。对这两种不同的聚类思路，分别通过大量的测试函数进行仿真实验，得到了良好的收敛速度和性能指标。

参 考 文 献

[1] 方媛，车启凤. 数据挖掘之聚类算法综述[J]. 河西学院学报，2012，28(5)：72-76.

[2] 伍育红. 聚类算法综述[J]. 计算机科学，2015，42(6)：491-499，524.

[3] 李川，姚行艳，蔡乐才. 智能聚类分析方法及其应用[M]. 北京：科学出版社，2016.

[4] Tan P N，Steinbach M，Kumar V. Introduction to Data Mining[M]. Beijing：China Machine Press，2010.

[5] Ruspini E H. A new approach to clustering[J]. Information & Control，1969，15(1)：22-32.

[6] Tsai D M，Lin C C. Fuzzy-means based clustering for linearly and nonlinearly separable data[J]. Pattern Recognition，2011，44(8)：1750-1760.

[7] Graves D，Pedrycz W. Kernel-based fuzzy clustering and fuzzy clustering：A comparative experimental study[J]. Fuzzy Sets and Systems，2010，161(4)：522-543.

[8] Horn D，Gottlieb A. The method of quantum clustering[C]. Proceedings of the 14th International Conference on Neural Information Processing Systems：Natural and Synthetic，Vancouver，2002.

[9] 曾成，赵锡均，徐红. 基于量子遗传算法的聚类方法[C]. 第二十九届中国控制会议，北京，2010.

[10] Jain A K，Murty M N，Flynn P J. Data clustering：A review[J]. ACM Computing Surveys，1999，31(3)：264-323.

[11] 蔡晓妍，戴冠中，杨黎斌. 谱聚类算法综述[J]. 计算机科学，2008，35(7)：14-18.

[12] Perona P，Freeman W T. A factorization approach to grouping[C]. Proceedings of the 5th European Conference on Computer Vision，Freiburg，1998.

[13] Shi J，Malik J. Normalizedcuts and image segmentation[J]. IEEE Transactions on Pattern Analysis & Machine Intelligence，2002，22(8)：888-905.

[14] Scott G L，Longuet-Higgins H C. Feature grouping by relocalisation of eigenvectors of proximity matrix[C]. British Machine Vision Conference，Leeds，1990.

[15] Kannan R，Vempala S，Veta A. On clustering：Good，bad and spectral[C]. Proceedings of the 41st Annual Symposium on Foundations of Computer Science，Los Angeles，2000.

[16] Meila M，Shi J B. Learning segmentation by random walks[C]. Proceedings of the Advances

in Neural Information Processing Systems, Denve, 2000.

[17] Ng A Y, Jordan M I, Weiss Y. On spectral clustering: Analysis and an algorithm[J]. Proceedings of Advances in Neural Information Processing Systems, 2002, 14: 849-856.

[18] 善林，李永森，湖笑旋，等. K-means 算法中的 k 值优化问题研究[J]. 系统工程理论与实践，2006，26(2)：97-101.

[19] Zhu H Y, Shi Y H. Brain storm optimization algorithms with k-medians clustering algorithms[C]. International Conference on Advanced Computational Intelligence, Wuyi, 2015.

[20] 杨玉婷，段丁娜，张欢，等. 基于改进头脑风暴优化算法的隐马尔可夫模型运动识别[J]. 航天医学与医学工程，2015，28(6)：403-407.

[21] Zhan Z H, Zhang J, Shi Y H, et al. A modified brain storm optimization[C]. IEEE Congress on Evolutionary Computation, Brisbane, 2012.

[22] 杨玉婷，史玉回，夏顺仁. 基于讨论机制的头脑风暴优化算法[J]. 浙江大学学报(工学版)，2013，47(10)：1705-1711.

[23] Ankerst M, Breunig M M, Kriegel H P, et al. OPTICS: Ordering points to identify the clustering structure[J]. ACM Sigmod Record, 1999, 28(2): 49-60.

[24] Kalita H K, Bhattacharya D K, Kar A. A new algorithm for ordering of points to identify clusterin structure based on perimeter of triangle: OPTICS(BOPT)[C]. International Conference on Advanced Computing and Communications, Guwahati, 2007.

[25] Xue J Q, Wu Y L, Shi Y H, et al. Brain storm optimization algorithm for multi-objective optimization problems[J]. Lecture Notes in Computer Science, 2012, 7331(4): 513-519.

[26] Shi Y H. Brain storm optimization algorithm in objective space[C]. IEEE Congress on Evolutionary Computation, Sendai, 2015.

[27] Shi Y H, Xue J Q, Wu Y L. Multi-objective optimization based on brainstorm optimization algorithm[M]. Hershey: IGI Publishing, 2013.

[28] Xie L X, Wu Y L. A modified multi-objective optimization based on brain storm optimization algorithm[M]//Tan Y, Shi Y H, Carlos A, et al. Advances in Swarm Intelligence. Heidelberg: Springer, 2014.

第 5 章　多模态头脑风暴优化算法

在实际优化问题的求解过程中，由于生产实践中各种客观条件的限制，有些全局最优解在实践中并不适用，为了更好地解决实际问题，不仅要在可行域内寻找全局最优解，还需要搜索一些有意义的局部最优解，这种技术就是多模态优化算法[1]。与单目标优化不同的是，多模态优化需要同时提供多个最优解(包括全局最优解和局部最优解)，如果在所有迭代中可以保存多个解决方案，则在算法的最后可以有多个好的解。多模态优化问题存在解空间维数的不确定性、解个数的不确定性、解分布的不确定性等，这决定了多模态优化问题的复杂性[2]，因此它是优化算法领域公认的难题之一。

进化算法因其在求解高度复杂的非线性问题中的出色表现而得到了广泛的应用。进化算法是一类模拟生物自然进化的随机搜索算法，同时具有较好的通用性。虽然进化算法显示了其多式联运优化的潜在力量，但在解决多模态问题时可能会面临两个问题[3]：①如何在进化过程中尽可能多地找到多个全局和局部最优解；②如何将得到的解保存下来直至迭代结束。

从前面的分析可以看出，头脑风暴优化算法由于“聚”“散”操作的有效协作，具有良好的搜索性能。本章将其应用于多模态问题的求解过程中，为今后解决此类问题提供新的研究思路。

5.1　多模态问题的相关知识

5.1.1　多模态优化问题的数学描述

研究头脑风暴算法求解多模态优化问题的机理，就要建立模型对其进行分析，因此有必要用数学语言对多模态优化问题的诸多概念加以描述[4,5]。

问题描述 5.1　函数最大化问题可描述为：$\max_{X\in S} f(X)$。设 R 为实数集，其中 $X\in \mathrm{R}^n$ 称为实变量，$S\subset \mathrm{R}^n$ 称为参数搜索空间，$f: S\to \mathrm{R}$ 称为目标函数。$S=\{X|X\in \mathrm{R}^n; l_i\leqslant x_i\leqslant u_i, i=1,2,\cdots,n\}$，通常 S 是一个 n 维长方体。

定义 5.1　设 $X^*\in S$，若存在 $\delta>0$，使得当 $X\in \mathrm{R}$ 且 $\|X-X^*\|<\delta$ 时，总有 $f(X)\leqslant f(X^*)$，则称 X^* 为 f 在 S 上的局部极值解，$f(X^*)$称为一个局部极值。

定义 5.2　若存在 $X^*\in S$，使得对于任意 $X\in S$ 都有 $f(X)\leqslant f(X^*)$，则称 X^* 为 f 在 S 上的全局最优解，$f(X^*)$称为一个全局最优值。

定义 5.3 已知 f^* 是 f 在 S 上的全局最优值，若存在且仅存在一个 $X^* \in S$，使得 $f(X^*)=f^*$，则称函数 $f(X)$ 是一个单峰值函数。

定义 5.4 已知 f^* 是 f 在 S 上的全局最优值，若存在互不相同的 $X_1, X_2, \cdots, X_m \in S$，使得 $f(X_i)$ 均为全局最优值或局部极值，则称函数 $f(X)$ 是一个多峰函数，也称多模态函数。

问题描述 5.2 多模态优化问题可描述为：求解 $\{b \mid f(b)$ 极大值，$b \in \mathrm{IB}^l\}$，其中 $f(b)$ 是一个多模态函数，对所有的 $b \in \mathrm{IB}^l = \{0,1\}^l$，都有 $0 < f(b) < +\infty$，并且 $f(b) \neq \mathrm{cons}$。

在研究过程中，建立多模态优化算法收敛性的理论基础十分重要。不同于只收敛到一个全局最优解的"全局收敛"(global convergence)概念，多模态优化算法的收敛性应理解为随着进化代数的增大，算法最终能够以概率"1"找到定义域内所有的极值解。这种能收敛到定义域内所有极值解的收敛性称为"完全收敛"(complete convergence)[6]。

定义 5.5 对于问题描述 5.2 中提到的多模态函数 $f(b)$，在定义域中假设共有 m 个极值解，分别记为 $M_1, M_2, \cdots, M_m$，第 t 代种群记为 $Z(t)$，称算法是完全收敛的，当且仅当条件成立：$\lim\limits_{t \to \infty} \prod\limits_{i=1}^{m} P(M_i \in Z(t)) = 1$。

根据以上定义，以最大化问题为例，一般的多模态优化问题可表述为[7]

$$\max f(x), \quad x \in [a,b] \subset \mathrm{R} \tag{5.1}$$

式中，$x=[x_1, x_2, \cdots, x_n]^{\mathrm{T}}$ 为可行域 $[a,b]$ 上的 n 维连续优化变量；$a=[a_1, a_2, \cdots, a_n]^{\mathrm{T}}$ 和 $b=[b_1, b_2, \cdots, b_n]^{\mathrm{T}}$ 分别表示矩形的上下界向量；$f(\cdot)$ 为定义在可行域 $[a,b]$ 上的多模态目标函数，在限定的解向量空间可能存在多个全局最优解和大量的局部极值解。

5.1.2 多模态优化问题的研究现状

对于多模态优化问题，传统的解析方法有牛顿法、DFP(Davidon-Fletcher-Powell)变尺度法等[8,9]；传统的数值优化方法有梯度下降法、Hooke-Jeeves 方法、混沌优化方法和改进的 Powell 方法等[8,9]；近些年来又涌现出一大批启发式算法，如梯度爬山法、模拟退火算法、蚁群算法、免疫算法、微粒群算法和进化算法等[10-12]。传统的解析和数值方法需要知道函数的导数信息，而启发式算法往往根据某些启发式信息引导算法的搜索方向。

相比而言，传统的解析和数值方法存在以下一些缺陷。

(1) 一般对目标函数都有较强的限制性要求，如连续性、可微性等。

(2) 多数该类方法都是根据目标函数的局部展开性质确定下一步搜索的方向，这与求函数的全局最优解的目标有一定的抵触。

(3) 在实现算法之前，要进行大量的准备工作，如求函数的一阶或二阶导数及某些矩阵的逆等。在目标函数较为复杂的情况下，这一工作是很困难的，甚至是不可能的。

(4) 算法结果一般与初始值的选取有较大关系，不同的初值可能导致不同的结果。初始值的选取较大地依赖于对问题背景的认识及所掌握的知识。

(5) 算法缺乏简单性和通用性。针对一个问题，需要有相当多的知识去判断哪一种方法较为合适。

启发式算法很好地弥补了这些缺陷。主要体现在：①它们对目标函数的要求不高，只要能够求出确定的函数值即可；②对初值的依赖性显著减弱，具有全局搜索能力；③启发式算法往往具有很好的简单性和通用性。然而，启发式算法也存在着一些亟待解决的问题，例如，如何避免陷于局部极值解而发现全局最优解的问题，如何寻找到全部全局最优解和更多的局部极值解的问题，某些基于遗传算法的改进方法还存在着种群个数较多、算法过于复杂的问题，还有一些算法需要如局部极值解的个数、局部极值点的间距等一些苛刻的先验条件等。

综上所述，启发式算法比传统的解析和数值方法已经有了很大的进步，但仍存在着一些问题，需要进行进一步的改进。

目前，大部分学者为了解决多模态优化问题，将小生境方法和标准的进化算法相结合，提出了一系列的小生境模型。此类方法不仅能够形成多个稳定的子种群，还能更好地求解出多个最优或次优解。Thomsen[13]采用拥挤距离的方法，将产生出的子代个体与父代个体进行比较并代替与其相似的父代个体进入下一次迭代，但该操作不仅使得计算复杂度显著增加，而且算法的性能过分依赖于小生境参数的先验知识。FERPSO(fitness euclidean-distance ratio PSO)[14]和 SPSO(species-based particle swam optimization)[15]是两种有效的小生境微粒群算法，但仅用于求解所有的全局最优解，而忽略了局部最优解。在文献[16]中，Wang 等将排挤因子融合到差分进化算法中，提出了排挤差分进化算法(dynamic clustering based differential evolution algorithm，CDE)，该算法要选择不同的实验矢量和控制参数来满足不同测试函数的测试性能。最近几年，排挤差分进化算法作为另一种多子种群方法，已被越来越多的学者成功地用来解决多模态问题。Yin 等[17]提出了一种自适应聚类算法(adaptive clustering algorithm，ACA)，有效地避免了对 σ_{share} 的先验估计。该算法采用确定的聚类操作替代共享适应度函数的方法，但同时引入了两个附加变量，即需要设置一个合理的最大值和最小值作为类的半径。多个子种群和聚类方法可以用来增加群体的多样性以达到保持在不同峰值的目的，然而，如何定义区域中每个子种群的搜索空间和子种群数目仍然是面临的困难。文献[18]主要将自适应精英个体搜索的方法与遗传算法相结合，直接可以将单峰值函数优化的方法扩展到多峰值优化中，这主要是根据种群中的个体差异来自动地调整种群的大小，其调整方向依赖于精英交叉操作和精英变异操作两部分，将两个个体间的搜索方向分为背对背、面对面和单调三种情况，在个体的交叉和变异时先考虑属于哪种搜索方向，这样不会引起分类时的误差。Li 等[19]提出了一种基于 PSO 的混合小生境算法来解决多模态问题，首先通过将种群分为个体种群和归档集种群两种来增强 PSO 算法解决多模态优化问题的有效性；其次在归档集中进行重组替换拥挤策略来提高解的多样性。

因此，求解多模态优化算法需要重点解决两个问题[3]：①如何尽可能多地找到局部极值和全局最优；②极值点的保留问题，即如何将处于不同峰的极值点能够在后续的进化过程中稳定地保存下来。目前，大部分研究者都是将进化算法与多种群机制相结合来解决多模态问题，并得到了很好的效果。原因主要有两个：①进化算法的高效搜索能力有利于找到多模态意义下的全局最优解；②多种群算法通过子种群按内在的并行方式和种群内的相互学习，更容易同时搜索多个最优解。

5.2　自适应参数控制的多模态 BSO 算法的实现

在解决多模态问题中，多种群算法的引入不仅能够维持种群的多样性，还能提高进化算法处理多模态优化问题的能力，该方法在求解多模态问题中已取得了良好的效果。而 BSO 算法本身具有的收敛性操作对解决多模态问题有很好的优势，一方面，在每次更新迭代中，算法本身的聚类操作将个体分为不同的类，以便于找到不同的极值点；另一方面，在个体更新时，通过向所在类和其他类学习的学习机制使种群的多样性得到更好的保障。

5.2.1　收敛性操作

聚类作为一种无监督的分类技术，已成功地应用到单目标与动态优化问题中，通过聚类将整个种群分为若干个包含不同局部区域的子种群，与进化算法相结合，可以把个体分配给不同的有可能的子区域并自动计算每个子种群的搜索区域。

本章提出的自适应参数控制的多模态 BSO(adaptive brain storm optimization, ABSO)算法采用一种最优值聚类的方法来解决不同聚类中心选取的难题。对于最大化问题，该操作的具体方案如下：

首先，从初始种群中选择适应值最大的个体作为第一个类的类中心；然后，计算所有个体到它之间的距离，前 $M-1$ 个个体归类后被清空；最后，不断重复此过程，直至所有个体都被归类。

该聚类和其他聚类方法的区别是：每个类中心都是剩余所有个体中的最优个体，每个聚类中心具有更大的概率被分布在极值点，这使得个体有了更明确的学习方向。此聚类方法可以充分利用每个个体的信息，并有效地将解空间与目标空间结合起来。具体的聚类构造算法步骤如算法 5.1 所示。

算法 5.1　聚类构造算法步骤

(1) 随机地在决策空间初始化 N 个个体，计算其每个个体的适应度值并按从大到小的顺序进行排序。

(2) 选择目标函数值最优的一个个体 X 作为类中心。

(3) 计算剩余个体与此聚类中心 X 的距离，并根据距离大小进行排序，将前$M-1$ 个个体划分到该聚类中形成一个子种群。

(4) 在种群中清除以上的 M 个个体。

(5) 重复步骤(1)～步骤(4)，直到所有个体聚类完成。

5.2.2　发散性操作

BSO 算法的发散性操作包括选择、变异和保留三部分。与单目标优化问题相比，多模态优化问题要求算法能够同时找到尽可能多的最优解并将找到的所有解进行保存。因此，算法的保留机制非常重要。为了更好地解决多模态问题，这里在原算法发散性操作的基础上，主要对保留机制进行改进，提高了算法性能。具体操作如下。

在进行高斯变异操作后，用二项式交叉操作来增强局部区域的搜索能力，具体的方法是将高斯变异产生的子代个体 $v_{i,j}$ 和上一代父代个体 $x_{i,j}$ 根据引入的交叉概率 Cr 进行选择：

$$u_{i,j}=\begin{cases}v_{i,j}, & \text{rand}_j(0,1)\leqslant \text{Cr 或 } j=j_{\text{rand}}\\ x_{i,j}, & \text{其他}\end{cases} \tag{5.2}$$

式中，$i=1,2,\cdots,N$，$j=1,2,\cdots,D$，N 为种群规模，D 为单个个体的维数；j_{rand}为在维数范围内随机选择的某一维；$\text{rand}_j(0,1)$为$(0,1)$的随机数。

由于引入了 j_{rand}，可保证子代个体 u_i 的第 j 维与其父代个体 x_i 的第 j 维不完全相同，即降低了种群陷入全局最优或局部最优的可能性，增加了算法的多样性。在迭代过程中，每个个体的交叉概率 Cr_i 是独立产生的，更新公式如下：

$$\text{Cr}_i=\text{randn}(\text{Cr}_m,0.1) \tag{5.3}$$

$$\text{Cr}_m=\text{mean}(S_{\text{Cr}}) \tag{5.4}$$

Cr_i 是以 Cr_m为均值、0.1 为方差的正态分布，S_{Cr}为式(5.2)中所有成功的交叉概率之和，初始值设定为：$\text{Cr}_m=0.5$，$S_{\text{Cr}}=\phi$。

新的子代个体的选择是将式(5.2)中交叉产生的个体 u_i 和子种群中与之距离最近的个体 x_s进行比较，较好的个体进入下一次迭代。对于最大化问题：

$$x_s=\begin{cases}u_i, & f(u_i)>f(x_s)\\ x_s, & f(u_i)\leqslant f(x_s)\end{cases} \tag{5.5}$$

每个子种群中个体保留的算法步骤如算法 5.2 所示。

算法 5.2 子种群中个体保留的算法步骤

(1) 设置初始值 $S_{Cr}=\varnothing$ 和 $Cr_m=0.5$。

(2) 对于子种群中的每个个体,更新交叉概率,使用式(5.2)进行交叉操作,产生新的实验向量。

(3) 用适应度函数评价其适应值。

(4) 采用式(5.5)的选择保留策略,并保留相应的交叉概率。

(5) 判断子种群内个体是否更新完。若是,则进入下一个子种群;否则,返回步骤(2)。

将上面的聚类操作和新个体保持策略代入 BSO 算法的求解框架,就得到了求解多模态优化问题的头脑风暴优化算法。

5.3 自适应参数控制的多模态 BSO 算法的性能测试与分析

5.3.1 测试函数

本章采用一套国际标准的多模态测试函数[12]来对该算法进行评价。这些测试函数分为六组,从简单到更复杂更具有挑战性。函数的具体描述见附录 B。

(1) 1D 迷惑性函数:F1、F2 和 F3 具有迷惑性,很容易全部聚集到全局最优附近而流失了局部极值。例如,在 F1 中,由于 3/4 的初始种群的值在 1~15,从这些个体中产生的后代可能会在 $x=0$ 时达到峰值,而不是 $x=20$ 时的全球峰值。F2 是 F1 的一个变种,都只有一个全局最优峰值。然而,F3 有三个局部最优峰值和两个全局最优峰值,这给寻找全局最优带来了额外的挑战。

(2) 1D 多峰的函数:F4 有五个均匀分布的全局最优值;F5 类似于 F4,唯一不同的是,五个峰值呈指数级下降(因此实际上只有一个全局最优值);F6 也类似于 F4,不同的是五个峰值的间隔不均匀;F7 与 F6 的区别在于五个峰值呈指数级下降。

(3) 2D 多峰的函数:F8 是一个有四个全局最优值、没有局部最优值的二维测试函数,其中两个最优值相对其他两个而言离得特别近;F9 有两个全局最优值、两个局部最优值;F10 有十六个平均高度不等的峰值,其中一个是全局最优值。

(4) 更具挑战性的多峰函数:F10 是一个倒立的舒伯特二维函数,有九对全局最优值和无数的局部最优值。在每一对中,两个全局最优值非常接近,但是不同的顶点的峰值离得更远。随着维数的增加，全局最优值和局部最优值的个数也迅速增加。F11 是反转的文森特二维函数，有 36 个全局峰值，这些峰值之间的距离变化很大，而且没有局部最优。

(5) 反向的 Rastrigin 函数：F13 是反向的 Rastrigin 函数，当问题维度显著增加时，可用于测试优化器在存在多个局部峰值时定位单个全局峰值的能力。

(6) 泛型驼峰函数：F14 是一个泛型驼峰函数，它与舒伯特和文森特二维函数不同，允许任意数量的峰值生成，而不管纬度的数量。

5.3.2 参数设置

这里通过采用偏差 ε 和小生境阈值 γ 来对算法找到的解进行评价。偏差表示给定极值点与找到极值点之间的适应值误差，若满足适应值误差，且个体在小生境阈值范围内，则认为此极值点已找到。为了便于与文献中的其他常用算法进行比较，各参数严格按照文献[20]和文献[22]中其他算法的参数设置要求进行设置。偏差、小生境阈值、种群数、聚类数和函数评价次数等的设置具体如表 5.1 所示。

表 5.1 不同测试函数的参数设置

测试函数	种群数	聚类数	偏差	小生境阈值	函数评价次数
F1	50	5	0.05	0.5	10000
F2	50	5	0.05	0.5	10000
F3	50	5	0.05	0.5	10000
F4	50	5	0.000001	0.01	10000
F5	50	5	0.000001	0.01	10000
F6	50	5	0.000001	0.01	10000
F7	50	5	0.000001	0.01	10000
F8	50	5	0.0005	0.5	10000
F9	50	5	0.000001	0.5	10000
F10	250	25	0.00001	0.5	10000
F11	250	10	0.05	0.5	100000
F12	100	10	0.0001	0.2	20000
F13	500	50	0.001	0.2	200000
F14	1000	100	0.001	0.2	400000

这些参数根据函数的复杂度设置不同的个体种群数和函数评价次数，其二者随着极值点的增加而增加。

5.3.3　仿真结果分析

1. 同类算法之间的相互比较

基于差分变异的BSO算法比基于高斯变异的BSO算法无论在性能还是时间上都有很大的提升。因此,这里将差分变异运用到ABSO算法中,在发散性操作中将原有的高斯变异换成差分变异,再用二项式交叉操作增强局部区域的搜索能力。改进后的算法称为自适应参数控制的多模态差分BSO(adaptive difference BSO,ADBSO)算法。

为了更好地将ADBSO算法与ABSO算法在解决多模态问题上进行比较分析,下面分别以简单的函数F1、F2、五个峰值间隔不均匀的函数F6和峰值以指数形式减小的函数F7为例,画出了在不同迭代次数下的个体分布图,具体如图5.1～图5.8所示。

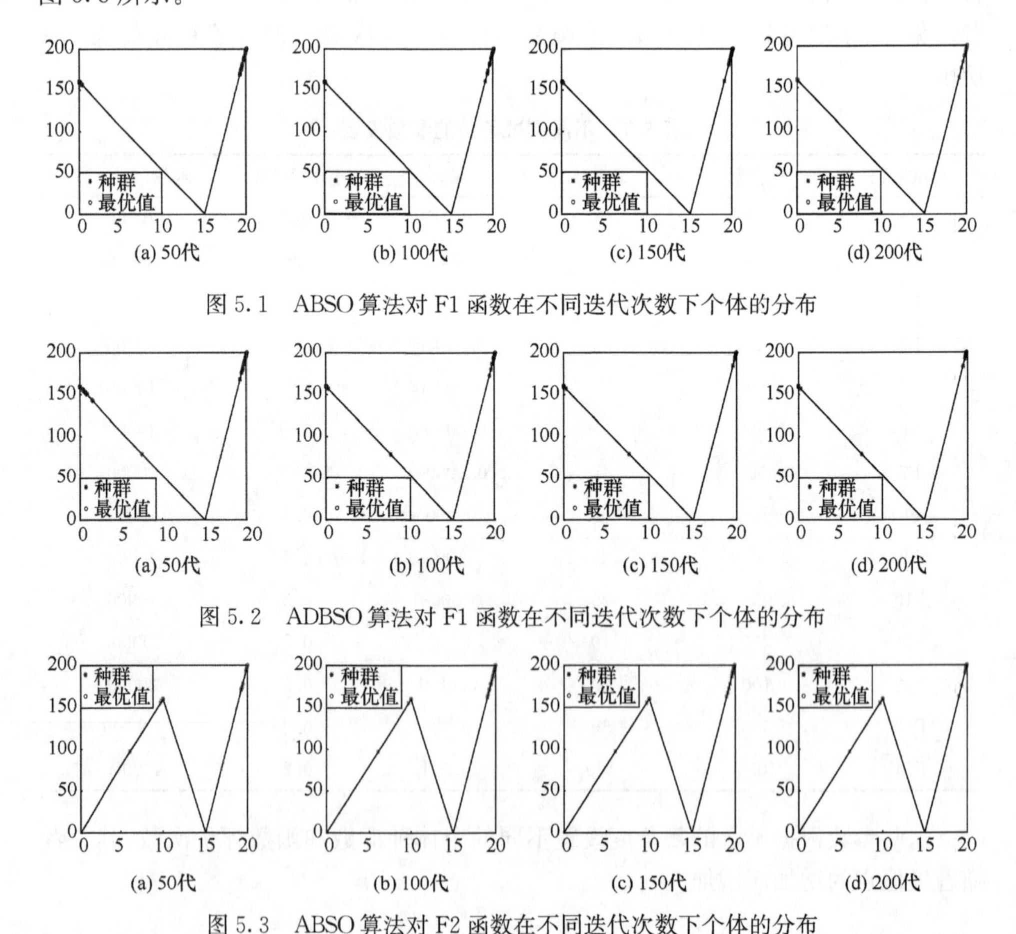

图 5.1　ABSO算法对F1函数在不同迭代次数下个体的分布

图 5.2　ADBSO算法对F1函数在不同迭代次数下个体的分布

图 5.3　ABSO算法对F2函数在不同迭代次数下个体的分布

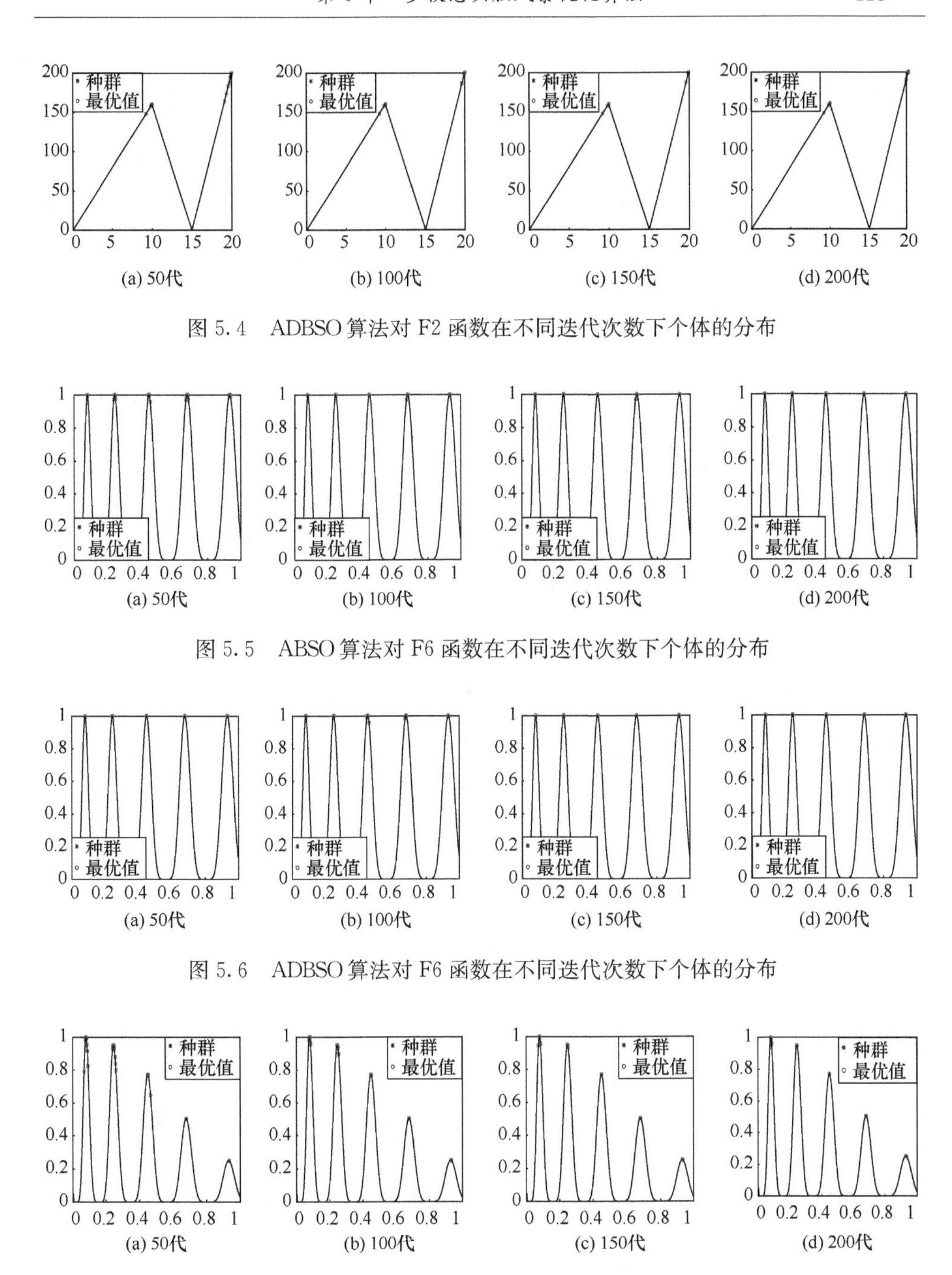

图 5.4　ADBSO 算法对 F2 函数在不同迭代次数下个体的分布

图 5.5　ABSO 算法对 F6 函数在不同迭代次数下个体的分布

图 5.6　ADBSO 算法对 F6 函数在不同迭代次数下个体的分布

图 5.7　ABSO 算法对 F7 函数在不同迭代次数下个体的分布

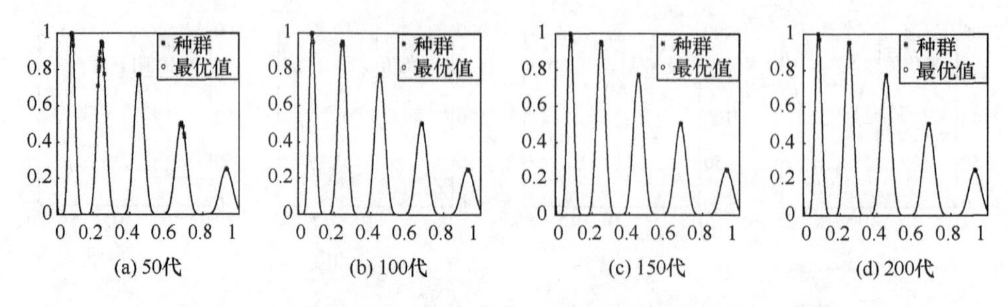

图 5.8 ADBSO 算法对 F7 函数在不同迭代次数下个体的分布

在图 5.1～图 5.8 中，横坐标是个体自变量的范围，纵轴是函数值，实曲线表示该测试函数的真实图形，圆圈表示测试函数的最优值，而星号表示算法在不同迭代次数下的个体分布。从图中可以明确地看出对于 F1、F2 这种简单函数，高斯变异的步长小，ABSO 算法能找到更精确的解，但 ADBSO 算法的解整体更趋近于全局最优点或者局部最优点。当函数变得更复杂、更具挑战性时，ADBSO 算法不但能继续保持整体趋近最优解，同时还能找到更加精确的解。

2. 与不同类算法的比较

为了更有效地说明 ABSO 算法和 ADBSO 算法的性能，这里将两种算法与其他的多模态算法进行比较，使用文献[23]中的峰值精度(peak accuracy)指标作为评定标准。

如果多模态优化问题的多个极值点已知，计算由算法得到的所有极值点与对应的已知点之间差值的绝对值，再对差值绝对值进行归一化求和得到峰值精度，计算公式如下：

$$\text{peak accuracy} = \sum_{i=1}^{\#\text{peaks}} \frac{|f(\text{peak}_i) - f(X)|}{\#\text{peaks}} \tag{5.6}$$

式中，$f(X)$ 为计算得到的极值点的目标函数值；$f(\text{peak}_i)$ 为已知极值点的目标函数值；$\#\text{peaks}$ 为所有已知的极值点的个数。

由式(5.6)可以明显看出，峰值精度指标越小，算法越逼近已知的极值点，当所得到的解和已知的极值点完全重合时，peak accuracy＝0。

对所有的基准测试函数而言，算法迭代终止的条件无非就是已知的极值点已经全部找到或者达到预设置的最大迭代次数，为比较方便，ABSO 算法和其他比较算法一样，均采用最大迭代次数法。下面将对本章算法与文献[20]、文献[24]和文献[25]中的七种算法进行比较，结果如表 5.2 所示。

表 5.2 不同算法的峰精度指标

函数	ABSO	ADBSO	CED[24]	SDE[25]	FER-PSO[20]	SPSO[20]	r3pso[20]	r2psolhc[20]	r3psolhc[20]
F1	4.3e−05(3)	6e−03(4)	9.5e−08(2)	**1.2e−08(1)**	5.2e−02(6)	8.7e−02(8)	3.5e−02(5)	9.8e−02(9)	8.7e−02(7)
F2	1.8e−05(3)	1.4e−03(5)	8.8e−06(2)	**3.4e−07(1)**	9.65e−04(4)	9.5e−02(9)	1.4e−02(6)	5.2e−02(8)	4.5e−02(7)
F3	5.5e−04(3)	9.1e−02(4)	9.8e−05(2)	**5.7e−05(1)**	9.34e−02(5)	9.5e−01(9)	7.9e−02(7)	5.5e−01(8)	7.6e−02(6)
F4	**3.5e−09(1)**	1.6e−08(3)	7.4e−05(9)	9.5e−07(8)	5.65e−07(7)	3.1e−07(6)	2.2e−07(5)	5.4e−09(2)	9.4e−08(4)
F5	8.2e−09(3)	2.6e−08(5)	9.4e−06(9)	4.0e−09(2)	8.34e−09(4)	**2.1e−09(1)**	9.6e−07(8)	8.6e−07(7)	5.4e−07(6)
F6	**5.1e−10(1)**	5.7e−08(3)	5.4e−05(9)	8.3e−07(8)	5.45e−09(2)	9.6e−08(5)	8.8e−08(4)	8.05e−07(7)	7.5e−08(6)
F7	1.8e−05(8)	6.9e−06(7)	9.0e−05(9)	4.5e−07(3)	7.41e−07(4)	**3.0e−07(1)**	9.3e−07(5)	3.4e−07(2)	9.9e−07(6)
F8	**4.5e−06(1)**	NA	4.3e−02(7)	8.6e−04(2)	8.69e−04(3)	5.2e−02(8)	5.6e−03(4)	6.1e−03(5)	9.2e−03(6)
F9	2.3e−08(1)	NA	3.4e−04(7)	5.3e−08(2)	7.38e−08(3)	3.6e−04(8)	6.9e−05(5)	4.3e−05(4)	8.3e−05(6)
F10	5.9e−08(1)	**2.2e−07(2)**	4.0e−03(8)	9.9e−02(9)	5.50e−06(3)	9.8e−04(7)	8.3e−05(4)	9.4e−05(5)	6.9e−04(6)
F12	1.1e−05(2)	**5.6e−06(1)**	5.2e−04(8)	8.3e−04(9)	4.53e−04(6)	1.2e−04(3)	3.9e−04(5)	2.5e−04(4)	4.6e−04(7)
F13	7.9e−04(2)	**9.0e−05(1)**	9.9e−04(3)	9.9e−03(9)	9.69e−03(8)	8.5e−03(6)	8.3−03(5)	8.5e−03(7)	6.3e−03(4)
F14	1.5e−03(2)	**1.9e−05(1)**	9.2e−02(3)	7.9e−01(6)	5.95e−01(4)	7.9e−01(5)	8.5e−01(8)	9.7e−01(9)	8.1e−01(7)
总体排名	32(29)	NA(37)	78(64)	61(57)	59(53)	76(60)	71(62)	82(73)	78(66)

二维的测试函数 F11 在文献[7]中没有给出实验结果，因此本章的精度值中不包括此函数。表中括号里的数字表示各种不同算法在对同一种测试函数进行处理后峰精度的大小排名，排名越小说明该算法对此函数的精确度越高，即找到的各个极值点离真实极值点越接近。表 5.2 的最后一行是算法对所有函数峰精度总的排名，总排名数越小证明算法的性能越好。从总排名中可以看出，在所有算法参数设置相一致的情况下，ABSO 算法虽然不能保证所有测试函数效果均比其他算法好，但大部分函数的峰精度值远远超过其他算法，其总排名也很明显优于其他算法。而 ADBSO 算法虽然在解决简单问题时精度没有 ABSO 精度高，但是对于像 F12、F13 和 F14 等高挑战性的复杂函数具有较高的寻优能力，得到了较高的精度值。

为了进一步说明 ABSO 算法和 ADBSO 算法的鲁棒性，将每个函数在相同的环境下独立运行 30 次，统计各性能指标，包括 30 次运行中算法获得的最优峰精度指标值(best)、最差峰精度指标值(worst)、完整率(full rate)和搜索的成功次数(succeed)。表 5.3 描述了算法在不同函数优化中的统计数据。

表 5.3 算法的数据统计

函数	算法	最优峰精度指标值	最差峰精度指标值	完整率	搜索的成功次数
F1	ABSO	2.7e−05	1.8e−04	2/2	30
	SDBSO	2.2e−03	2.1e−02	2/2	0
F2	ABSO	1.2e−05	4.5358e−04	2/2	30
	SDBSO	1.9e−03	2.6e−02	2/2	0
F3	ABSO	5.2e−05	8.6e−04	5/5	30
	ADBSO	1.5e−02	0.1131	5/5	0
F4	ABSO	1.8e−10	7.0e−09	5/5	30
	ADBSO	3.9e−08	2.4e−07	5/5	30
F5	ABSO	4.2e−10	6.5e−09	5/5	30
	ADBSO	7.9e−09	2.2e−07	5/5	30
F6	SBSO	1.7e−10	8.7e−09	5/5	30
	ADBSO	1.3e−08	8.8e−07	5/5	30
F7	ABSO	3.7e−06	2.1e−05	5/5	30
	ADBSO	1.3e−06	2.4e−05	5/5	30
F8	ABSO	4.4e−09	1.2e−07	4/4	30
	ADBSO	8.2e−05	NA	1/4	2

续表

函数	算法	最优峰精度指标值	最差峰精度指标值	完整率	搜索的成功次数
F9	ABSO	3.4e−10	1.1e−07	4/4	30
	ADBSO	NA	NA	0/4	0
F10	ABSO	5.1e−09	6.3e−08	25/25	30
	ADBSO	1.4e−07	1.0e−06	25/25	30
F12	ABSO	1.1e−07	4.3e−05	6/6	30
	ADBSO	5.8e−08	3.4e−05	6/6	30
F13	ABSO	4.0e−06	NA	24/26	27
	ADBSO	8.2e−05	NA	26/26	26
F14	ABSO	7.3e−09	NA	201/216	29
	ADBSO	1.4e−05	NA	216/216	29

表 5.3 中的 NA 表示算法针对该测试函数并没有找到全部的极值点，只是找到了其中的一部分最优值；完整率表示的是算法找到的极值点数与已知的全部极值点个数之比，以 ABSO 算法的 F14 为例，201/216 表示总的极值点个数为 216 个，而算法找到的极值点数为 201 个。可以看出，ABSO 算法在解决一维的多模态优化问题中，30 次独立运行都能够成功地找到全部极值的概率为 100%；而在处理非一维且全局极值点较多并无局部极值点的问题时，存在一定的缺陷。ADBSO 算法在解决简单多模态优化问题时，往往不能得到更加精确的结果，但是能保证整体种群更加趋近最优值点；而针对复杂的多模态问题有更好的寻优能力，能完全找到所有的极值点。

通过比较可知，ABSO 算法和 ADBSO 算法在解决多模态问题时各有优势，性能都有很大的提高；ABSO 算法和 ADBSO 算法在满足鲁棒性的基础上整体结果优于其他算法。

5.4　本章小结

本章首先介绍了多模态问题的相关概念，对头脑风暴优化算法进行深入的研究，结合多模态问题的特点，提出一种自适应参数控制的头脑风暴优化算法（ABSO）和改进的自适应参数控制的差分头脑风暴优化算法（ADBSO）。然后在充分利用该算法本身具有的聚类操作优点的基础上，对算法的保留机制进行改进，使其能够同时提供尽可能多的最优解（包括全局最优解和局部最优解）。最后将本章算法与其他的优化算法进行比较，结果表明该算法在解决多模态这类问题中具有很好的优势,能够更好更全地找到全部的极值点。

参考文献

[1] Sareni B, Krähenbühl L. Fitness sharing and niching methods revisited[J]. IEEE Transactions on Evolutionary Computation, 1998, 2(3): 97-106.

[2] 毕晓君,王义新. 多模态函数优化的拥挤差分进化算法[J]. 哈尔滨工程大学学报, 2011, 32(2): 223-227.

[3] Qu B Y, Suganthan P N, Liang J J. Differential evolution with neighborhood mutation for multimodal optimization[J]. IEEE Transactions on Evolutionary Computation, 2012, 16(5): 601-614.

[4] 贾红伟. 区域性两阶段演化算法在多峰函数优化中的应用[J]. 集美大学学报(自然版), 2005, 10(3): 227-230.

[5] 徐东亮. 基于优育子群迁徙策略的多模态遗传算法研究[J]. 山东大学学报(工学版), 2005, 35(5): 88-92.

[6] 杨孔雨,王秀峰. 免疫记忆遗传算法及其完全收敛性研究[J]. 计算机工程与应用, 2005, 41(12): 47-50.

[7] 张贵军,何洋军,郭海锋,等. 基于广义凸下界估计的多模态差分进化算法[J]. 软件学报, 2013, (6): 1177-1195.

[8] 周济. 机械设计优化方法及应用[M]. 北京:高等教育出版社, 1989.

[9] 吕佳,熊忠阳. 面向多模态函数优化的混沌免疫网络算法研究[J]. 计算机应用, 2006, 26(2): 456-458.

[10] 王小平,曹立明. 遗传算法:理论、应用与软件实现[M]. 西安:西安交通大学出版社, 2002.

[11] 郑高飞,王秀峰. 带子群自组织蠕虫算法及其在多模态问题中的应用[J]. 计算机工程, 2006, 32(7): 182-184.

[12] 王晓兰,李恒杰. 多模态函数优化的小生境克隆选择算法[J]. 甘肃科学学报, 2006, 18(3): 64-68.

[13] Thomsen R. Multimodal optimization using crowding-based differentialevolution[J]. Congress on Evolutionary Computation, 2004, 2(2): 1382-1389.

[14] Wang H F, Wang N, Wang D W. A memetic particle swarm optimization algorithm for multimodal optimization problems[C]. Chinese Control and Decision Conference, Mianyang, 2011.

[15] Parrott D, Li X D. Locating and tracking multiple dynamic optima by a particle swarm model using speciation [J]. IEEE Transactions on Evolutionary Computation, 2006, 10(4): 440-458.

[16] Wang Y J, Zhang J S, Zhang G Y. A dynamic clustering based differential evolution algorithm for global optimization[J]. European Journal of Operational Research, 2007, 183(1): 56-73.

[17] Yin X D, Germay N. A fast genetic algorithm with sharing scheme using cluster analysis methods in multimodal function optimization[C]. Proceedings of the International Confer-

ence of Artificial Neural Networks & Genetic Algorithms, Innsbruck, 1993.

[18] Liang Y, Leung K S. Genetic algorithm with adaptive elitist-population strategies for multimodal function optimization[J]. Applied Soft Computing, 2011, 11(2): 2017-2034.

[19] Li M Q, Lin D, Kou J S. A hybrid niching PSO enhanced with recombination-replacement crowding strategy for multimodal function optimization[J]. Applied Soft Computing, 2012, 12(3): 975-987.

[20] Li X D. Niching without niching parameters: Particle swarm optimization using a ring topology[J]. IEEE Transactions on Evolutionary Computation, 2010, 14(1): 150-169.

[21] Qu B Y, Suganthan P N, Liang J J. Differential evolution with neighborhood mutation for multimodal optimization[J]. IEEE Transactions on Evolutionary Computation, 2012, 16(5): 601-614.

[22] Qu B Y, Suganthan P N, Das S. A distance-based locally informed particle swarm model for multimodal optimization[J]. IEEE Transactions on Evolutionary Computation, 2013, 17(3): 387-402.

[23] Roy S, Islam S M, Das S, et al. Multimodal optimization by artificial weed colonies enhanced with localized group search optimizers[J]. Applied Soft Computing, 2013, 13(1): 27-46.

[24] Li X D. Efficient differential evolution using speciation for multimodal function optimization[C]. Proceedings of the 7th Annual Conference on Genetic and Evolutionary Computation, Washington DC, 2005.

第 6 章 多约束头脑风暴优化算法

约束优化问题(constrained optimization problems,COPs)是在自变量满足约束条件的情况下,求目标函数的最大值(或最小值)。这是科学技术和工程领域常常出现的一类难度较高的优化问题,近年来已经成为智能算法研究的一个重要方向。约束条件的出现使问题解的可行域显著减小,搜索难度也远大于无约束优化问题。由于约束条件包括等式约束(即强约束)、不等式约束和界约束三种,因此约束优化问题求解的关键在于如何有效地处理约束条件,在考虑决策向量必须可行的前提下,不仅要找到可行的全局最优解集,还要满足目标优化中的逼近性和分布性的要求。

6.1 约束优化问题的描述

6.1.1 约束优化问题模型

一般而言,约束优化问题可以描述如下(最小化问题)[1]:

$$\min f(x)$$
$$\text{s.t.}\quad \begin{cases} g_j(x)\leqslant 0, & j=1,2,\cdots,q \\ h_j(x)=0, & j=q+1,q+2,\cdots,m \\ x_i^{\mathrm{l}}\leqslant x_i\leqslant x_i^{\mathrm{u}}, & i=1,2,\cdots,n \end{cases} \tag{6.1}$$

式中,$x=(x_1,x_2,\cdots,x_n)\in \mathrm{R}^n$ 是 n 维决策变量;$f(x)$为目标函数;$g_j(x)\leqslant 0$ 表示第 j 个不等式约束条件,不等式约束条件的个数为 q;$h_j(x)=0$ 表示第 j 个等式约束条件,约束条件的个数为 $m-q$;x_i^{l} 和 x_i^{u} 为决策变量 x_i 的上下界。

用 $S=\prod_{i=1}^{n}[x_i^{\mathrm{l}},x_i^{\mathrm{u}}]$ 表示搜索空间,S 中所有满足约束条件的 F 记为可行域,且 $F\subseteq S$。在所有的决策空间 S 中,若决策变量 $X^*\in F$,则称 X^* 为可行解;否则,称为不可行解。

6.1.2 约束处理技术

约束优化问题的挑战源自决策变量的限制、涉及的约束、约束之间的相互干扰以及约束与目标函数之间的相互关系。近年来,研究者提出了大量将约束条件结合到进化算法的约束处理方法。根据约束进化算法中约束处理机制的处理约束方式的不同,可以将约束处理技术大致分为三类[2]:一是基于惩罚函数的方法,即在计算过程中将不符合约束的解通过增加惩罚使得约束优化问题转化为无约束优化问题,从而利用无约束优化的方法进行求解计算;二是基于多目标优化的方法,即将约束优化问题转化为多目标的无约束优化问题进行求解,将原始目标和约束分别作为不同的目标进行求解计算;三是其他的方法,最常见的为可行解优于不可行解的简单规则处理方法。以上三种方法都在解决优化问题时或多或少得到了一些有价值的研究。

1. 惩罚函数法

惩罚函数法是处理约束最常用的方法之一,该方法通过给目标函数增加惩罚项,把约束优化问题转化为无约束问题,以无约束优化问题的目标函数作为适应值函数来引导搜索。它的处理方法为对约束违反进行如式(6.2)所示的加权和惩罚处理,最终的目标函数可以表示为

$$P(X) = \sum_{i=1}^{q} r_i(\max(0, g_i(X)))^2 + \sum_{j=1}^{m-q} c_j(h_j(X))^2 \tag{6.2}$$

$$F(X) = f(X) + P(X) \tag{6.3}$$

式中,q 为不等式约束的个数;m 为所有的等式和不等式约束的个数之和;r_i 和 c_j 对于最小化问题为正的惩罚因子;$g_i(X)$ 表示不等式约束,即所有的不等式约束可以化为 $g_i(X) \leqslant 0$;$h_j(X)$ 为等式约束,即所有的等式约束可以化为 $h_j(X)=0$。

这种方法由于其简单性而应用很广泛,但它需要用户定义很多的参数来控制惩罚的程度,且这些参数会随着问题的不同而不同,因此需要知道问题中约束违反程度的先验知识。如何合理设置惩罚系数是利用惩罚函数法求解约束优化问题的一个瓶颈,也是惩罚函数法在约束优化领域的关键问题。

惩罚函数法一般包括以下几种。

(1) 最简单也是最严厉的死惩罚函数法[3],只考虑可行解的信息,总是拒绝不可行解。死惩罚函数法仅适合于可行域为凸形或可行域占搜索空间比例较大的约束优化问题。

(2) 一种不依赖于当前进化代数变化的静态惩罚函数法。对于整个迭代过程其惩罚因子始终保持不变,但算法通常因数值的单一性而效果不佳。

(3) 惩罚因子随着迭代次数的变化而变化的动态惩罚函数法。惩罚系数的数值是时变的,通常它随着迭代次数的增大而增大。其理由是在进化初期采用较小的惩罚系数,对不可行解的惩罚较小,算法将有可能对可行域之外进行一定程度的搜索,而进化后期采用较大的惩罚系数,使得算法的搜索集中在可行域,寻找目标更优的可行解。与静态惩罚函数法相比,虽然动态惩罚函数法在性能方面更具优

越性,但是找到理想的惩罚系数动态变化规律(初始化惩罚系数的选取)仍然是一个棘手的问题。

2. 多目标优化法

多目标优化法[4]根据将约束优化问题转换为多目标优化问题,即将约束优化问题中的目标函数作为一个目标,定义个体违反约束条件的总量为另一目标。文献[5]提出的CW算法先对所有的种群个体进行聚类,找出子代群体中所有的非劣解,用其随机地替代父代中的较劣个体,使种群从不同方向快速地逼近可行域。Wang等[6]有效地将差分进化算法与多目标优化完美地结合来解决约束优化问题,在评价个体优劣的适应度函数值时,不仅考虑了个体之间的Pareto非劣支配关系,还考虑了个体间约束违反值的排序,选择一种新的不可行解的替代机制,指引个体尽快变异为可行解到达可行区域。文献[7]中将约束优化问题转化为一种新型的无偏好双目标优化模型,证明新模型的最优解集与原问题的最优解集相等,并采用简单的差分进化作为搜索算法,非支配排序作为选择准则,得到了较好的结果。文献[8]通过对大量的多目标优化方法进行广泛的实验研究表明,尽管基于Pareto非劣支配比较机制比基于Pareto非劣排序和种群机制的多目标约束优化法的约束优化性能更好,虽然如此,但仍需要引进一些其他机制来提高多目标优化算法的性能。

在此方法中,约束优化问题转化为两目标优化问题(原始的目标函数和约束违反的总和)或者多目标优化问题(原始目标函数和每一个约束作为一个单独的目标)。文献[5]中提出了一种基于多目标优化的进化算法用于解决约束优化问题,在此方法中,个体 X 在第 j 维上的约束违反程度可以定义为

$$v(X)=\frac{1}{m}\sum_{j=1}^{m}\frac{c_j(X)}{c_{\max,j}} \tag{6.4}$$

$$c_j(X)=\begin{cases}\max(0,g_j(X)), & j=1,2,\cdots,q\\ \max(0,|h_j(X)|-\delta), & j=q+1,\cdots,m\end{cases} \tag{6.5}$$

式中,$c_{\max,j}=\max\limits_{X}c_j(X)$;$\delta$ 为允许值(通常取0.001或者0.0001);$v(X)$ 反映了个体 X 的约束违反程度,这样约束优化问题将会转化为两目标无约束优化问题,此时优化问题可以定义为 $F(X)=(f_1(X),f_2(X))=(f(X),v(X))$,第一部分为最小化原始目标函数 $f(X)$,第二部分为最小化约束违反程度 $v(X)$,经过转换,约束优化问题可以利用多目标优化的思想去解决。

在多目标优化中有一个很重要的概念,即Pareto支配,根据文献[9]可知,当且仅当 $v(X^*)=0$,$\neg\exists X\in S$ 使得 $v(X)=0$ 且 $f(X)\leqslant f(X^*)$ 时,个体 $f(X^*)\in S$ 为全局最优值,这是与多目标优化不同的地方。若 $\forall i\in\{1,2,\cdots,n\}$,$u_i\leqslant\vartheta_i$,$\exists j\in\{1,2,\cdots,n\}$ 使得 $u_j<\vartheta_j$,此时称为个体 $U=(u_1,u_2,\cdots,u_n)$ Pareto支配个体

$\vartheta=(\vartheta_1,\vartheta_2,\cdots,\vartheta_n)$，记为 $U<\vartheta$。当且仅当 $\neg\exists X_\vartheta\in S,\vartheta<U$ 时 $X_u\in S$ 为 Pareto 最优解，其中 $\vartheta=F(X_\vartheta)=(\vartheta_1,\vartheta_2)$ 且 $U=F(X_u)=(u_1,u_2)$。Pareto 最优解集(记为 p^*)定义为 $p^*=\{X_u\in S\neg\exists X_\vartheta\in S,\vartheta<U\}$，将包括在 Pareto 最优解集中的解称为非支配解，Pareto 前沿(记为 pf^*)可以定义为 $\mathrm{pf}^*=\{U=F(U)\mid U\in p^*\}$，基于以上的定义，图 6.1 给出了 $F(X)$ 更加形象的说明。

尽管可以利用多目标优化的思想解决约束优化问题，但两者的侧重点还是不同的，关注的重点也不相同。约束优化的目标是尽可能多地找到图 6.1 中位于纵坐标上(可行个体)的解，直到得出最终的全局最优解，最终目标是找到位于纵坐标上的一点。但是，多目标优化的目的是找到一个具有多样性的非支配个体的集合，这是它们之间唯一的区别，也正因为如此，原有的多目标优化中的非劣支配解集的保存策略等就不能直接用于对多约束优化问题的求解。

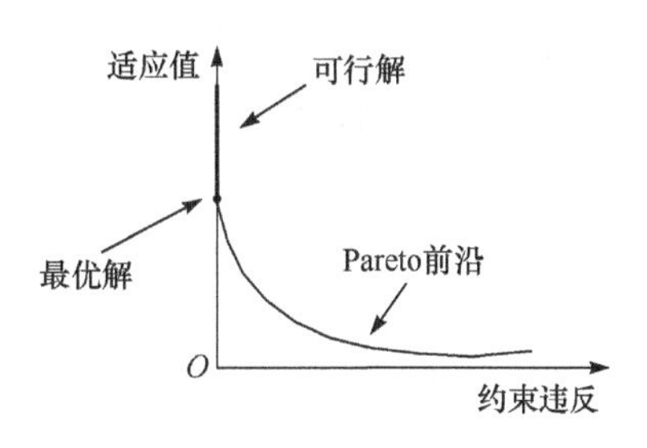

图 6.1　$F(X)$ 的图形表示

3. 其他方法

除了上述的基于惩罚函数法和多目标优化法，处理约束优化还有一些其他的方法。例如，Runarsson 等[9]提出一种名为随机排序(random sort，SR)的方法来处理惩罚函数法存在的固有缺陷(惩罚因子的不确定性)。Mezura-Montes 等[10]提出一种名为 SF 的简单处理方法，当对两个个体进行比较时存在三种情况：①它们都是可行解，此时选择目标函数值更优的进入种群；②一个个体为可行个体，而另外一个为不可行个体，此时选择可行个体；③它们都为不可行解，此时选择约束违反小的个体，此方法由于其简单性，在解决约束优化问题时也得到了广泛的应用。Takahama 等[11]提出一种 ε 约束处理方法来解决约束优化问题，其中利用 ε 的值来控制约束的松弛程度，此方法利用目标函数作为比较准则来决定个体是否为可行的松弛程度，并且定义了最小化约束违反优于最优化目标函数的编辑次序。文献[12]提出一种集成方法，集成了上述不同的约束处理方法和优化方法来处理约束优化问题。

6.1.3　约束优化问题的求解

约束优化问题的求解方法大致可以分为两种：确定性算法和随机性算法。确定性算法通常是基于梯度的搜索方法，如简约梯度法、投影梯度法、各类惩罚函数法、Lagrangian 法等。总体来说，确定性算法主要存在的问题是：求解需要设置很好的初值点和函数的梯度信息，往往是针对不满足约束条件的个体进行指引或调整,对于不可导、可行域不连通甚至根本没有显式数学表达式等问题无能为力,求得的多为局部最优解。随机性算法[2]包括模拟退火算法、进化算法等。进化算法作为一种基于种群迭代的全局搜索方法,其优点主要包括:所需信息少、通用性广泛、原理简单、易于实现和能以较大概率收敛到问题的全局最优解,因此近年来在约束优化问题中得到了广泛应用并且成功地解决了很多约束优化问题。与确定性的优化方法相比,进化算法在解决约束优化问题中的优势主要取决于:①进化算法对所优化的问题特征不敏感;②进化算法容易理解和执行;③进化算法不是以一个点开始搜索,而是以一个群体(即多个点)开始,因此能够以较大概率找到全局的最优解。

从上述提出的解决约束优化问题算法的分析来看,基于多目标优化的方法是寻找非支配的个体,通过变异使其逐渐接近可行区域变为可行解。基于惩罚函数的方法就是找到最小(对于最小化问题)的转化后目标值,即个体向着最小目标函数值进行学习。但惩罚函数法中的惩罚因子的取值对算法本身性能的影响很大,而确定最佳惩罚因子的取值是一个较难的优化问题[9],因此利用惩罚函数法解决约束优化问题受到了一定的限制。本章将采用改进的多目标头脑风暴优化算法来解决约束优化问题,为约束优化提供一种新的思路。

6.2 头脑风暴约束优化算法

越来越多的研究者选择用进化策略处理约束优化问题,主要有两个原因:①具有一定的理论背景支持进化策略收敛;②进化策略的自适应机制对其处理约束搜索空间有一定的帮助[13]。国内对其研究较少,目前大部分的研究方法都是先将种群中的个体根据一定的规则分为多个子种群,使得个体可以从各个不同的方向向可行域靠近,提高算法的搜索能力。本节采用第 3 章的基于差分变异的头脑风暴优化算法与约束优化的信息相融合,先将个体分为多个子种群,再按照基于差分变异的头脑风暴优化算法的选择机制对每个子种群中的个体进行非均匀性选择,以维持和增加种群的多样性,不停地对局部邻域进行并行搜索,有效地避免了算法出现早熟收敛的现象。

一般地,违反约束函数定义如下[16]:

$$G_i(x)=\begin{cases}\max(0,g_i(x)), & 1\leqslant i\leqslant q\\ |h_i(x)|, & q+1\leqslant i\leqslant m\end{cases} \tag{6.6}$$

如果 $G_i(x)\geqslant 0$,则表明 x 违反第 i 个约束条件,个体 x 违反约束的程度可以表示为 $G(x)=\sum_{i=1}^{m}G_i(x)$,$G(x)$ 为 x 个体与可行域之间的距离,只有当个体 x 是可行解时 $G(x)=0$。

在解决约束优化问题时，将原目标函数 $f(x)$ 作为第一个目标，将约束违反函数 $G(x)$ 作为第二个要进行优化的目标，则约束优化问题可转化为多目标问题，模型如下：

$$\begin{aligned} &\min(f(x),G(x)) \\ &\text{s.t.} \quad x\in D \end{aligned} \tag{6.7}$$

由于头脑风暴优化算法本身的结构性与多模态问题相互适应，它在求解多模态优化问题上更具有优势，以下分别对每个方面进行详细说明。

6.2.1　子种群的相关操作

首先对群体进行聚类，将种群分为互不相交的局部区域，则每个种群仅覆盖所有搜索空间中一个较小的区域。这样不仅可以使算法的局部搜索能力有所提高，还增强了该算法的收敛速度。聚类及选取类中心的相关具体算法步骤如算法 6.1 所示。

算法 6.1　聚类及选取类中心的相关具体算法步骤

(1) 初始化种群个体、变量的上下界及聚类个数等，计算个体的目标函数值，保存种群的非劣解和可行解。

(2) 在上下界范围内随机地产生一个变量，计算所有个体与该变量之间的欧氏距离，取距离最小时对应的个体作为 X_{seed}。

(3) 计算剩余所有个体到 X_{seed} 之间的距离，取前 $M-1$ 个与 X_{seed} 聚为一类，并清空此 M 个个体。

(4) 对该类中的所有个体进行非支配排序，并计算可行解的数目。

(5) 更新聚类中心：如果类内有可行解，则选择适应值最小的可行解（即 $G(x)=0$ 且 $f(x)$ 最小）作为该类的类中心；否则，选择非支配解中约束违反最小的非劣解（即 $f(x)$ 未被支配且 $G(x)$ 最小）作为类中心。

(6) 判断所有的个体是否聚类完成，若未完成，重复步骤(2)～步骤(5)；若完成，则聚类操作结束。

在约束优化问题的求解前，完全不知道问题的全局最优解在何处，希望各子种群可以覆盖不同的区域，尽可能地分布在整个搜索空间中。该聚类算法主要是通过每次随机产生一个变量，将个体根据距离分散在不同的区域，使算法可以在整个空间中搜索，有利于更快地逼近最优解。

6.2.2　选择变异操作

子种群的划分使算法的局部搜索能力和收敛速度都有了很大的提高，在此基础上还可通过对不相交的子种群间进行并行搜索，充分地将不同聚类间的信息融合起来，这样可以充分地搜索到更多的空间信息。再采用式(3.15)所示的差分进化的变异机制来增强种群的全局搜索能力并保持种群的多样性。根据6.2.1节中的聚类操作进行划分子种群，再进行选择变异。对于每一个个体 X_{select}，选择更新如算法6.2所示。

算法6.2 选择变异操作步骤

(1) 产生一个0～1的随机数，若该随机数小于概率 P_{6b}，则在一个类中选择个体：

①随机产生一个0～1的数值，如果该值比概率 P_{6biii} 小，随机选择一个聚类中心作为 X_2；

②如果该值不少于概率 P_{6biii}，判断该类内是否有可行解：若有可行解，则以45%的概率选择距离最近的可行解作为 X_2，以55%的概率选择该类中约束违反最小的非劣解作为 X_2；否则，只选类中约束违反最小的非劣解作为 X_2；

③选择一个类时，更新机制中 X_1 是所选类中的任意一个个体。

(2) 若该随机数不小于概率 P_{6b}，在两个类中选择个体，选择过程如下：

①随机选择两个类，产生一个随机数，若随机数小于概率 P_{6c}，则选择两个类的类中心作为变异中的 X_1 和 X_2；

②若随机数不小于概率 P_{6c}，则选择两个类中的任意两个个体作为变异中的 X_1 和 X_2。

(3) 通过式(3.15)对个体进行变异更新。

6.2.3 保存机制

在约束优化问题上，对于子父代个体保留有特定的一套原理。现有的个体比较准则大多采用 Verdegay[14] 提出的一种类似于多目标优化中使用的 min-max 表示方法。该方法的个体比较准则如下。

(1) 当一个个体是可行解，另一个个体是不可行解时，可行解总优于不可行解。

(2) 当两个个体均为可行解时，目标函数值小的个体占优。

(3) 当两个个体均为不可行解时，最小的最大约束违反程度个体占优。

在此保存机制中，在每一次迭代都使个体向可行域靠近，先保证个体的可行性，即可行性优先，而没有充分地考虑到不可行个体的有用信息。通过大量的实验证明，对一些不可行个体来说，其目标函数离真实的最优解很近，其本身信息远远比一些可行解有用，但在上述的保留机制中此类个体还是会被丢弃，因此为了能够求得问题的最优解，在保存时不仅应该考虑可行个体，不可行个体的有用信息同样应该充分考虑。

因此，本节算法在采用上面可行解优先的个体比较准则的同时，还以一定概率选取约束违反最小的不可行非劣解进入下一代种群。每次迭代完成后，将非劣解按照约束违反度排序，每次保证至少有一个约束违反最小的个体进入下一代的迭代中。这样不仅可以增加群体多样性，避免了算法陷入局部最优的缺陷，还可以引导个体快速地靠近可行边界。通过对可行解以及非劣解信息的引导，能够使种群更好地逼近最优解。

6.2.4 算法的整体步骤

基于差分变异的头脑风暴约束优化(constraint difference brain storm optimization)算法，简称CDBSO算法。算法6.3表述了CDBSO算法的整体步骤。

算法 6.3 CDBSO算法的整体步骤

---

(1) 初始化群体规模及各参数的大小，计算个体的适应值。

(2) 根据6.2.1节中的聚类操作将种群划分为多个子种群并选取聚类中心。

(3) 分别计算所有种群和各子种群的非支配解集和可行解集。

(4) 根据6.2.2节中的选择变异机制产生新个体。

(5) 判断子代个体的范围是否超出限定范围，若是，则对其进行相应的调整。

(6) 评价子代个体，根据6.2.3节中的保留机制选择出下一代的新个体。

(7) 判断是否达到最大迭代次数，若是，算法结束并输出最优解；否则，转到步骤(3)。

6.3 改进的头脑风暴约束优化算法

6.2节采用了基于差分变异的头脑风暴优化算法与多目标优化的思想相结合的方法去解决约束处理问题，在一定程度上不仅增加了种群的多样性，还有效地避免了算法陷入局部最优，但是在该算法的选择变异操作中，无论是选择一个类中的个体还是两个类中的个体作为变异中的 X_1 和 X_2，通过式(3.15)产生新个体的方法都是比较单一的，即个体的搜索方向不够全面。为了进一步增加种群的多样性、丰富个体的搜索方向，本节算法基于6.2节所采用的算法，主要对产生新个体的操作进行改进，其他操作均与6.2节内容保持一致。

6.3.1　改进的选择变异操作

变异操作的改进可以增加种群的多样性，其主要目的是找到每个个体搜索的最好或者最适合的方向，因此本节采用式(6.8)进行选择变异操作，改进后的算法产生新个体的方式由以下公式更新：

$$x_{\text{new}}=\alpha_1\cdot x_{\text{select}}+\alpha_2\cdot v_{\text{select}}+\alpha_3\cdot(G_{\text{best}}-x_{\text{select}})+\alpha_4\cdot(x_1-x_2)\tag{6.8}$$

式中，α_1、α_2、α_3 和 α_4 是每一个相应的变量的权重系数。

(1) 如果 $\alpha_1=\alpha_4=1,\alpha_2=\alpha_3=0$，则式(6.8)产生新个体的方式与6.2节产生新个体的方式一致。

(2) 如果 $\alpha_1=\alpha_2=1,\alpha_3=c_2r_2,\alpha_4=c_1r_1,x_{\text{select}}=x_i(t),v_{\text{select}}=v_i(t),x_1=P_{\text{best}}(t)$，$x_2=x_i(t)$，则改进后的新个体产生方式为PSO算法更新个体方式。

(3) 如果 $\alpha_1=1,\alpha_2=\alpha_3=0,\alpha_4=F$，则改进后的公式与第3章中的DE/random/1表达式(3.10)一致。

(4) 如果 $\alpha_1=1,\alpha_2=0,\alpha_3=\alpha_4=F,x_{\text{select}}=x_i(t)$，则改进后的公式与第3章中的DE/current-to-best表达式(3.11)一致。这四重系数的不同取值，使改进后的更新个体操作结合了不同算法的优点，改进的算法更加有扩展性，产生新个体的方向更加全面，种群的多样性也更加丰富。x_{select}为所选择个体；v_{select}为 x_{select} 的梯度向量；G_{select}为局部(子种群)或者全局最好解；x_{new}为生成个体；x_1、x_2 为在当代全局中选择的两个不同的个体。从式(6.8)可以看出，x_{select}、G_{best}、x_1 和 x_2 是产生新个体的四个关键因素。

6.3.2　关键因素选取策略

本节介绍几个关键因素的选取策略。

(1) x_{select}是产生新个体的被选择个体，用来维持算法的收敛性，不同的算法对它的选取不同。例如，PSO算法和第3章介绍的差分进化算法DE/current-to-best算法选择当前个体作为被选择个体；DE/best/1算法选择当前最好解的个体作为被选择的个体；DE/random/1算法随机选择一个个体作为被选择个体。

(2) v_{select}是被选择个体 x_{select}的方向和速度向量，根据被选择个体的选择方法可以选取 x_{select}的梯度方向作为 v_{select}。与大多数算法一样，这里忽略这一因素。

(3) G_{best}是全局学习的个体，主要影响个体搜索的学习方向，让每一个个体的搜索方向更接近于最优解，它在优化算法的收敛性方面起到非常重要的作用，在基于种群的进化算法中通常都以不同的形式将其考虑在内。

(4) x_1 和 x_2 是当前个体的一种自学习行为，基于种群的进化算法中存在着不同的自学习行为。例如，PSO算法中采用当前个体与最好个体的差值向量表示；第3章差分进化算法采用不同的差值向量表示；还有一些算法采用交叉或者变异或者随机选择操作完成此作用。

在本节改进的算法中，根据约束实际情况设置权重系数的取值。x_{select}选择当前的个体；G_{best}选择拥有较小适应度值的可行解个体或者非支配解中约束违反程度较小的个体；x_2的选择可以是类中心，也可以是可行解，还可以是约束违反程度较小的非支配解，x_1可以随机选择当前种群中的一个个体。

6.3.3　改进的选择变异操作步骤

改进的选择变异操作步骤如算法6.4所示。

算法6.4　改进的选择变异操作步骤

(1) 产生一个0～1的随机数，若该随机数小于概率P_{6b}，则在一个类中选择个体：

①随机产生一个0～1的数值，如果该值比概率P_{6biii}小，随机选择一个聚类中心作为X_2；

②如果该值不少于概率P_{6biii}，判断该类内是否有可行解，若有可行解，则以30%的概率选择距离最近的可行解作为X_2和G_{best}，以70%的概率选择该类中约束违反最小的非劣解作为X_2和G_{best}；否则，只选类中约束违反最小的非劣解作为X_2和G_{best}；选择一个类时，更新机制中X_1选择所选类中的任意一个个体。

(2) 若该随机数不小于概率P_{6b}，在两个类中选择个体：

①随机选择两个类，产生一个随机数，若随机数小于概率P_{6c}，则选择两个类的类中心作为变异中的X_1和X_2；

②若随机数不小于概率P_{6c}，则选择两个类中的任意两个个体作为变异中的X_1和X_2。

(3) 通过式(6.8)对个体进行变异更新。

6.3.4　改进后的算法的整体步骤

将本节结合不同算法优点改进后的算法简称为CDBSO1算法，该算法的整体步骤与算法6.3中基本一致，只是在选择变异机制产生新个体时存在差异，将6.3算法中的步骤(4)改为根据6.3.3节中改进的选择变异操作产生新个体。

6.4　头脑风暴约束优化算法的性能测试与分析

为验证CDBSO算法和CDBSO1算法的性能，这里针对22个标准约束测试函数，采用与第 3 章 DBSO 算法相同的参数，对 CDBSO 算法和 CDBSO1 算法的性能进行仿真分析，并与其他相关算法进行比较。为了避免算法的随机性，本节测试仿真均是在运行每个测试函数分别为 5×10^3 次、5×10^4 次和 5×10^5 次后得到最优解 x'对应的函数误差值（即 $f(x')-f(x^*)$）的最优值(best)、中间值(middle)、最差值(worst)、平均值(mean)和方差(std)。此外，设允许误差为 0.0001，即若 CDBSO 算法和 CDBSO1 算法的寻优结果与函数最优值误差小于 10^{-4}，则认为寻优成功。

本次实验在 MATLAB R2015a 上实现，实验在相同的机器上运行，为 2.40GHz Intel Core i3 CPU、2GB RAM 和 Windows 7 操作系统，仿真结果如下。

1. 同类算法之间的比较

表 6.1～表 6.4 给出了 CDBSO 算法求解每个测试函数时分别评价 5×10^3 次、5×10^4 次和 5×10^5 次后得到的最优解 x'对应的函数误差值（即 $f(x')-f(x^*)$）的最优值、中间值、最差值、平均值和方差。

表 6.1　不同评价次数时测试函数 g01～g06 的函数误差值

评价次数	评价参数	g01	g02	g03	g04	g05	g06
5×10^3	最优值	8.30e+00	5.50e−01	7.06e−01	1.51e+02	1.29e+01	7.26e+01
	中间值	1.07e+01	5.85e−01	9.92e−01	4.01e+02	1.13e+02	5.16e+02
	最差值	1.62e+01	6.13e−01	1.00e+00	6.75e+02	7.83e+02	1.59e+03
	平均值	1.11e+01	5.85e−01	9.67e−01	4.16e+02	6.87e+01	5.80e+02
	方差	1.74e+00	1.65e−02	6.48e−02	1.43e+02	1.65e+02	3.93e+02
5×10^4	最优值	2.24e+00	2.88e−01	1.24e−01	1.54e−01	5.89e−03	5.47e−03
	中间值	4.14e+00	3.95e−01	3.46e−01	9.08e−01	7.95e−02	8.66e−02
	最差值	5.78e+00	4.91e−01	6.53e−01	3.20e+00	3.65e+01	9.21e−01
	平均值	4.24e+00	3.91e−01	3.60e−01	9.84e−01	4.57e+00	1.68e−01
	方差	6.92e−01	5.41e−02	1.30e−01	6.59e−01	8.43e+00	2.12e−01
5×10^5	最优值	2.21e−02	7.14e−02	3.42e−10	3.63e−12	9.09e−13	1.63e−11
	中间值	5.88e−02	2.17e−01	1.37e−07	3.63e−12	1.81e−12	1.6e−11
	最差值	2.55e−01	4.22e−01	5.01e−02	3.633e−12	1.87e−12	1.63e−11
	平均值	1.63e−01	2.31e−01	4.06e−03	3.63e−12	−3.63e−12	1.63e−11
	方差	4.99e−01	8.46e−02	1.23e−02	0	1.941e−12	0

表 6.2　不同评价次数时测试函数 g07～g12 的函数误差值

评价次数	评价参数	g07	g08	g09	g10	g11	g12
5×10^3	最优值	1.89e+02	1.56e−05	1.00e+02	1.87e+03	6.434e−05	1.51e−04
	中间值	9.39e+02	3.31e−04	2.95e+02	1.08e+04	1.70e−02	5.82e−04
	最差值	3.99e+03	1.55e−03	7.11e+02	1.88e+04	2.50e−01	1.67e−02
	平均值	1.43e+3	5.41e−04	3.44e+02	1.06e+04	5.79e−02	4.96e−03
	方差	1.15e+03	4.64e−04	1.67e+02	5.35e+03	8.30e−02	5.57e−03
5×10^4	最优值	8.36e+00	6.93e−17	2.09e+00	7.09e+02	8.53e−09	1.67e−12
	中间值	1.30e+001	1.80e−16	5.31e+00	1.13e+03	1.88e−07	1.02e−11
	最差值	3.14e+01	1.74e−15	1.02e+01	1.96e+03	1.24e−06	1.76e−10
	平均值	1.62e+01	3.19e−16	5.81e+00	1.19e+03	3.11e−07	2.88e−11
	方差	7.46e+00	3.67e−16	2.63e+00	2.86e+02	2.91e−07	4.33e−11
5×10^5	最优值	2.85e−05	2.77e−17	0	1.82e−04	0	0
	中间值	1.42e−04	2.77e−17	1.13e−13	3.52e−03	0	0
	最差值	4.38e−04	4.16e−17	2.27e−13	5.07e−02	0	0
	平均值	1.63e−04	3.38e−17	4.54e−13	1.15e−02	1.11e−16	0
	方差	1.08e−04	7.03e−18	4.15e−13	1.56e−02	1.13e−16	0

表 6.3　不同评价次数时测试函数 g13～g18 的函数误差值

评价次数	评价参数	g13	g14	g15	g16	g17	g18
5×10^3	最优值	2.26e−02	1.41e+02	1.30e−01	2.22e−01	1.31e+01	1.44e−02
	中间值	8.08e−01	2.18e+002	2.34e+00	3.86e−01	4.32e+02	1.48e+00
	最差值	8.30e+00	2.98e+02	7.52e+00	6.22e−01	1.45e+03	4.94e+00
	平均值	9.47e−01	2.17e+02	2.73e+00	3.94e−01	2.68e+02	1.30e−01
	方差	1.56e+00	5.09e+01	2.45e+00	1.20e−01	3.68e+02	1.49e+00
5×10^4	最优值	7.49e−05	2.24e−01	3.29e−07	8.93e−04	2.75e+01	1.05e−01
	中间值	8.26e−04	3.72e+00	1.17e−06	3.50e−03	1.04e+02	2.26e−01
	最差值	3.53e−02	3.23e+01	3.24e−06	6.25e−03	1.64e+02	3.98e−01
	平均值	4.87e−03	1.61e+00	1.20e−06	3.37e−03	9.75e+01	2.21e−01
	方差	8.24e−03	1.06e+01	7.07e−07	1.47e−03	4.54e+01	8.38e−02
5×10^5	最优值	1.45e−16	2.06e−11	1.13e−13	3.77e−15	2.01e−08	5.06e−09
	中间值	1.94e−16	1.27e−09	1.13e−13	3.77e−15	8.65e+00	8.52e−08
	最差值	2.22e−16	7.34e−09	1.13e−13	9.10e−15	2.15e+01	1.91e−01
	平均值	2.08e−16	2.33e−09	4.54e−13	4.02e−15	9.31e+00	1.52e−02
	方差	2.90e−17	2.48e−09	5.80e−13	1.07e−15	5.99e+00	5.28e−02

表 6.4 不同评价次数时测试函数 g19、g21、g23、g24 的函数误差值

评价次数	评价参数	g19	g21	g23	g24
5×10^3	最优值	5.41e+02	5.69e+01	1.09e+00	3.87e−03
	中间值	1.00e+03	5.86e+02	2.91e+02	6.67e−02
	最差值	1.66e+03	8.06e+02	7.74e+02	2.04e−001
	平均值	1.03e+03	4.71e+02	1.29e+02	7.73e−02
	方差	2.61e+02	2.82e+02	2.09e+02	4.51e−02
5×10^4	最优值	3.42e+01	2.00e+00	2.67e+01	3.24e−07
	中间值	7.43e+01	1.00e+02	3.20e+02	1.37e−06
	最差值	1.50e+02	4.89e+02	5.77e+02	6.21e−06
	平均值	7.98e+01	1.32e+02	3.16e+02	1.86e−06
	方差	2.78e+01	1.40e+02	1.25e+02	1.43e−06
5×10^5	最优值	9.37e−04	3.65e−09	4.45e−07	3.28e−14
	中间值	5.13e−03	3.54e−07	5.87e−05	3.28e−14
	最差值	3.54e−02	1.30e+02	3.13e+02	1.26e−13
	平均值	9.22e−03	4.58e+01	2.67e+01	3.65e−14
	方差	9.87e−03	5.81e+01	8.48e+01	1.86e−14

通过表 6.1～表 6.4 的数据统计分析可知，在对函数评价 5×10^3 次后，对于 11 个测试函数(g02、g03、g08、g11、g12、g13、g15、g16、g18、g23、g24)，该算法找到了可行解。另外的六个测试函数(g04、g05、g06、g09、g14、g21)在算法运行 5×10^4 次后都找到了可行解。在函数评价次数达到 5×10^5 次后，剩余的五个测试函数(g01、g07、g10、g17、g19)均进入了可行区域并找到了可行解。

表 6.5 统计了算法运行 30 次后得到的一个满足条件函数误差值($f(x')-f(x^*)\leqslant 0.0001$)的解所需要的函数评价次数，包括每个测试函数得到的可行率(即找到可行解的运行次数占 30 次总运行次数的百分比)、成功率(即找到满足成功条件的解的运行次数占 30 次总运行次数的百分比)。

表 6.5 达到成功条件所需的函数评价次数、可行率和成功率

测试函数	最优值	中间值	最差值	平均值	方差	可行率/%	成功率/%
g01	436581	500080	500080	500080	8963.5	100	46
g02	483674	500080	500080	500080	48582	100	6
g03	276920	392000	400080	4319.4	7524.1	100	100
g04	96740	112560	130060	1180.3	8317.5	100	100

续表

测试函数	最优值	中间值	最差值	平均值	方差	可行率/%	成功率/%
g05	75880	86240	137760	10054	12068	100	100
g06	62160	89740	106120	84974	11682	100	100
g07	451220	482580	496280	491672	14191	100	100
g08	2240	10780	10780	7268.8	2205.8	100	100
g09	170100	170100	205380	186639.4	11342.6	100	100
g10	475860	495860	500080	499116.2	4844.0	100	90
g11	4620	12740	18480	10466	3382.8	100	100
g12	4900	18200	23380	14067	4621.3	100	100
g13	55580	59500	79240	65481	5996.4	100	100
g14	217700	286300	329840	259614	25995	100	100
g15	22120	31920	35280	29372	2820.1	100	100
g16	85400	96740	122360	99221	11028	100	100
g17	398726	500080	500080	500080	86412	100	43
g18	217980	264460	117260	260835	26019	100	100
g19	432687	498624	500080	478585	8642.9	100	76
g21	291060	396482	500080	370439	78840	100	86
g23	273000	376880	418320	460768	46579	100	100
g24	25340	31080	36120	31808	2534.9	100	100

由表 6.5 可以明确看出，除了 g01、g02、g17 和 g19 四个测试函数，其他的大部分都能满足成功条件，找到好的可行解；除了测试函数 g10、g21，其他函数在 30 次的循环中每次都能够达到成功条件，成功率达到 100。

表 6.6～表 6.9 给出了 CDBSO1 算法求解每个测试函数时分别评价 5×10^3 次、5×10^4 次和 5×10^5 次后得到的最优解 x' 对应的函数误差值（即 $f(x')-f(x^*)$）的最优值、中间值、最差值、平均值和方差。

表 6.6　不同评价次数时测试函数 g01～g06 的函数误差值

评价次数	评价参数	g01	g02	g03	g04	g05	g06
5×10^3	最优值	6.5388	0.4021	0.12087	15.0541	−39.4135	1.0958
	中间值	8.0033	0.5125	0.3276	32.3325	21.5345	9.6221
	最差值	17.3563	0.5794	1.9450	98.1629	1.4019e+02	37.1702
	平均值	8.3634	0.5067	0.4303	37.0021	43.2573	11.3180
	方差	1.48016	0.0403	0.3106	18.1196	43.2573	7.9339

续表

评价次数	评价参数	g01	g02	g03	g04	g05	g06
5×10^4	最优值	6.4167e−04	0.0279	3.6178e−08	7.0746e−06	1.1638e−08	4.1663e−08
	中间值	0.0102	0.0643	2.1245e−05	1.4758e−04	7.8116e−08	1.1992e−06
	最差值	2.1803	0.1273	0.0631	0.0025	4.4537e−07	4.0353e−05
	平均值	0.4260	0.0647	0.0036	4.1121e−04	1.0254e−07	3.6176e−06
	方差	0.7152	0.0261	0.0127	5.9998e−04	9.8561e−08	8.0380e−06
5×10^5	最优值	8.8818e−15	1.8520e−06	0	0	0	0
	中间值	4.2633e−14	0.0159	4.8161e−13	0	0	7.9126e−11
	最差值	3.1086e−13	0.0734	3.4632e−05	7.0409e−08	1.8190e−12	6.1331e−07
	平均值	6.7502e−14	0.0176	1.4227e−06	3.7944e−09	2.7285e−13	3.2856e−08
	方差	6.6567e−14	0.0161	6.9212e−06	1.4320e−08	1.8190e−12	1.2303e−07

表 6.7 不同评价次数时测试函数 g07～g12 的函数误差值

评价次数	评价参数	g07	g08	g09	g10	g11	g12
5×10^3	最优值	11.1620	1.8791e−07	1.9884	9.4457e+02	1.3145e−05	6.1651e−13
	中间值	20.6582	5.5003e−06	6.7383	5.0679e+03	1.8860e−04	3.0717e−10
	最差值	70.7960	4.4660e−05	14.6620	9.8757e+03	0.0046	2.6954e−08
	平均值	25.2246	1.1786e−05	6.7606	4.5083e+03	7.3400e−04	1.6520e−09
	方差	16.7816	1.2493e−05	3.1030	2.6066e+03	0.0012	5.3148e−09
5×10^4	最优值	0.0510	2.7756e−17	5.5018e−07	1.4179	2.3887e−10	0
	中间值	1.2233	4.1633e−17	4.5491e−05	20.1945	4.5602e−09	0
	最差值	8.4363	4.1633e−17	0.0011	8.5494e+02	4.1308e−08	0
	平均值	1.6963	4.1633e−17	1.1364e−04	65.2302	7.3206e−09	0
	方差	1.9791	5.6656e−18	2.2842e−04	1.6854e+02	9.7879e−09	0
5×10^5	最优值	−2.2737e−13	2.7756e−17	0	−3.6380e−12	1.3692e−12	0
	中间值	−2.2027e−13	2.7756e−17	0	2.6594e−09	4.1133e−11	0
	最差值	−2.0250e−13	4.1633e−17	6.6856e−08	1.2313e−06	1.9377e−10	0
	平均值	−2.1672e−13	4.1633e−17	4.2839e−09	6.4123e−08	4.7903e−11	0
	方差	6.1961e−15	1.3287e−17	1.5315e−08	2.4457e−07	4.19168e−11	0

表 6.8　不同评价次数时测试函数 g13～g18 的函数误差值

评价次数	评价参数	g13	g14	g15	g16	g17	g18
5×10^3	最优值	0.0011	89.9967	−.0951	0.0091	−57.0883	0.8779
	中间值	0.0386	1.1896e+02	0.0901	0.0249	71.0133	1.1245
	最差值	0.9396	1.7046e+02	1.2668	0.0869	3.7223e+02	1.7826
	平均值	0.1717	1.230e+02	0.1931	0.0288	96.1377	0.5988
	方差	0.2583	23.0873	0.3274	0.0176	1.1290e+02	0.3352
5×10^4	最优值	2.2355e−11	0.0155	3.5470e−11	2.7392e−09	0.0012	4.1992e−07
	中间值	2.3063e−10	0.3151	3.3481e−10	9.0950e−09	33.9486	5.1555e−05
	最差值	0.0085	3.1956	1.5219e−09	2.7135e−08	3.8055e+02	0.3660
	平均值	6.0539e−04	95.1457	5.3149e−10	1.0958e−08	69.1719	0.0605
	方差	0.0021	0.6178	4.2719e−10	7.0986e−09	93.4119	0.1106
5×10^5	最优值	0	1.4211e−14	0	3.7748e−15	0	1.1102e−16
	中间值	0	1.4211e−14	0	3.7748e−15	1.8190e−12	2.2204e−16
	最差值	0	2.1316e−14	0	3.7748e−15	2.0487e−04	2.2204e−16
	平均值	0	4.2633e−14	0	4.2188e−15	9.5179e−06	2.2204e−16
	方差	0	2.6348e−14	0	4.5325e−16	4.0933e−05	2.2662e−17

表 6.9　不同评价次数时测试函数 g19、g21、g23、g24 的函数误差值

评价次数	评价参数	g19	g21	g23	g24
5×10^3	最优值	21.5684	−1.6149e+02	6.0570e+02	9.9758e−04
	中间值	55.8904	95.2664	1.2372e+03	0.0034
	最差值	1.0928e+02	7.8281e+02	2.4347e+03	0.0134
	平均值	57.9160	1.6623e+02	5.1885e+02	0.0042
	方差	18.7634	2.3832e+02	4.6025e+02	0.0032
5×10^4	最优值	0.0188	0.0062	60.2280	1.0312e−10
	中间值	0.4482	54.8679	2.1486e+02	5.4163e−09
	最差值	10.0860	3.1143e+02	4.8234e+02	5.4945e−08
	平均值	1.2032	59.0667	2.4679e+02	1.0878e−08
	方差	2.0385	2.0385	70.9622	1.4248e+02
5×10^5	最优值	1.9920e−07	1.9920e−07	−3.9131e−10	−2.2737e−13
	中间值	1.3602e−06	1.3602e−06	−2.8319e−10	3.4015e−10
	最差值	7.7657e−05	7.7657e−05	0.0010	6.9320e−08
	平均值	6.4430e−06	6.4430e−06	5.5299e−05	7.5686e−09
	方差	1.6303e−05	1.6303e−05	2.1258e−04	1.6285e−08

通过表 6.5～表 6.9 的数据统计分析可知，在对函数评价 5×10^3 次后，对于 11 个测试函数(g02、g04、g06、g07、g08、g09、g11、g12、g16、g19、g24)，该算法找到了可行解。测试函数 g03、g10 除了最坏解，也都找到了可行解；在算法运行 5×10^4 次后，除了 g23，其余测试函数都找到了可行解；而在函数评价次数达到 5×10^5 后，测试函数 g23 也找到了可行解。

表 6.10 保存了算法运行 30 次后得到的一个满足条件函数误差值($f(x')-f(x^*)\leqslant 0.0001$)的解所需要的函数评价次数，包括每个测试函数得到的可行率、成功率。

表 6.10　达到成功条件所需的函数评价次数、可行率和成功率

函数	最优值	中间值	最差值	平均值	方差	可行率/%	成功率/%
g01	54461	60201	62441	5.9036e+04	2.4586e+03	100	100
g02	173001	500001	500001	4.16489e+05	1.2073e+05	100	36
g03	17641	32761	47461	3.2330e+04	7.8308e+03	100	100
g04	41021	55021	91421	5.5385e+04	1.0940e+04	100	100
g05	26181	28001	29821	2.7461e+04	9.572356e+02	100	100
g06	24641	33461	42141	3.2351e+04	3.7546e+03	100	100
g07	121241	140841	161141	1.3436e+05	1.2055e+04	100	100
g08	561	3081	5041	2.8066e+03	1.1233e+03	100	100
g09	33321	40601	43541	3.9478 e+04	2.8508e+03	100	100
g10	168141	208181	232401	2.03697e+05	1.9126e+04	100	100
g11	3501	5321	6021	5.1362e+03	6.3223e+02	100	100
g12	981	1261	3221	1.5186e+03	5.7820e+02	100	100
g13	10781	17081	18341	1.6439e+04	1.5564e+03	100	100
g14	63701	81901	109061	8.3323e+04	1.2429e+04	100	100
g15	11901	14421	15821	1.4494e+04	9.825966e+02	100	100
g16	16241	18621	21981	1.8309e+04	1.3657e+03	100	100
g17	48721	156381	292321	1.6141e+05	7.1041e+04	100	100
g18	29401	40181	49701	4.0075e+04	6.0090e+03	100	100
g19	295681	351981	444641	3.5323e+05	3.5844e+04	100	100
g21	63841	72241	82741	7.3243e+04	5.9548e+03	100	100
g23	155821	229461	263061	2.2318e+05	3.3983e+04	100	100
g24	8401	13861	16101	1.3228e+04	2.0421e+03	100	100

由表 6.10 可以明确地看出，除了测试函数 g02，其他的测试函数都能满足成

功条件，找到好的可行解，成功率达到 100%。由此可证明改进的 CDBSO1 算法比 CDBSO 算法拥有更好的寻优性能。

2. 与其他相关算法之间的比较

为了进一步说明 CDBSO1 算法的有效性，将此算法在成功率和可行率两个性能指标上与其他四种相关算法（aGA[15]、CMODE[7]、GDE[16]、jDE-2[17]）进行比较，且均为独立运行 30 次情况下求解的相应比值。

表 6.11 和表 6.12 中对四种算法的仿真数据进行了统计。表中，aGA、CMODE、GDE、jDE-2 四种算法的实验数据直接从原始文献中获得。

表 6.11　CDBSO1 与 aGA、CMODE、GDE、jDE-2 算法在可行率方面的比较

算法	可行率/%				
	CDBSO1	aGA	CMODE	GDE	jDE-2
g01	100	100	100	100	100
g02	100	100	100	100	100
g03	100	100	100	96	100
g04	100	100	100	100	100
g05	100	100	100	96	100
g06	100	100	100	100	100
g07	100	100	100	100	100
g08	100	100	100	100	100
g09	100	100	100	100	100
g10	100	100	100	100	100
g11	100	100	100	100	100
g12	100	100	100	100	100
g13	100	100	100	88	100
g14	100	100	100	100	100
g15	100	100	100	100	100
g16	100	100	100	100	100
g17	100	100	100	76	100
g18	100	100	100	84	100
g19	100	100	100	100	100
g21	100	100	80	88	100
g23	100	100	100	88	100
g24	100	100	100	100	100

表 6.12　CDBSO1 与 aGA、CMODE、GDE、jDE-2 算法在成功率方面的比较

算法	成功率/%				
	CDBSO1	aGA	CMODE	GDE	jDE-2
g01	100	100	100	100	100
g02	36	60	84	72	92
g03	100	100	96	4	0
g04	100	100	100	100	100
g05	100	55	100	92	68
g06	100	100	100	100	100
g07	100	100	100	100	100
g08	100	100	100	100	100
g09	100	100	100	100	100
g10	100	55	100	100	100
g11	100	100	100	100	96
g12	100	100	100	100	100
g13	100	70	100	40	0
g14	100	64	80	96	100
g15	100	100	100	96	96
g16	100	80	100	100	100
g17	100	36	4	16	4
g18	100	96	92	76	100
g19	100	100	100	88	100
g21	100	0	60	60	92
g23	100	0	88	100	92
g24	100	100	100	100	100

由表 6.11 可以得出，CDBSO1、jDE-2 和 aGA 三种算法都能够获得 100%的可行率，而 CMODE 算法对于测试函数 g21 并不能在所有的 30 次运行中都找到可行解，GDE 算法的可行率较差，其对于 g03、g05、g13、g17、g18、g21、g23 七个测试函数均不能每次都找到其可行解。因此，CDBSO1、jDE-2 和 aGA 三种算法寻找可行解略优于其他的两个算法。

表 6.12 是所有算法在精确度为 0.0001 时记录的成功率。CMODE 算法共有七个测试函数的成功率未达到 100%，小于 50%的只有 g17 测试函数；而 aGA 算法成功率未达到 100%的测试函数有十个，其中 g21 和 g23 测试函数的成功率均

为 0%，即该算法对于这两个测试函数在算法迭代 5×10^5 次后并不能达到满足 0.0001 的精度，g17 测试函数小于 50%的，剩余有七个测试函数的成功率都是大于 50%而小于 100%的；对于 GDE 算法，小于 50%的共有三个，同样也是七个测试函数的成功率大于 50%，但不存在成功率为 0 的；在 jDE-2 算法中，共有九个测试函数的成功率没有达到 100%，而小于 50%的有三个，占 1/3；本章改进的算法 CDBSO1 只有一个测试函数没有满足要求，即 g02 测试函数的成功率为 36%。

综上所述，本章基于头脑风暴优化算法的约束优化算法 CDBSO 和 CDBSO1 具有良好的性能。

6.5 本章小结

本章对约束优化问题的基本概念和研究方法进行总结，根据约束处理机制对求解方法进行了简单的分类；用差分变异的头脑风暴优化算法与常用的多目标处理机制相结合的方法解决约束优化问题，针对约束优化问题的特点改进了头脑风暴优化算法的个体更新机制，提出约束差分头脑风暴优化算法，并用多个标准测试函数验证其可行性和有效性。仿真结果表明，约束差分头脑风暴优化算法的总体性能较高，但对于个别测试函数，如 g02 测试函数等，成功率还有进一步提高的要求，因此后续将集中于对算法的机理和特性进行更深入的研究。

参考文献

[1] Leong W F, Yen G G. Constraint handling in particle swarm optimization[J]. Innovations & Developments of Swarm Intelligence Applications, 2010, 1(1): 42-63.

[2] 王勇，蔡自兴，周育人，等. 约束优化进化算法[J]. 软件学报，2009，20(1)：11-29.

[3] Hoffmeister F, Sprave J. Problem-independent handling of constraints by use of metric penalty functions[C]. Proceedings of the 5th Annual Conference on Evolutionary Programming, San Diego, 1996.

[4] Wang Y, Cai Z X, Guo G Q, et al. Multi-objective optimization and hybrid evolutionary algorithm to solve constrained optimization problems[J]. IEEE Transactions on Systems Man & Cybernetics Part B Cybernetics, 2007, 37(3): 560-575.

[5] Cai Z X, Wang Y L. A multiobjective optimization-based evolutionary algorithm for constrained optimization[J]. IEEE Transactions on Evolutionary Computation, 2006, 10(6): 658-675.

[6] Wang Y L, Cai Z X. Combining multiobjective optimization with differential evolution to solve constrained optimization problems[J]. IEEE Transactions on Evolutionary Computation, 2012, 16(1): 117-134.

[7] 董宁，王宇平. 基于新型双目标模型的约束优化进化算法[J]. 控制理论与应用，2014，31(5)：577-583.

[8] Coello C A C. Constraint-handling techniques used with evolutionary algorithms[C]. Proceedings of the 9th Annual Conference Companion on Genetic and Evolutionary Computation, London, 2007.

[9] Runarsson T P, Yao X. Stochastic ranking for constrained evolutionary optimization[J]. IEEE Transactions on Evolutionary Computation, 2000, 4(3): 284-294.

[10] Mezura-Montes E, Coello C A C. A simple multimembered evolution strategy to solve constrained optimization problems[J]. IEEE Transactions on Evolutionary Computation, 2005, 9(1): 1-17.

[11] Takahama T, Sakai S. Constrained optimization by the ε constrained differential evolution with an archive and gradient-based mutation[C]. IEEE Congress on Evolutionary Computation, Barcelona, 2010.

[12] Mallipeddi R, Suganthan P N. Ensemble of constraint handling techniques[J]. IEEE Transactions on Evolutionary Computation, 2010, 14(4): 561-579.

[13] Mezura-Montes E, Coello C A C, Computacion S D. On the usefulness of the evolution strategies' self-adaptation mechanism to handle constraints in global optimization[R]. San Pedro: Instituto Politecnico Nacional, 2003.

[14] Verdegay J L. Evolutionary techniques for constrained optimization problems[C]. European Congress on Intelligent Techniques and Soft Computing, Orlando, 1999.

[15] Tessema B, Yen G G. An adaptive penalty formulation for constrained evolutionary optimization[J]. IEEE Transactions on Systems Man and Cybernetics—Part A: Systems and Humans, 2009, 39(3): 565-578.

[16] Kukkonen S, Lampinen J. Constrained real-parameter optimization with generalized differential evolution[C]. IEEE Congress on Evolutionary Computation, Vancouver, 2006.

[17] Brest J, Zumer V, Maucec M S. Self-adaptive differential evolution algorithm in constrained real-parameter optimization[C]. IEEE Congress on Evolutionary Computation, Vancouver, 2006.

第7章　多目标头脑风暴优化算法

无论是科学研究方面还是工程应用方面，多目标优化都是非常重要的研究课题。这是因为许多现实世界中的优化问题涉及多个目标的同时优化，还有一些与多目标优化有关的问题是难以回答的，如多目标优化不同于单目标优化，不能提供最优解，只能提供一组数量尽可能大的非劣解，并且要求这组解逼近问题的全局Pareto最优前沿，尽可能均匀地分布在整个全局最优前沿上。也就是说，多目标优化的目的就是提供一组具有均匀性、收敛性和一致性的非劣前沿。大多数多目标进化算法的设计都是围绕如何有效地实现上述这个目标，得到近乎完美的非劣前沿而展开研究的。

本章从多目标优化的基本概念出发，详细介绍头脑风暴优化算法在求解多目标优化问题上的改进策略和求解方法，采用不同的聚类算法实现算法的收敛性能，设计不同的变异算法，提高算法的多样性，通过大量测试函数的仿真与对比来验证各算法的有效性和正确性。

7.1　多目标问题的基本概念

7.1.1　多目标优化问题的数学模型及相关定义

以最小化问题为例，一般的多目标优化问题可表述为

$$\min f(x)=(f_1(x),f_2(x),\cdots,f_m(x))^{\mathrm{T}}$$
$$\text{s.t.}\begin{cases}g_i(x)\leqslant 0, & i=1,2,\cdots,p\\ h_j(x)\leqslant 0, & j=1,2,\cdots,q\end{cases}\tag{7.1}$$

式中，$x\in \mathrm{R}^n$ 表示 n 维的决策向量，$x_i(i=1,2,\cdots,n)$ 为第 i 个决策变量；$f(x)\in \mathrm{R}^m$ 为 m 维的目标空间，$f_j(x)(j=1,2,\cdots,m)$ 为第 j 个目标函数；$g_i(x)\leqslant 0(i=1,2,\cdots,p)$ 表示 p 个不等式约束；$h_j(x)=0(j=1,2,\cdots,q)$ 是 q 个等式约束。寻求 $x^*=(x_1^*,x_2^*,\cdots,x_n^*)$，使 $f(x^*)$ 在同时满足不等式约束和等式约束时达到最优。

下面给出多目标优化问题解的相关概念和定义。

定义 7.1　(Pareto 占优)假设决策空间的 x^1 和 x^2 是满足式(7.1)的两个可行解，当解 x^1 优于解 x^2 时，则称 x^1 支配 x^2，表示为 $x^1>x^2$，当且仅当

$$\{\forall i\in\{1,2,\cdots,m\},f_i(x^1)\leqslant f_i(x^2)\}\wedge\{\exists j\in\{1,2,\cdots,m\},f_j(x^1)\leqslant f_j(x^2)\}\tag{7.2}$$

定义 7.2 (Pareto 最优解)最优解 x^* 定义为

$$f(x^*)=\underset{x\in\Omega}{\mathrm{opt}}f(x) \tag{7.3}$$

定义 7.3 (Pareto 最优解集)对于多目标优化问题，由 Pareto 占优关系得出的最优解构成的 Pareto 最优解集为

$$P^*=\{x^* \mid \neg\, \exists x=(x_1,x_2,\cdots,x_n)\in X\subset \mathrm{R}^n : x<x^*\} \tag{7.4}$$

定义 7.4 (Pareto 最优前沿)求出的 Pareto 最优解集 P^* 对应的目标向量组成的曲面称为 Pareto 最优前沿，记为 PF^*，即

$$\mathrm{PF}^*=\{F(x^*)=(f_1(x^*),f_2(x^*),\cdots,f_n(x^*))^{\mathrm{T}} \mid x^*\in P^*\} \tag{7.5}$$

7.1.2 多目标优化问题的评价指标

多目标优化算法在得到一组相当数量的 Pareto 最优解的基础上，不仅要判断这些解能否逼近真实的 Pareto 最优前沿，还要使这些解尽可能地均匀分布在 Pareto最优前沿。因此，单目标优化算法的评价标准在多目标中已不再适用。本章采用 Deb 等[2]提出的收敛性指标 γ、多样性指标 Δ 和超空间体积性能指标对算法的性能进行测试和评价。

1. 收敛性指标 γ

假设多目标优化问题的真实 Pareto 前沿已知，则多目标算法的收敛性指标定义为

$$\gamma=\frac{\sum_{i=1}^{|P|}d(P_i,\mathrm{TF})}{|P|} \tag{7.6}$$

式中，TF 为选择 500 个均匀分布在真实 Pareto 前沿的点构成集合；P 表示算法得到的 Pareto 前沿；$d(P_i,\mathrm{TF})$表示 P_i 和 TF 之间的最小欧氏距离；$|P|$表示 PF^* 集合的大小。

如图 7.1 所示，收敛性指标 γ 越小，算法逼近 Pareto 最优解集的程度越好，当得到的解刚好与从最优前端上取的点重合时，$\gamma=0$。

2. 多样性指标 Δ

在目标空间上，将算法获得的非劣解集中的所有非劣解按照某一个特定的目标函数值有序地分布，d_{f}、d_{l} 分别是算法得到的边界解与相应极端解之间的距离，d_i 为相邻两点之间的距离，$\bar{d}$ 为 d_i 的平均值，则多样性指标为

$$\Delta=\frac{d_{\mathrm{f}}+d_{\mathrm{l}}+\sum_{i=1}^{|P|-1}|d_i-\bar{d}|}{d_{\mathrm{f}}+d_{\mathrm{l}}+(|P|-1)\bar{d}} \tag{7.7}$$

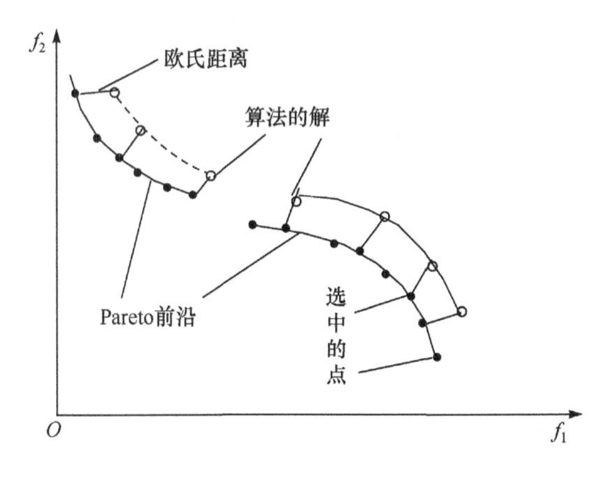

图 7.1　收敛性指标 γ

极端解是某个目标函数值最大而其他目标函数值最小的解。$|P|$ 为非劣解的个数。如图 7.2 所示，当算法获得的所有非劣解均匀地分布在均衡面上时，$d_f=0$，$d_l=0$，所有的 $d_i=\bar{d}$，此时 $\Delta=0$。因此，多样性指标 Δ 反映了非劣解能否均匀地分布在整个均衡面上。理想情况下，当算法获得的非支配解完全均匀地分布在 Pareto 最优前沿上时，$\Delta=0$。因此，Δ 越小，表明解的多样性越好，且分布的均匀性也越好。

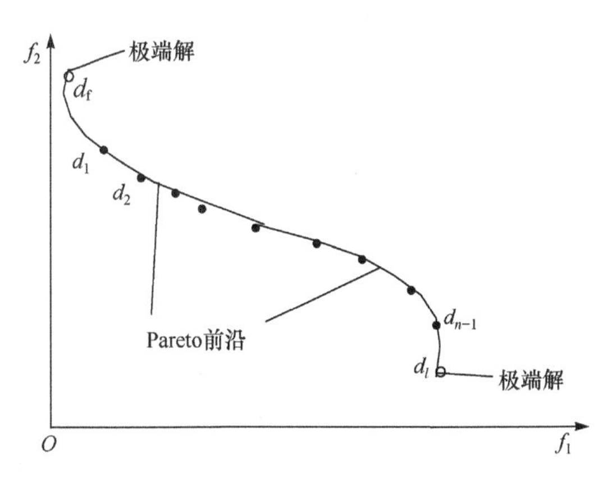

图 7.2　多样性指标 Δ

3. 超空间体积

超空间体积(hypervolume，HV)是一种用来计算目标空间中被非支配解集(PF_{known})所覆盖的空间，即 PF_{known} 的每一维向量所围成的矩形空间的集合为高维空间：

$$HV=\{\bigcup_i a_i \mid v_i \in PF_{known}\} \tag{7.8}$$

式中,a_i 为由参考点与 PF_{known} 中的非支配向量 v_i 组成的高维空间。

不同的优化问题其每一维向量映射的范围是不同的,其 HV 值的变化范围就会很大,因此引入高维空间比率为

$$HR=\frac{HV_{PF_{known}}}{HV_{PF_{true}}} \tag{7.9}$$

式中,$HV_{PF_{known}}$、$HV_{PF_{true}}$ 分别为 PF_{known} 和 PF_{true} 的高维空间。在最小化问题中,HR 的值越接近 1 越好。

7.1.3 求解多目标优化问题的智能优化算法

早期在求解多目标优化问题时,一般是将多目标优化问题通过一种可行有效的方法转化为单目标问题,再按照单目标优化问题的方法进行求解。但该方法中的折中关系无法进行具体的确定,导致折中解集的不准确性。近年来,智能优化算法的迅猛发展为多目标优化问题带来了更为广阔的思路,对于该问题的求解在一定程度上有了很大的突破。

在多目标智能优化算法中,多目标遗传算法(NSGA)[1]的应用最为广泛,其主要思想是在遗传算法的基础上引入非支配排序的思想,将多个目标函数的计算转化为计算虚拟适应度。即通过对个体的分级实现种群的非支配排序,选择操作执行个体排成一类,这些个体共享虚拟的适应度值,逐步对进化个体进行分级并赋予相应的虚拟适应度。在 NSGA 的基础上通过对非支配排序进行改进并提出了 NSGA-Ⅱ[2],该算法为了克服传统 NSGA 的非精英保留策略、计算复杂度高等缺点,分别用精英保留策略、快速非支配排序等方法来进行改进。文献[3]中提出的速度约束多目标粒子群算法(SMPSO)能够很好地解决多峰问题,该算法用 NSGA-Ⅱ中用到的拥挤距离来进行外部归档集的维护,在种群空间采用二项式变异。为每个粒子从归档集中随机选择两个粒子,选择拥挤距离大的那个作为该粒子的全局最优值。文献[4]提出了归一化排序非支配集构造方法,通过计算进化种群中每一个个体多目标值的归一化,建立进化群体中所有个体从大到小的全排序。排序队列的第一个个体是非支配解,直接进入非支配集,排序队列中的其他个体依次与非支配集中的非支配解比较,不被非支配集中的非支配解支配的个体就是非支配解,进入非支配集。

近几年来更多的群体智能优化算法,如人工鱼群算法、蛙跳算法、人工免疫法等,被广泛应用于多目标优化算法,并取得了重要的进展。本章将尝试将头脑风暴优化算法用于对多目标问题的求解中,以便为多目标优化问题提供新的解决途径。根据多目标优化问题的特点,结合头脑风暴优化算法的优势,从聚类空间的选择入

手，将多目标优化算法分为基于决策空间的头脑风暴优化算法和基于目标空间的头脑风暴优化算法两类进行详细的介绍。

7.2　基于决策空间的多目标头脑风暴优化算法

头脑风暴优化算法在求解单目标优化问题时具有很大的优势，它产生新个体的方法与众多的群智能优化算法并不相同，聚类操作和变异操作的引入对头脑风暴优化算法进化过程中种群的收敛性和多样性进行了较好的协调，提高了算法的性能。在多目标优化问题中，多个目标之间会存在冲突，对其中一个目标的优化必须以牺牲其他目标为代价，很难客观地评价多目标解的优劣性，因此在求解过程中需要统一考察多个目标的折中关系，使各个子目标都尽可能地达到最优。

因此，将头脑风暴优化算法用于求解多目标优化问题时，必须解决两个问题：一是可行解的评价问题，即多目标下可行解的最优性选择；二是新个体的更新机制中最优方向的确定问题。因此，在本节的多目标头脑风暴优化算法中，将针对决策空间解的分布特征，详细研究基于决策空间的“聚”“散”操作（即起收敛作用的聚类策略和选择操作）、起发散作用的变异策略和个体更新过程，对以上问题进行重点分析和研究。

7.2.1　基于决策空间的多目标头脑风暴优化算法操作分析

1. 收敛性操作

在人类发展的历史长河中，分类起着不可或缺的作用。为了了解一个新的现象，人们总是试图根据一定的标准或规则寻求可以形容它的功能，进一步比较它与其他已知事物或现象的相似或相异。聚类作为无监督分类技术，是一种有效的分类策略，其主要方法有层次法、划分法、基于网格法、基于密度法和基于模型法等[5]。BSO 算法中的聚类即收敛性操作，在标准的单目标 BSO 算法中，使用 K-means 聚类方法[6]将个体进行聚类，收敛到一些局部个体附近，但算法本身对聚类没有非常严格的要求，只是将个体分为不同的类。而原始的 K-means 聚类方法过于精确，操作起来也比较费时，因此本章采用一种新的简便聚类方法，在整个搜索区域随机地选择 k（k 为聚类数）个不同个体作为类中心，计算每个个体到所有类中心的欧氏距离，将个体归到其距离最近的类内，直到所有的个体都聚类完成。具体操作步骤如算法 7.1 所示。

算法 7.1　简便聚类方法的具体操作步骤

(1) 从当前的 N 个个体中随机选择 k 个作为类中心，记为 $S_j(1\leqslant j\leqslant k)$。

(2) 计算当前代的每个个体 $X_i(1\leqslant i\leqslant N)$ 到每个类中心之间的欧氏距离。

(3) 对于每个个体，比较 k 个距离值，将个体聚到 k 个值最小的那一类。在此过程中，类中心始终不发生变化。

(4) 重复步骤(2)～步骤(3)，直到所有的个体都聚类完成。

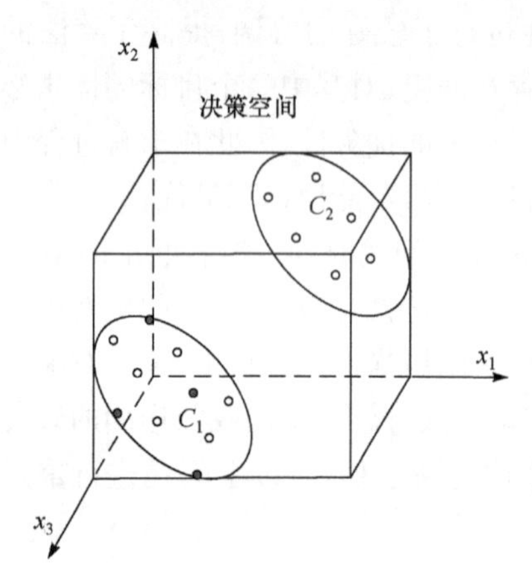

图 7.3　精英类和普通类示例

在整个收敛性操作中，为了满足多目标优化问题的评价机制，特添加了精英类(elite set)和普通类(normal set)的概念。如果在一个类中有 Pareto 前沿中的非支配解，则将此类定义为精英类；否则，定义为普通类，具体如图 7.3 所示。在图中，C_1 中实心点表示非劣解，空心点表示普通解，这里 C_1 为精英类，C_2 为普通类。

2. 发散性操作

发散性操作包括选择、变异和保留操作三部分。由图 7.3 可以明确地看出，精英类支配了普通类，同时精英解集支配了普通解集。在这种情境下，下一代的寻优过程中精英解周围的被搜索概率应该远远大于普通类。因此，与单目标优化策略不同，多目标头脑风暴优化算法中的选择、变异和保留操作机制均有改变。

1) 选择操作

在选择操作中，选用收敛性操作提出的随机选点将个体聚为 k 类，并有效地区分精英类和普通类，根据不同的规则选择出要进行变异的个体。选择操作的流程如图 7.4 所示。可以看出，在多目标头脑风暴优化算法中，新个体的更新方式比原来单目标头脑风暴优化算法要多一种，即从归档集中随机选择一个个体作为备选更新个体。因此，归档集的产生、更新和维护对算法的性能起重要的作用。

2) 变异操作

变异操作主要完成对选择个体周围的局部搜索功能，原有 BSO 算法的变异部分采用的是高斯变异。此变异方法的缺陷在于随机性较差，计算量也比较大。由于头脑风暴初始阶段每个人的想法差异会比较大，为了保证其收敛性，开放性概率 p_r 要小；而随着时间的推移差异逐渐变小，为了引入新的想法，避免其陷入局部最

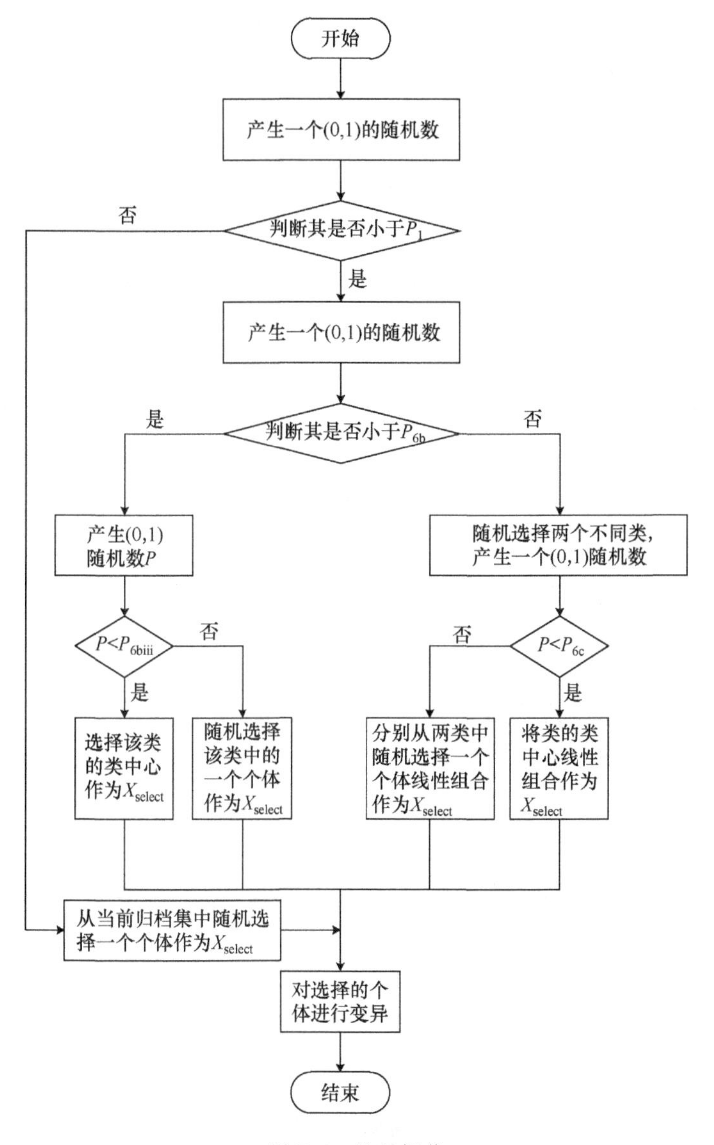

图7.4 选择操作

优,P_r会随迭代次数的增加而适当增加。基于此原理,本节多目标变异操作采用的方法与单目标进行变异时一样,即采用式(3.15)所示的差分变异公式进行变异操作。

3）归档集的更新和维护

多目标优化问题不存在单一的评价标准,因此需要将互不支配的解保留下来。为了确保在所有的迭代过程中个体总数一定,必须设置合理的保留机制。本节采用基于 Pareto 支配的保留策略进行个体的保留，即对于选定个体 x_{select} 和变异后的个体 x_{new}，选择规则如下。

（1）如果 x_{select} 支配了 x_{new}，则 x_{select} 保留。

（2）如果 x_{new} 支配了 x_{select}，则 x_{new} 保留。

（3）如果 x_{select} 和 x_{new} 两个互不支配，则随机选择一个作为下一代的新粒子。

4）更新归档集

本节采用循环拥挤距离对归档集进行维护，拥挤距离可用来估计一个解和它周围其他解的密集程度。

具体的计算过程为：首先，设定归档集中所有个体的拥挤距离为 0；然后，计算归档集中个体的目标函数值，对每个目标函数值按照升序进行排序，将排序后的第一位和最后一位个体的拥挤距离设为无穷大；最后，计算其他粒子的拥挤距离：

$$\mathrm{dis}(i)=\mathrm{dis}(i)+\frac{f_m(i+1)-f_m(i-1)}{f_m^{\max}-f_m^{\min}} \tag{7.10}$$

式中，$f_m(i)$ 表示第 i 个粒子在第 m 个目标上的函数值；$f_m^{\max}$ 和 $f_m^{\min}$ 分别表示所有粒子在第 m 个目标上的最大和最小函数值，即计算由解 $i+1$ 和解 $i-1$ 构成的立方体的平均边长。

在将种群中的非支配个体逐一地放入外部归档集的过程中，执行以下操作。

（1）如果该个体被外部归档集中的个体支配，则该个体从归档集中删除；否则，将该个体加入归档集。

（2）如果归档集中的个体数小于最大容量，则不进行删除操作；否则，计算当前归档集中所有个体的拥挤距离，删除拥挤距离最小的那个个体，使归档集中的可行调度始终保持在小于等于最大容量的数目上。

与 NSGA-Ⅱ等将种群中产生的所有非支配个体和外部归档集中的所有非劣解按拥挤距离从大到小进行排序，再选择拥挤距离大的个体进入下一代的策略不同，上述算法使个体的分布更加均匀。

7.2.2 简化多目标头脑风暴优化算法实现步骤

通过对上述关键步骤的分析，完整的简化多目标头脑风暴优化（SMO-BSO）算法的实现步骤如算法 7.2 所示。

算法 7.2　SMOBSO 算法的实现步骤

(1) 初始化种群规模 N，最大迭代次数，概率参数 p_1、p_{6b}、p_{6biii}、p_{6c}，外部归档集(大小为 $\max A$)，以及聚类的个数和聚类中心。

(2) 初始化种群 p 并计算每个个体的目标值，设置一个空的外部归档集 REP。

(3) 计算种群中的非支配解并保存到外部归档集 REP 中，计算 REP 中个体的拥挤距离。

(4) 通过 7.2.1 节的收敛性操作将个体进行聚类。

(5) 根据聚类结果和是否有非支配解得到精英类和普通类。

(6) 通过 7.2.1 节的选择操作选好要变异的个体。

(7) 更新产生新个体。

(8) 把种群中的非劣解逐个放入外部归档集，并对归档集进行更新。

(9) 判断是否达到最大迭代次数，若是，则输出外部归档集；否则，令迭代次数加 1 再返回步骤(3)。

7.2.3　多目标头脑风暴优化算法的性能测试与分析

1. 测试函数

为了评价多目标 BSO 算法的性能，本节采用附录 C 中的 ZDT 系列测试函数[2]对算法的性能进行测试。ZDT 系列测试函数包含六个函数，每一个函数都有特定的性能。函数 ZDT1 和 ZDT3 的 Pareto 前沿为凸形，而其他测试函数的 Pareto 前沿则为凹形，且函数 ZDT3 的 Pareto 前沿为不连续的。

2. 参数设置及其仿真结果分析

在多次实验的基础上，本节算法中的基本参数设置为：种群规模 N_p 为 200，外部归档集大小为 100，P_1 和 P_{6b} 为 0.8，P_{6biii} 和 P_{6c} 为 0.2，聚类个数 k 为 5，最大迭代次数 T 为 1000。每个测试函数独立重复运行 30 次，并计算其收敛性指标 γ、多样性指标 Δ 的平均值和方差，在相同的情况下，将其与文献[7]中两种算法的结果进行比较，统计结果分别见表 7.1 和表 7.2。在表 7.2 和表 7.2 中，SMOBSO 表示本节简化的多目标头脑风暴优化算法，MBSO-G 表示采用高斯变异的多目标头脑风暴优化算法，MBSO-C 是基于柯西变异的多目标头脑风暴优化算法。

表 7.1 算法的 γ 指标

维数	算法	ZDT1		ZDT2		ZDT3		ZDT4		ZDT6	
		最优值	平均值	最优值	平均值	最优值	平均值	最优值	平均值	最优值	平均值
5	SMOBSO	**0.0010**	**0.0011**	**0.6863 e−03**	**0.7735 e−03**	**0.0009**	**0.0011**	0.0010	**0.0011**	**0.0021**	**0.0030**
	MBSO-G	0.0011	0.0016	0.0007	0.0008	0.0012	0.0015	**0.0009**	0.0019	0.0040	0.0048
	MBSO-C	0.0011	0.0017	0.0009	0.0011	0.0012	0.0014	0.0010	0.0048	0.0039	0.0050
10	SMOBSO	**0.0009**	**0.0011**	**0.6886 e−03**	**0.7879 e−03**	**0.0010**	**0.0011**	**0.0009**	**0.0011**	**0.0022**	**0.0029**
	MBSO-G	0.0050	0.0079	0.0014	0.0050	0.0024	0.0033	0.0029	2.4179	0.0046	0.0079
	MBSO-C	0.0031	0.0062	0.0016	0.0029	0.0018	0.0027	0.0011	0.1335	0.0046	0.0072
20	SMOBSO	**0.0010**	**0.0011**	**0.6727 e−03**	**0.7935 e−03**	**0.0009**	**0.0012**	**0.0009**	**0.0011**	**0.0023**	**0.0029**
	MBSO-G	0.0328	0.0472	0.0294	0.0498	0.0168	0.0248	2.8367	18.768	0.0323	0.0412
	MBSO-C	0.0193	0.0312	0.0186	0.0311	0.0111	0.0150	1.4905	**4.4188**	0.0151	0.0241
30	SMOBSO	**0.0010**	**0.0012**	**0.7147 e−03**	**0.8382 e−03**	**0.0011**	**0.0012**	**0.0010**	**0.0011**	**0.0029**	**0.0031**
	MBSO-G	0.1060	0.1347	0.1006	0.1308	0.0863	0.1136	10.3624	38.2581	0.0928	0.1385
	MBSO-C	0.0695	0.0912	0.0725	0.0905	0.0443	0.0589	6.4966	15.2905	0.0580	0.0813

表 7.2 算法的 Δ 指标

维数	算法	ZDT1		ZDT2		ZDT3		ZDT4		ZDT6	
		最优值	平均值	最优值	平均值	最优值	平均值	最优值	平均值	最优值	平均值
5	SMOBSO	0.3768	0.4258	0.3372	0.3810	0.5074	**0.5446**	**0.3033**	**0.3848**	**0.5183**	**0.6032**
	MBSO-G	0.3478	0.4187	**0.3363**	**0.4016**	0.5667	0.6013	0.3550	0.5058	0.6635	0.7021
	MBSO-C	**0.3325**	**0.4066**	0.3422	0.4126	**0.5016**	0.5763	0.3444	0.4786	0.6627	0.7002

续表

维数	算法	ZDT1		ZDT2		ZDT3		ZDT4		ZDT6	
		最优值	平均值	最优值	平均值	最优值	平均值	最优值	平均值	最优值	平均值
10	SMOBSO	**0.3692**	**0.4197**	**0.3080**	**0.3609**	**0.4879**	**0.5329**	**0.3011**	**0.3672**	**0.5400**	**0.6057**
	MBSO-G	0.3765	0.4370	0.3475	0.4258	0.5420	0.6054	0.5159	0.8372	0.6751	0.7050
	MBSO-C	0.3882	0.4542	0.3682	0.4115	0.5357	0.5931	0.4330	0.7865	0.6633	0.6989
20	SMOBSO	**0.3646**	**0.4147**	**0.3029**	**0.3476**	**0.4862**	**0.5335**	**0.3186**	**0.3615**	**0.5376**	**0.5959**
	MBSO-G	0.4238	0.4789	0.3975	0.4869	0.5381	0.5868	0.9342	0.9748	0.6823	0.7103
	MBSO-C	0.4215	0.4717	0.4371	0.4855	0.5073	0.5795	0.8660	0.9569	0.6724	0.7038
30	SMOBSO	**0.2759**	**0.3289**	**0.2806**	**0.3429**	**0.5050**	**0.5309**	**0.2940**	**0.3606**	**0.5216**	**0.5938**
	MBSO-G	0.4823	0.5340	0.4834	0.5494	0.6026	0.6364	0.9619	0.9890	0.7080	0.7452
	MBSO-C	0.5105	0.5529	0.4898	0.5588	0.5708	0.6293	0.8362	0.9699	0.6969	0.7425

从表 7.1 和表 7.2 中可以看出：就收敛性而言，SMOBSO 算法的收敛性明显优于其他两种算法，但随着维数的增大，收敛性指标也逐渐变大，收敛的难度也越大；而从多样性来看，尽管 SMOBSO 算法在针对 ZDT1 和 ZDT2 测试函数的低维问题时比 MBSO-G 和 MBSO-C 两种算法差一些，但随着维数的增大，算法仍可以很好地保持多样性。

为进一步说明算法的收敛性、多样性和一致性指标，图 7.5 给出了 SMOBSO 算法在 30 维各测试函数得到非劣前沿的仿真结果图，其中细实线为真实的 Pareto 前沿，黑点为仿真得到的结果。

由图 7.5 可知，对于 30 维的多目标优化问题，这五个测试函数都可以得到均匀的非劣解集，并达到真实的非劣前沿。

为对仿真数据进行进一步的分析，下面采用盒图对本节算法进行进一步的分析。主要进行两方面的对比分析：一方面是同类算法之间的对比分析；另一方面是与文献算法的对比分析。

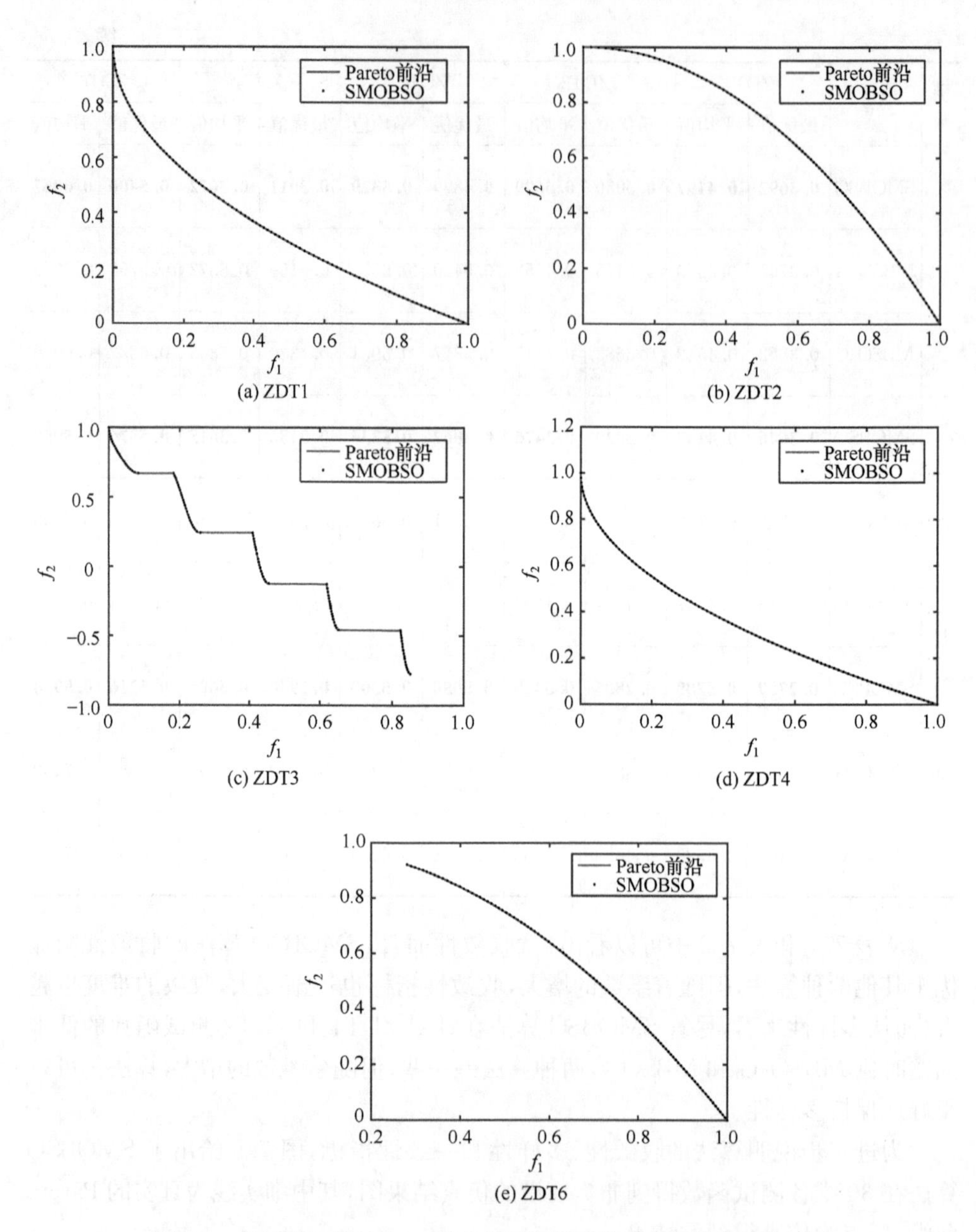

图 7.5　SMOBSO 算法在 30 维各测试函数上的非劣前沿仿真结果图

1）同类算法之间的比较分析

图 7.6～图 7.10 为各算法重复运行 30 次后，ZDT 系列中每个测试函数在式(7.9)基础上计算得到的高维空间比率(HR)的盒图。

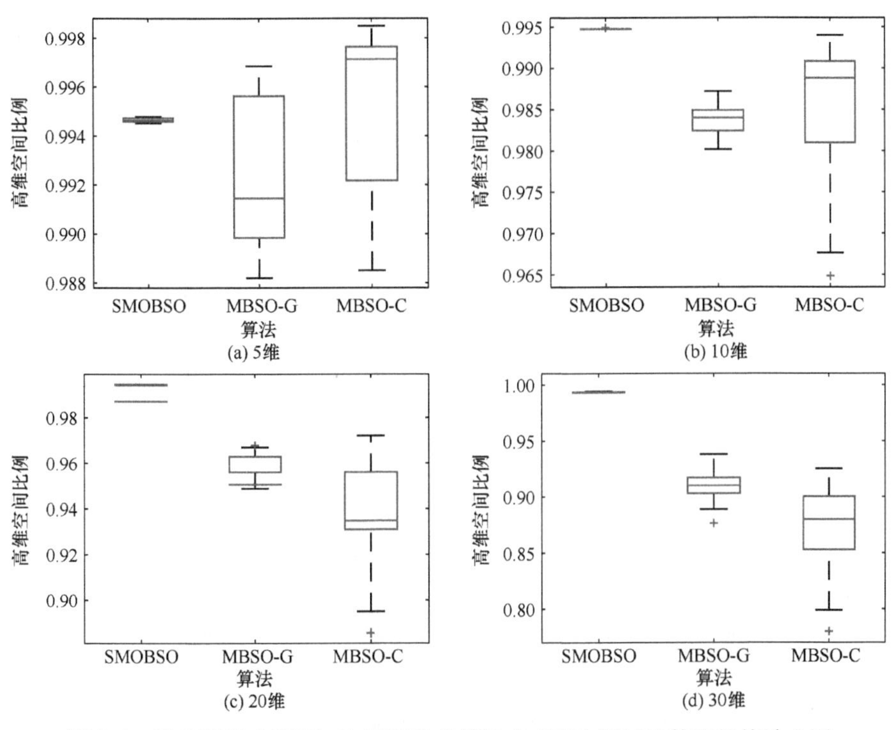

图 7.6　SMOBSO、MBSO-G、MBSO-C 算法在 ZDT1 测试函数下的统计盒图

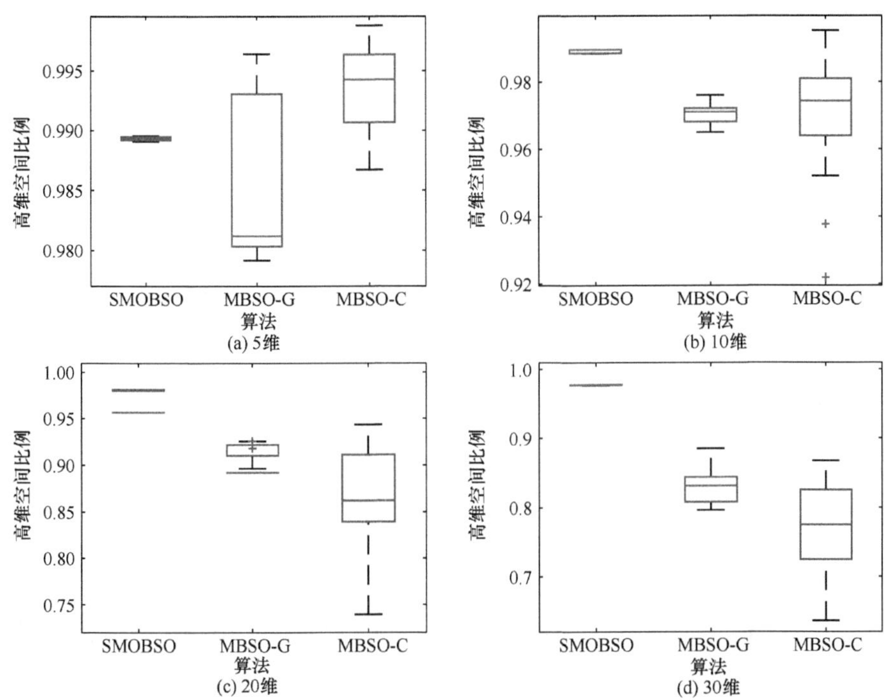

图 7.7　SMOBSO、MBSO-G、MBSO-C 算法在 ZDT2 测试函数下的统计盒图

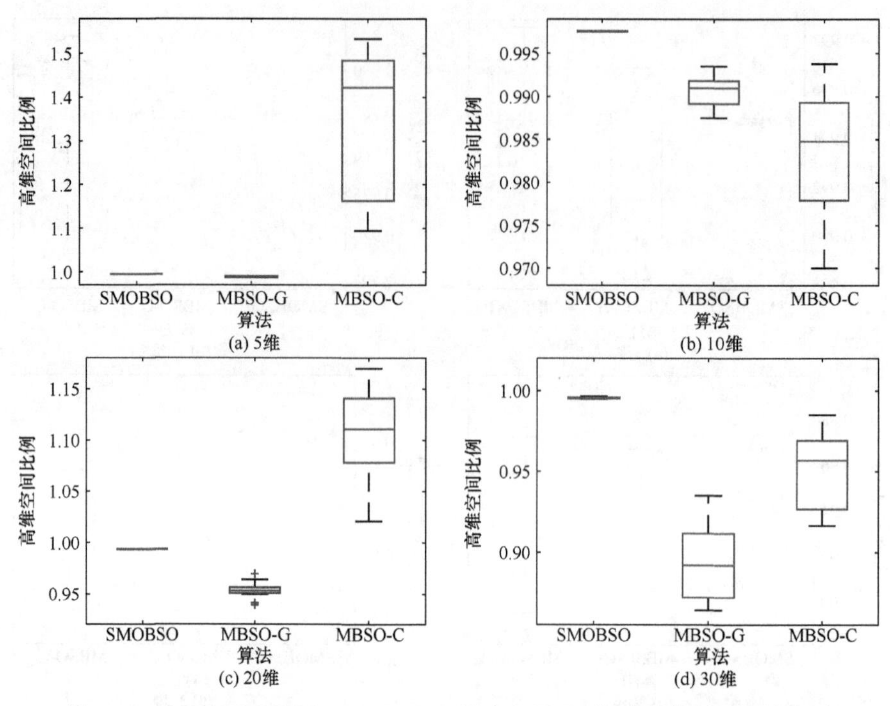

图 7.8　SMOBSO、MBSO-G、MBSO-C 算法在 ZDT3 测试函数下的统计盒图

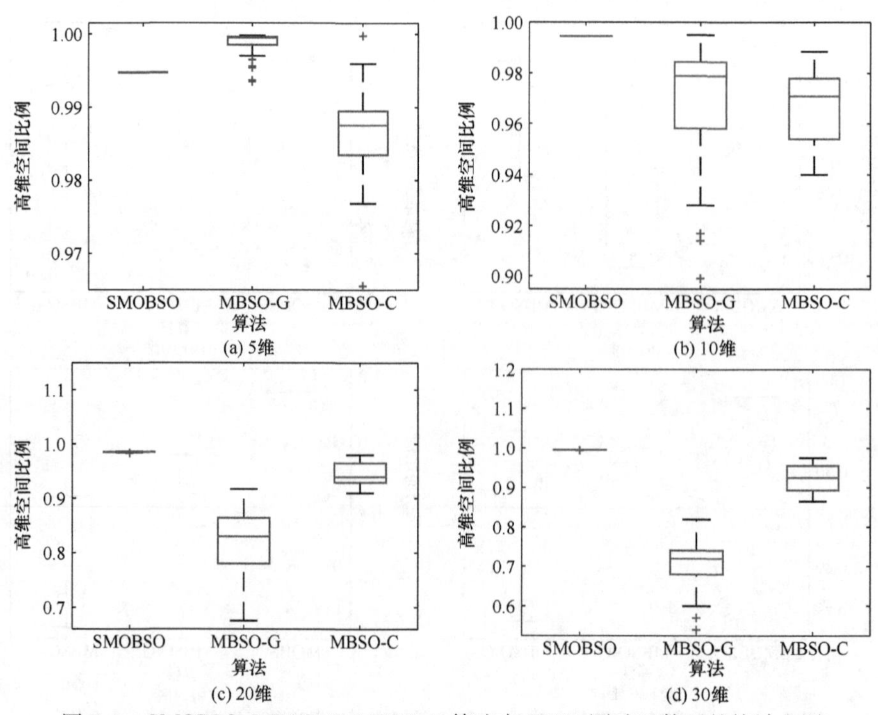

图 7.9　SMOBSO、MBSO-G、MBSO-C 算法在 ZDT4 测试函数下的统计盒图

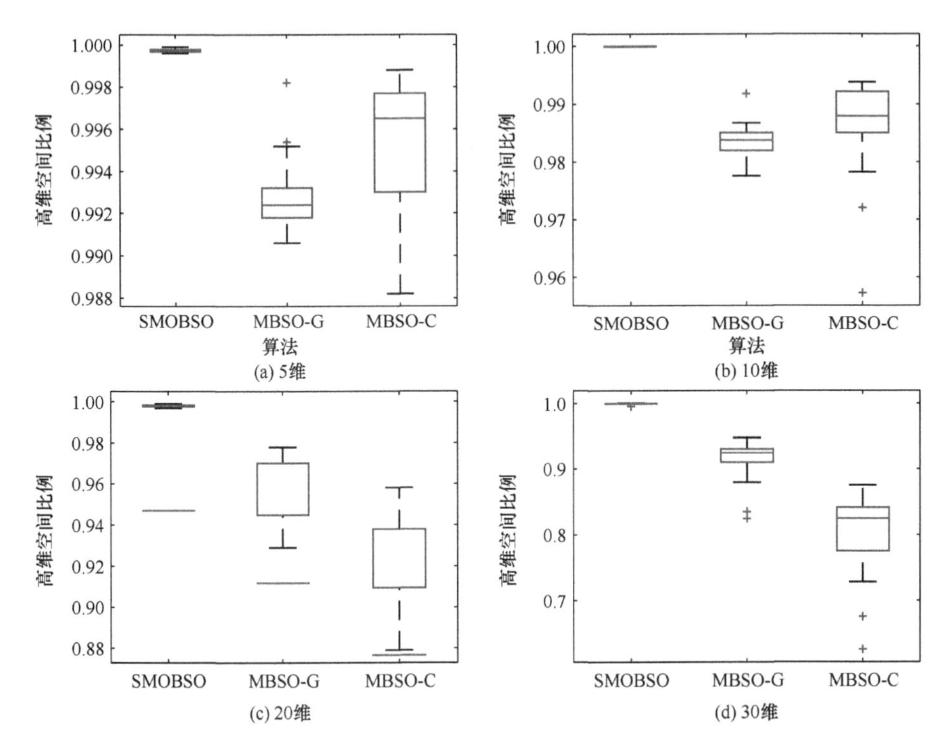

图 7.10　SMOBSO、MBSO-G、MBSO-C 算法在 ZDT6 测试函数下的统计盒图

根据每个图的方盒的长短可以很明显地看出，SMOBSO 算法在所有测试函数上所得超体积的值的分布是最集中的，几乎都在 1 的周围，脏数据明显比其他两种算法的少。根据高维空间比率(HR)的概念，值越接近 1 则表明算法越好，越接近真实的前沿，分布越均匀。很明显，本章算法在同类算法的比较中表现最好。

2) 不同算法间的比较

下面将 SMOBSO 算法与目前比较通用的两种算法 SMOPSO[3] 和 NSGA-Ⅱ[2] 进行对比分析。和之前算法之间的比较一样，画出它们测试函数不同维数的仿真统计盒图，如图 7.11～图 7.15 所示。

对于 ZDT1、ZDT2 和 ZDT3 三个测试函数，尽管 SMOBSO 算法在高维空间比率不如其他两种，但与其他两种算法的差值都是在但其差别在精度 0.01 以上。对于 ZDT4 和 ZDT6 两个测试函数，随着维数的增加，NSGA-Ⅱ算法的脏数据明显增多，SMOBSO 算法和 SMOPSO 算法的结果相当。

在与同类算法的比较中，SMOBSO 算法在原算法的基础上有了很大的改进，其更接近非劣前沿且分布均匀，效果最好；与不同类算法的比较中，SMOBSO 算法略差于其他两种算法，但对于 ZDT 系列的测试函数鲁棒性较好。作为一种新的智能进化算法，其广泛性和应用性还有很大的改进空间。

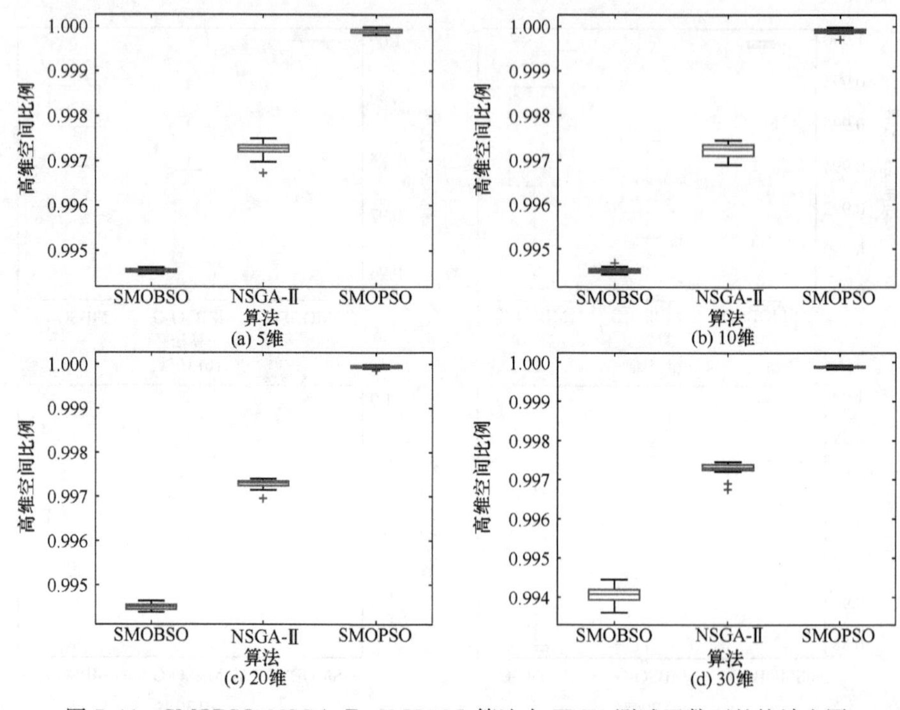

图 7.11　SMOBSO、NSGA-Ⅱ、SMOPSO 算法在 ZDT1 测试函数下的统计盒图

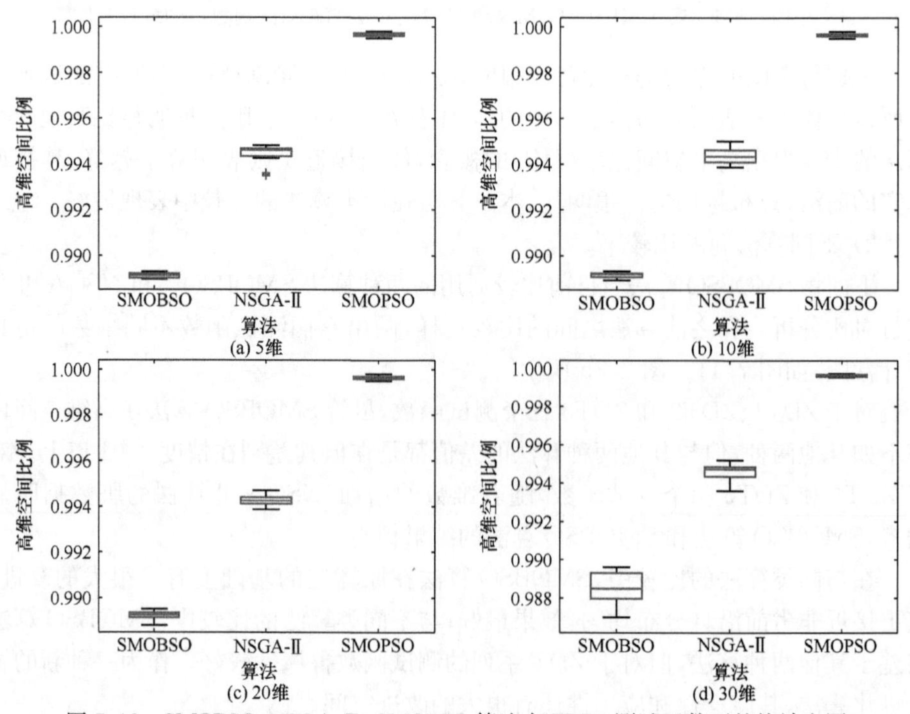

图 7.12　SMOBSO、NSGA-Ⅱ、SMOPSO 算法在 ZDT2 测试函数下的统计盒图

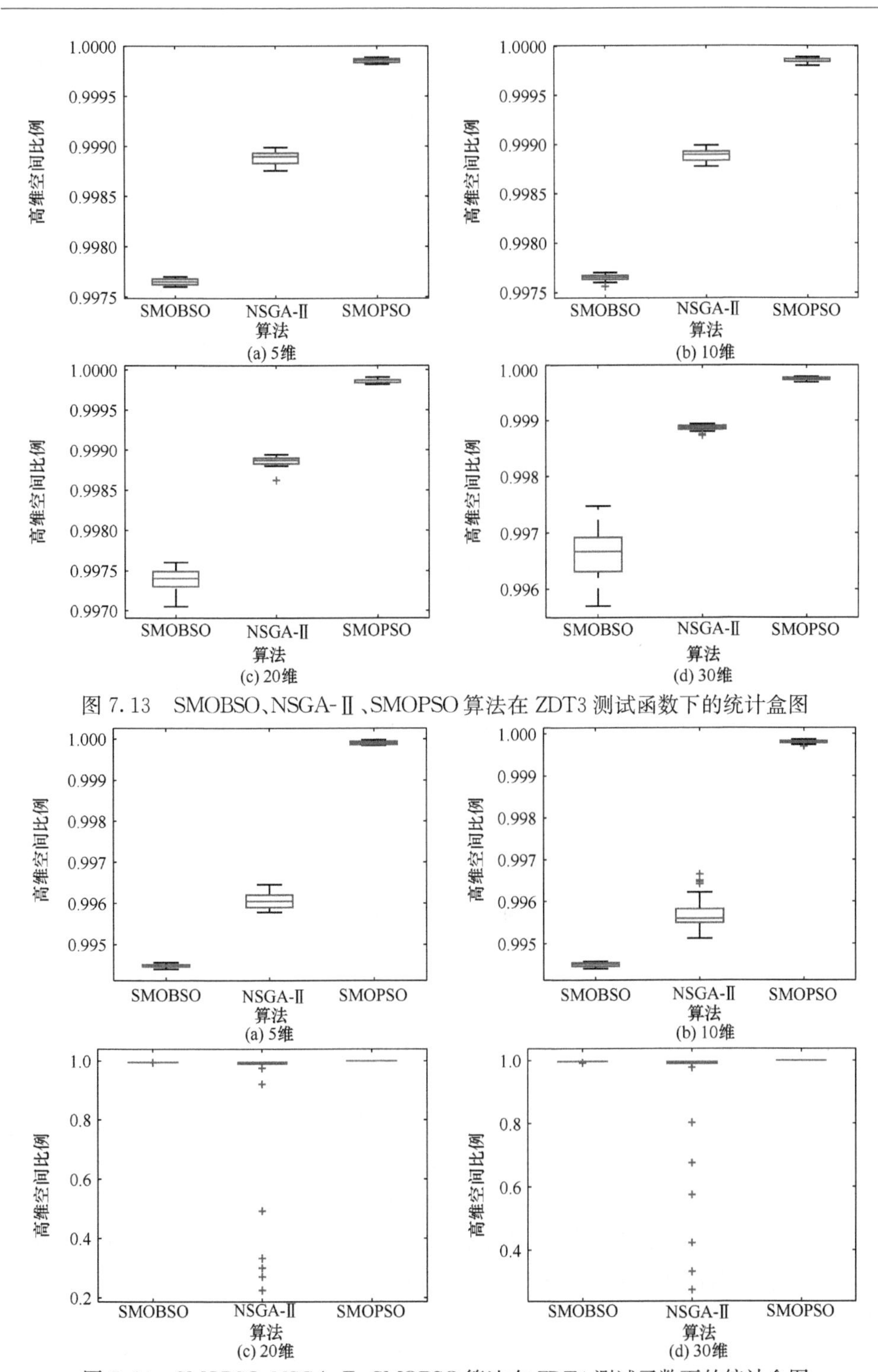

图 7.13　SMOBSO、NSGA-Ⅱ、SMOPSO 算法在 ZDT3 测试函数下的统计盒图

图 7.14　SMOBSO、NSGA-Ⅱ、SMOPSO 算法在 ZDT4 测试函数下的统计盒图

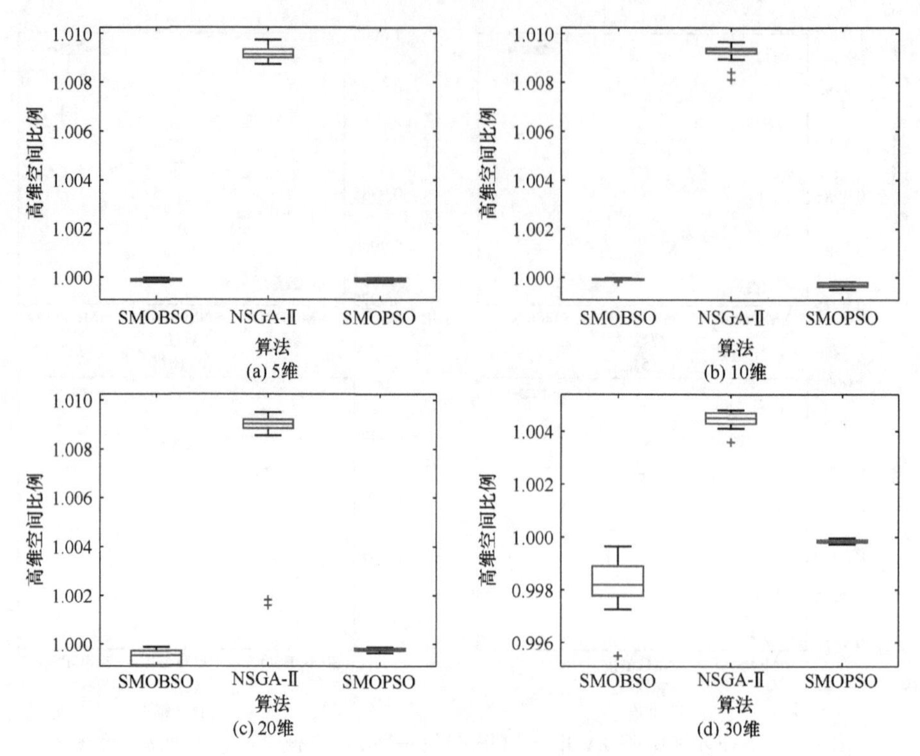

图 7.15　SMOBSO、NSGA-Ⅱ、SMOPSO 算法在 ZDT6 测试函数下的统计盒图

7.3　基于目标空间聚类的多目标头脑风暴优化算法

7.3.1　基于目标空间聚类的多目标头脑风暴优化算法原理

在传统 BSO 算法中，聚类操作是针对决策空间中的个体来进行的。当问题维数增大时，相应的计算量也会增加。在多目标优化问题中，优化目标的个数往往小于问题的变量维数，因此在多目标优化过程中，在目标空间实现聚类操作将会极大地减少计算量。

图 7.16 显示了决策空间与目标空间的映射关系。图中，目标向量被聚为 $k(k=2)$类，假设有菱形的点是 Pareto 前沿的非支配解。定义有非支配解的聚类 C_1 为精英类，没有非支配解的聚类 C_2 为普通类。从类中的非劣关系可以看出，聚类 C_1 中的个体支配了聚类 C_2 中的所有个体，因此在迭代更新过程中，互不支配类的存在显著减少了单个支配关系的比较评价过程，能显著减小支配集的更新和维护过程。

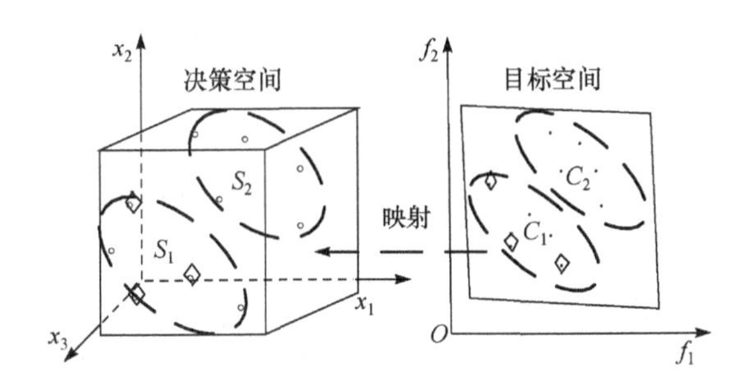

图 7.16　决策空间与目标空间的映射关系

7.3.2　基于目标空间聚类的多目标头脑风暴优化算法操作分析

1. 收敛性操作

在基于目标空间聚类的多目标 BSO 算法中，可采用两种聚类方法实现收敛性操作。一种是标准算法中的 K-means 聚类[8]方法，该方法在第 2 章已经介绍过，这里不再介绍；另一种是 DBSCAN(density based spatial clustering of applications with noise)聚类方法，即用密度的方式进行目标空间聚类。DBSCAN 是比较有代表性的基于密度的聚类算法，它将簇定义为密度相连的点的最大集合，能够把具有足够高密度的区域划分为簇，并可在"噪声"的空间数据库中发现任意形状的聚类。DBSCAN 聚类方法需要用户指定两个参数：点的邻域半径 ε 和在这个半径决定的小区域内所需的最小点数 MinPts，从还没有被聚类的点中随机选择一个点，把它作为一个簇，如果它的邻域半径决定的范围内至少有 MinPts 个点，则将这些点聚到同一个簇中，再对这些新加进来的点重复上述过程直到没有新加进来的点。

1) 相关概念

(1) 对象的 ε 邻域：给定对象在半径 ε 内的区域。

(2) 核心对象：如果一个对象的 ε 邻域至少包含最小数目 MinPts 个对象，则称该对象为核心对象。

(3) 直接密度可达：给定一个对象集合 D，如果 p 在 q 的 ε 邻域内，而 q 是一个核心对象，则对象 p 从对象 q 出发是直接密度可达的。

(4) 密度可达：如果存在一个对象链 $p_1, p_2, \cdots, p_n, p_1=q, p_n=p$，对 $p_i \in D$，$i=1,2,\cdots,n$，p_i+1 是从 p_i 关于 ε 和 MinPts 直接密度可达的，则对象 p 是从对象 q 关于 ε 和 MinPts 密度可达的。

(5) 密度相连：如果对象集合 D 中存在一个对象 o，使得对象 p 与 q 是从 o 关于 ε 和 MinPts 密度可达的，那么对象 p 与 q 是关于 ε 和 MinPts 密度相连的。

(6) 噪声:一个基于密度的簇是基于密度可达性的最大的密度相连对象的集合。不包含在任何簇中的对象认为是“噪声”。

2) DBSCAN 算法的描述

输入:包含 n 个对象的数据库,半径 ε,最少数目 MinPts。

输出:所有生成的簇,达到密度要求。

(1) 从数据库中抽取一个未处理过的点。

(2) 如果抽出的点是核心点,则找出所有从该点密度可达的对象,形成一个簇。

(3) 如果抽出的点是边缘点(非核心对象),则跳出本次循环,寻找下一点。

(4) 直至进行所有点都被处理。

2. 发散性操作

与 7.2.1 节介绍的一样,发散性操作依然包含选择、变异和保留操作三部分。由图 7.8 可以明确地看出,基于目标空间的操作其实是对变量进行降维,减少算法的运算量,其他操作均没有发生大的变化,依然引入了精英类和非精英类的概念。在选择操作上,本节的选择操作步骤与 7.2.1 节介绍的选择操作流程基本相同,只是把相应的基于决策空间的操作改为基于目标空间的操作即可。在更新归档集上,本节归档集的更新和维护与 7.2 节介绍的完全一致;在变异操作上,本节采用两种变异操作对多目标 BSO 算法在目标空间上进行实现。

(1) 标准 BSO 算法所采用的变异操作,即高斯变异(如式(3.4)所示)进行目标空间的操作实现。

(2) 用第 3 章介绍的差分变异代替高斯变异进行目标空间聚类的实现,也就是将改进的变异操作(如式(3.15)所示)从决策空间的应用扩展到目标空间的应用上。

7.3.3 基于目标空间聚类的多目标头脑风暴优化算法实现步骤

本节算法除了在目标空间上操作,其步骤主要在两方面进行扩展,一方面是标准 BSO 变异操作即高斯变异下的两种不同的聚类方式在目标空间上的扩展:K-means 聚类和 DBSCAN 聚类;另一方面是标准 BSO 聚类操作即 K-means 聚类下的两种不同的变异方式在目标空间上的扩展:高斯变异和差分变异。基于目标空间聚类的多目标 BSO 算法实现步骤如算法 7.3 所示。

算法 7.3　基于目标空间聚类的多目标 BSO 算法实现步骤

(1) 初始化种群规模 N，最大迭代次数，概率参数 P_1、P_{6b}、P_{6biii}、P_{6c}，外部归档集(大小为 max$A$)，MinPts，以及聚类的个数和 k 个聚类中心。

(2) 对个体进行评价，计算当前个体的适应度值到每个聚类中心的适应度值的欧氏距离。

(3) 计算种群中的非支配解并保存到外部归档集 REP 中，计算 REP 中个体的拥挤距离。

(4) 利用聚类方法将个体聚类。

(5) 根据聚类结果是否有非支配解得到精英类和普通类。

(6) 通过 7.2.1 节的选择操作选好要变异的个体。

(7) 根据变异操作更新产生新个体。

(8) 把种群中的非劣解逐个放入外部归档集，并对归档集和聚类中心进行更新。

(9) 判断是否达到最大迭代次数，若是，则输出外部归档集；否则，令迭代次数加 1 再返回步骤(3)。

7.3.4　基于目标空间聚类的多目标头脑风暴优化算法性能测试与分析

本节算法的仿真实现所采用的测试函数与 7.2 节完全一致，相应的算法概率及其参数设置也均与 7.2 节算法保持一致，为了避免算法的偶然性，所有的测试仿真均运行 30 次。

表 7.3 给出了利用 K-means 聚类和高斯变异操作下多目标 BSO 算法基于目标空间的仿真结果。

表 7.3　基于目标空间的 K-means 聚类和高斯变异多目标 BSO 算法性能指标

维数	函数	最优值		平均值		最差值	
		γ	Δ	γ	Δ	γ	Δ
5	ZDT1	0.0015	0.1062	0.0018	0.1418	0.0030	0.3163
	ZDT2	0.0008	0.1081	0.0010	0.1363	0.0013	0.1539
	ZDT3	0.0014	0.4171	0.0016	0.4296	0.0025	0.4457
	ZDT4	0.0113	0.4815	0.0168	0.5239	0.0251	0.6230
	ZDT6	0.0040	0.5335	0.0045	0.5567	0.0098	0.8032

续表

维数	函数	最优值		平均值		最差值	
		γ	Δ	γ	Δ	γ	Δ
10	ZDT1	0.0027	0.1223	0.0040	0.1724	0.0052	0.2412
	ZDT2	0.0015	0.1395	0.0020	0.1665	0.0027	0.2320
	ZDT3	0.0020	0.4248	0.0026	0.4443	0.0068	0.5713
	ZDT4	0.0015	0.4806	0.1259	0.6391	0.9451	1.1127
	ZDT6	0.0044	0.5432	0.0061	0.5755	0.0199	0.8138
20	ZDT1	0.0096	0.1955	0.0129	0.2676	0.0283	0.9414
	ZDT2	0.0071	0.1891	0.0098	0.2513	0.0141	0.3742
	ZDT3	0.0038	0.4465	0.0077	0.4901	0.0238	0.8609
	ZDT4	0.0059	0.5232	1.5031	0.9114	2.3610	1.2158
	ZDT6	0.0094	0.5448	0.0141	0.6089	0.0300	0.9084
30	ZDT1	0.0217	0.2147	0.0292	0.2668	0.0413	0.5056
	ZDT2	0.0186	0.2736	0.0416	0.3998	0.0827	0.9743
	ZDT3	0.0113	0.4815	0.0168	0.5239	0.0251	0.6230
	ZDT4	0.0347	0.5673	2.5663	0.8775	5.2903	1.2424
	ZDT6	0.0162	0.5421	0.0214	0.5890	0.0363	1.0827

图7.17～图7.21为仿真结果图，其中细实线为真实的Pareto前沿（图中用TruePareto表示），黑点为仿真得到的结果，图中右上角的ZDT1～ZDT6分别表示附录C中的五个测试函数，K-logsig表示利用K-means聚类和高斯变异，5D、10D、20D和30D表示测试函数的维数分别为5维、10维、20维和30维。

从表7.3以及图7.17～图7.21可以看出，ZDT系列测试函数除了ZDT4，基于目标空间聚类的多目标BSO算法对于低维问题都能够得到较好的解，可以到达真实的Pareto前沿，ZDT4有一部分点可以到达真实的Pareto前沿，但是它的多样性不是很好；对于高维问题，ZDT系列测试函数距离真实的Pareto前沿还差一点。

表7.4给出了利用DBSCAN聚类和高斯变异操作下多目标BSO算法基于目标空间的仿真结果。经过多次实验得到使得算法性能最佳的MinPts值为7，E_{ps}值是根据文献[9]中进行设定的；黑体字是与表7.3中的K-means聚类实现的基于目标空间聚类的BSO算法相比得到的更好的解。

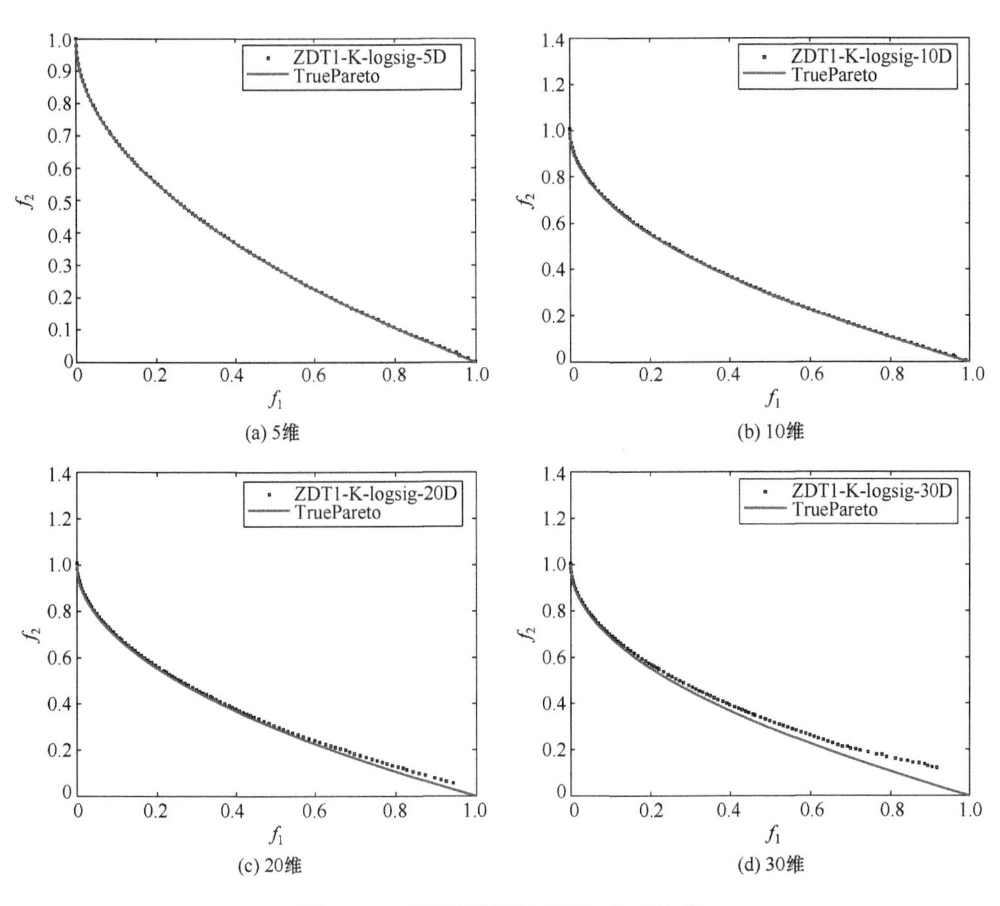

图 7.17　不同维数下的 ZDT1 仿真结果

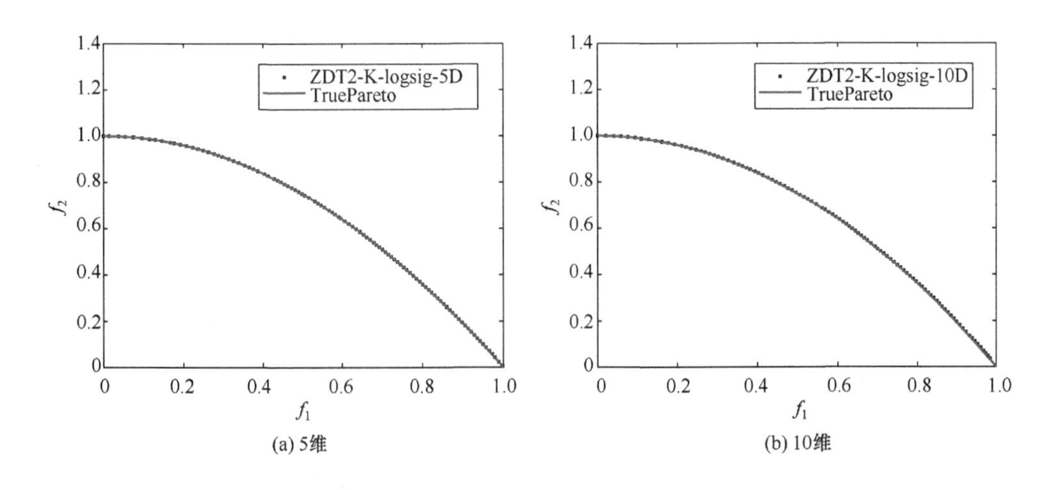

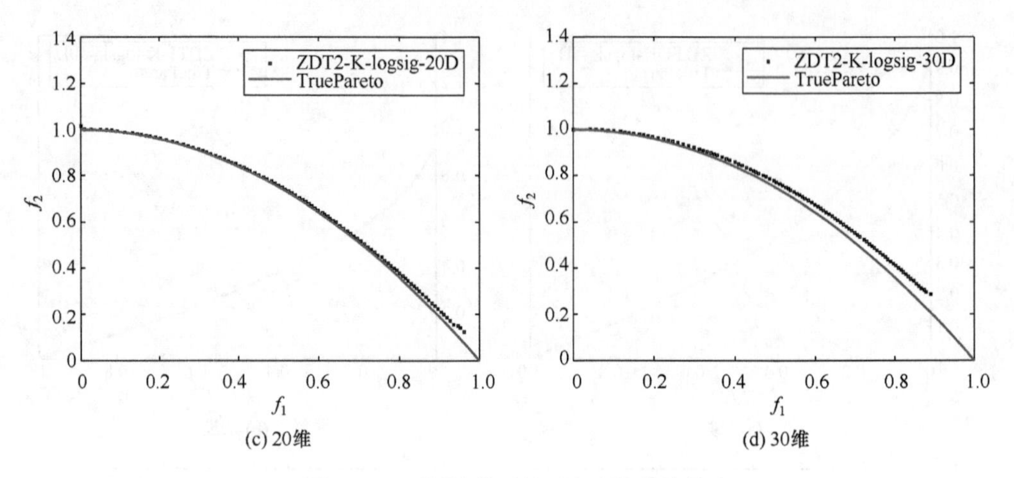

(c) 20维　　(d) 30维

图 7.18　不同维数下的 ZDT2 仿真结果

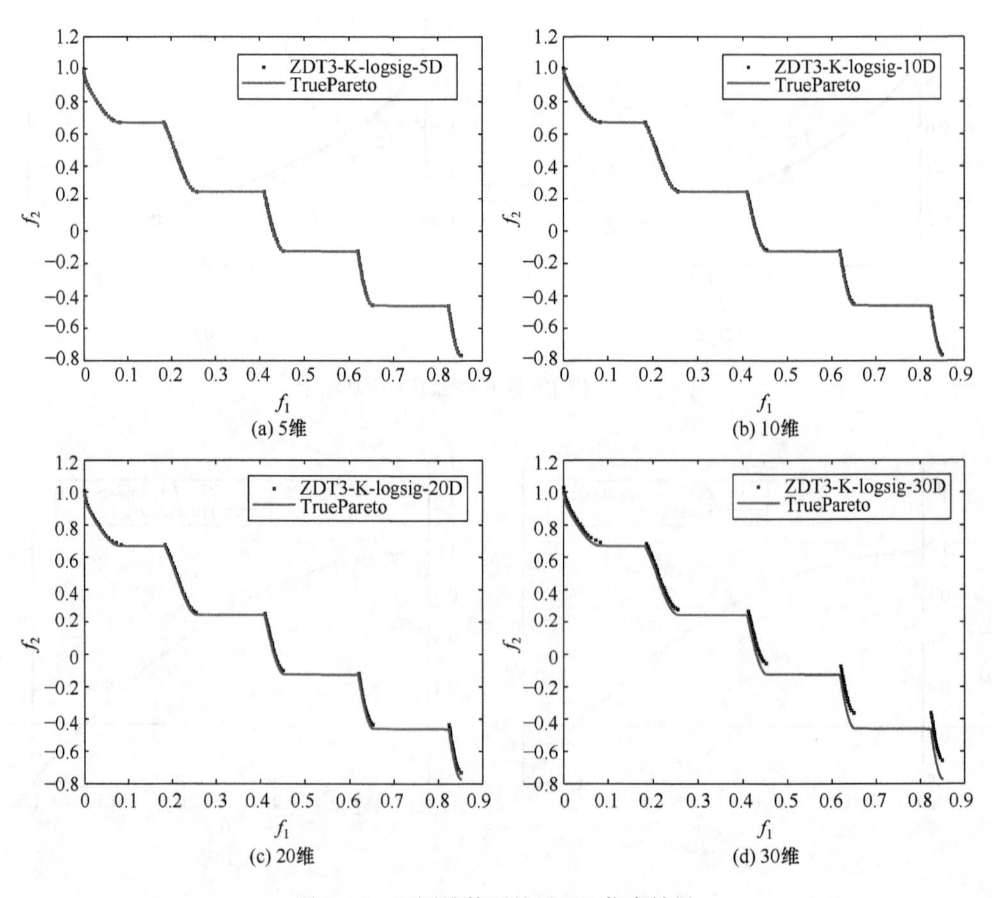

(a) 5维　　(b) 10维

(c) 20维　　(d) 30维

图 7.19　不同维数下的 ZDT3 仿真结果

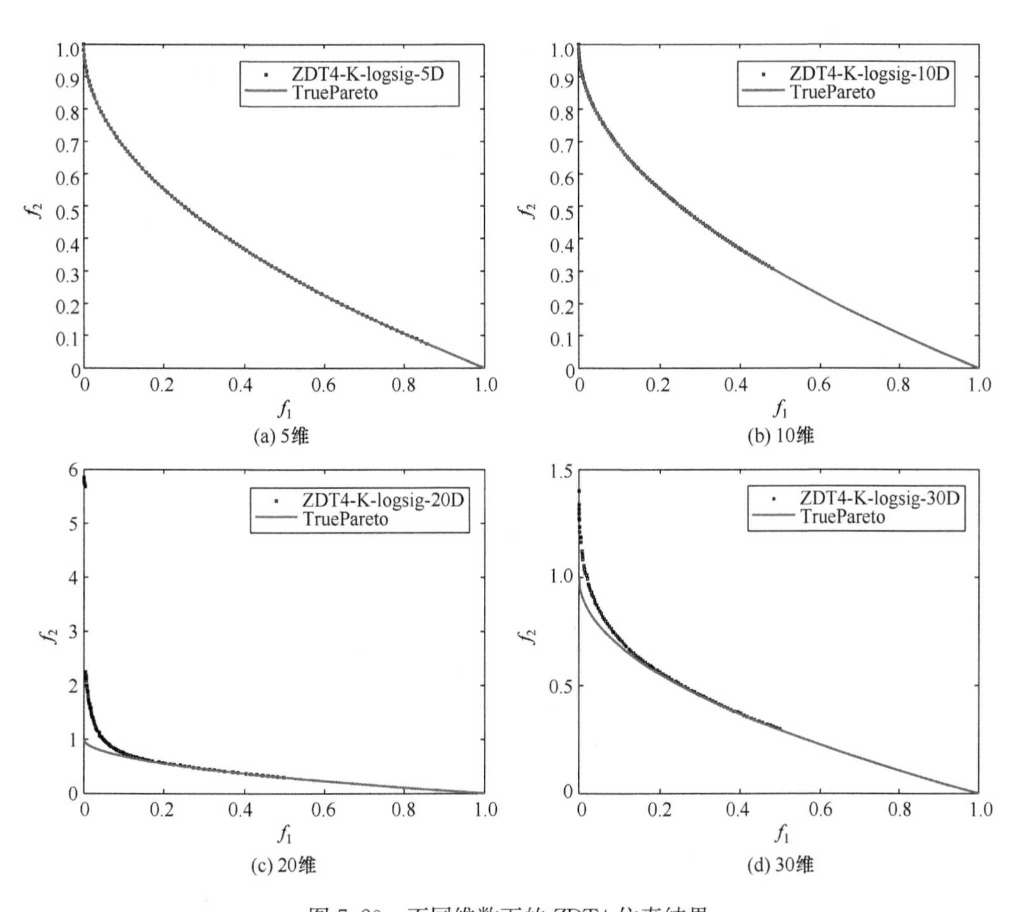

图 7.20　不同维数下的 ZDT4 仿真结果

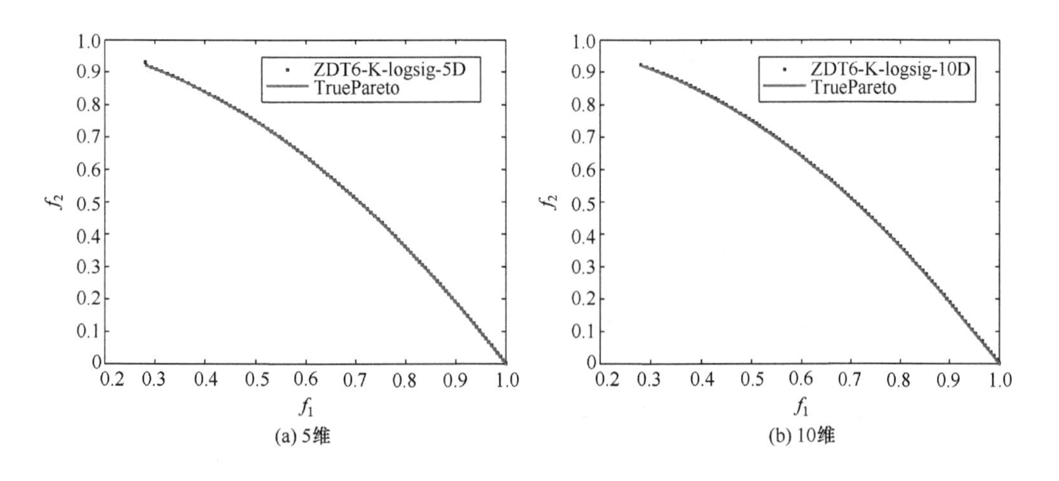

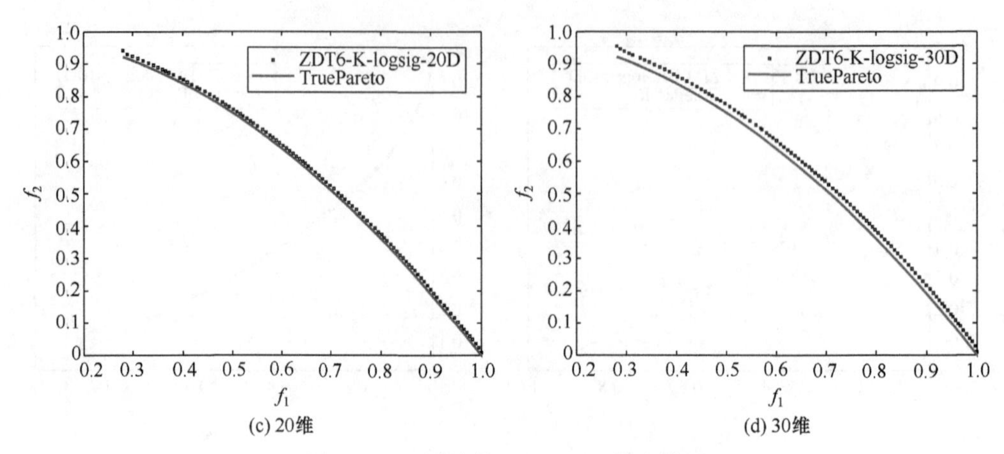

(c) 20维　　　　(d) 30维

图 7.21　不同维数下的 ZDT6 仿真结果

表 7.4　基于目标空间的 DBSCAN 聚类和高斯变异操作下的多目标 BSO 算法性能指标

维数	函数	最优值		平均值		最差值	
		γ	Δ	γ	Δ	γ	Δ
5	ZDT1	**0.0011**	**0.0743**	**0.0013**	**0.0968**	**0.0014**	**0.1133**
	ZDT2	**0.0008**	**0.0728**	**0.0009**	**0.0947**	**0.0013**	**0.1185**
	ZDT3	**0.0012**	**0.4102**	**0.0013**	**0.4245**	**0.0015**	**0.4367**
	ZDT4	**0.0012**	**0.1973**	0.0356	0.6243	0.1273	1.2684
	ZDT6	0.0042	**0.5242**	0.0050	**0.5397**	**0.0087**	**0.6349**
10	ZDT1	**0.0014**	**0.1085**	**0.0022**	**0.1319**	**0.0048**	**0.1553**
	ZDT2	**0.0009**	**0.1089**	**0.0017**	**0.1497**	0.0034	**0.2295**
	ZDT3	**0.0013**	**0.4231**	**0.0020**	0.4506	**0.0037**	**0.4904**
	ZDT4	**0.0014**	**0.4368**	0.3332	0.8044	1.0070	1.4001
	ZDT6	0.0051	**0.5348**	0.0075	**0.5711**	**0.0015**	**0.6633**
20	ZDT1	**0.0036**	**0.1372**	**0.0093**	**0.1917**	**0.0243**	**0.3609**
	ZDT2	**0.0032**	**0.1645**	0.0105	0.3018	0.0297	0.5861
	ZDT3	**0.0020**	0.4576	**0.0057**	0.5026	**0.0116**	**0.6642**
	ZDT4	**0.0058**	0.5261	1.6344	0.9590	3.5810	1.2622
	ZDT6	0.0123	**0.5416**	0.0219	0.6501	0.0401	**0.8599**
30	ZDT1	**0.0097**	**0.1526**	**0.0279**	**0.2278**	0.0581	**0.4005**
	ZDT2	**0.0113**	**0.2277**	**0.0408**	**0.4013**	0.0854	**0.5666**
	ZDT3	**0.0047**	**0.4600**	**0.0126**	0.5435	**0.0243**	0.6959
	ZDT4	0.0885	0.6278	3.2554	1.0052	7.3645	1.3424
	ZDT6	0.0235	0.5481	0.0365	0.6968	0.0939	**0.9896**

图 7.22～图 7.26 为仿真结果图，其中细实线为真实的 Pareto 前沿，黑点为仿真得到的结果，图中右上角的 ZDT1～ZDT6 分别表示表 7.4 的五个测试函数，

D-logsig 表示利用 DBSCAN 聚类和高斯变异，5D、10D、20D 和 30D 表示测试函数的维数分别为 5 维、10 维、20 维和 30 维。

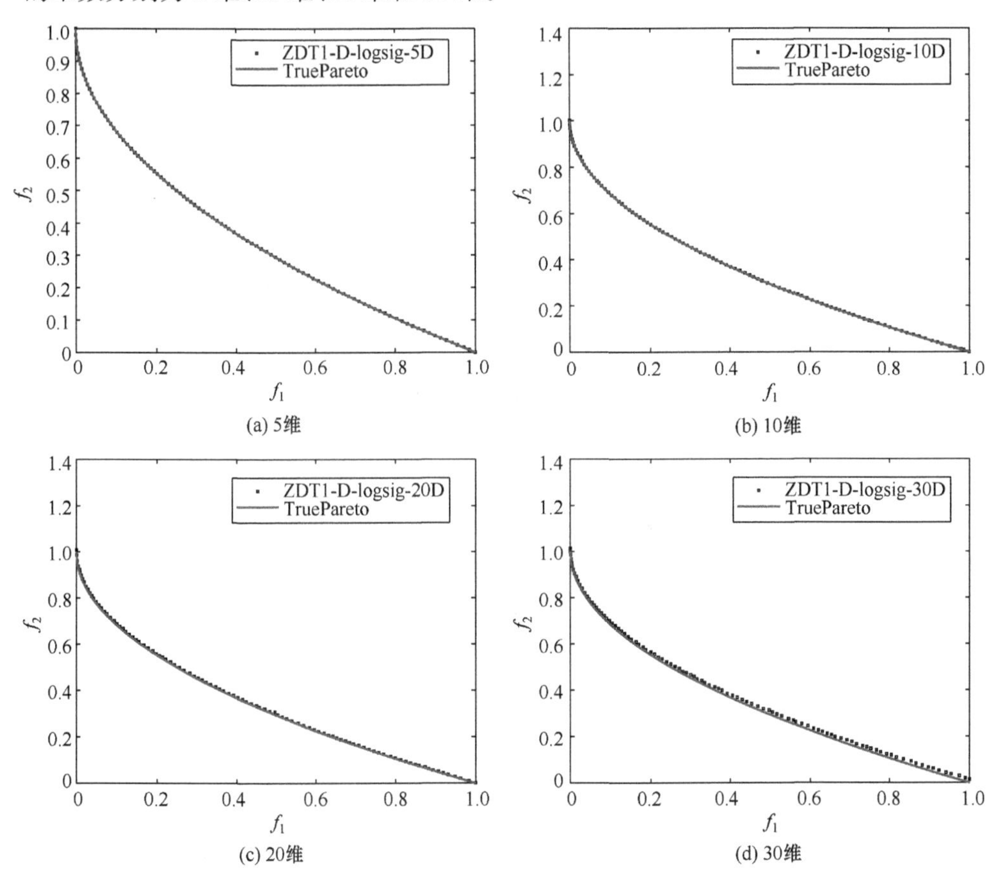

图 7.22　不同维数下的 ZDT1 仿真结果

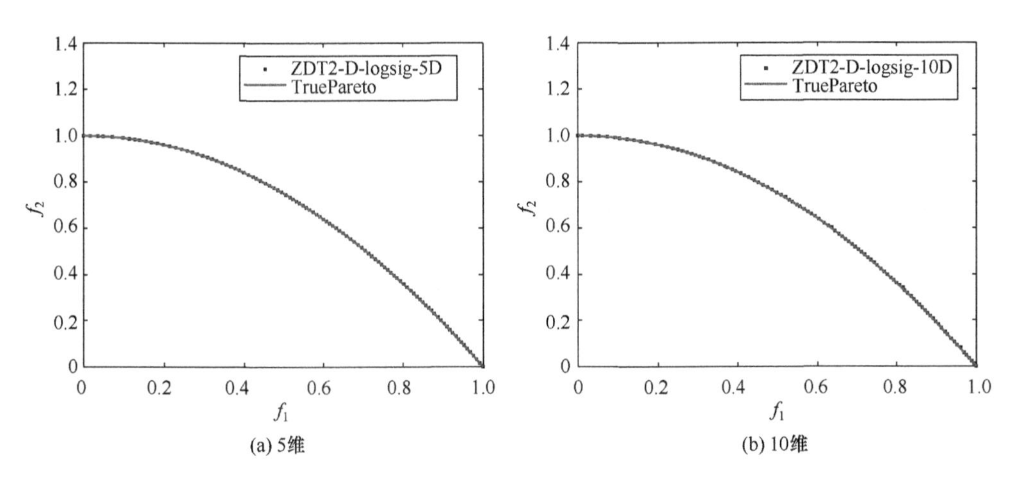

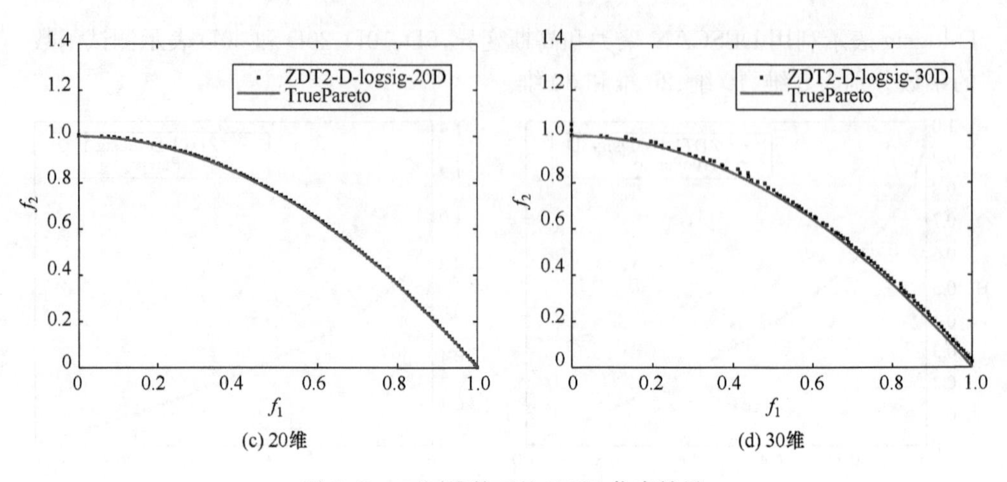

(c) 20维 (d) 30维

图 7.23 不同维数下的 ZDT2 仿真结果

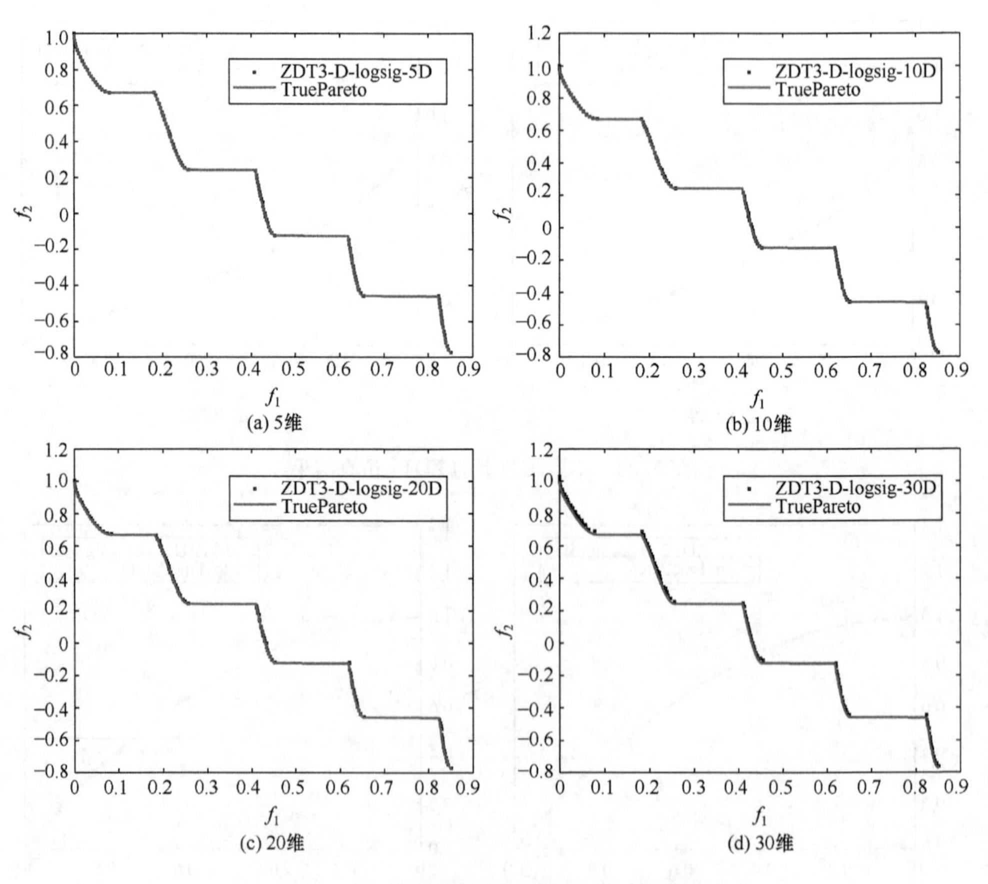

(a) 5维 (b) 10维

(c) 20维 (d) 30维

图 7.24 不同维数下的 ZDT3 仿真结果

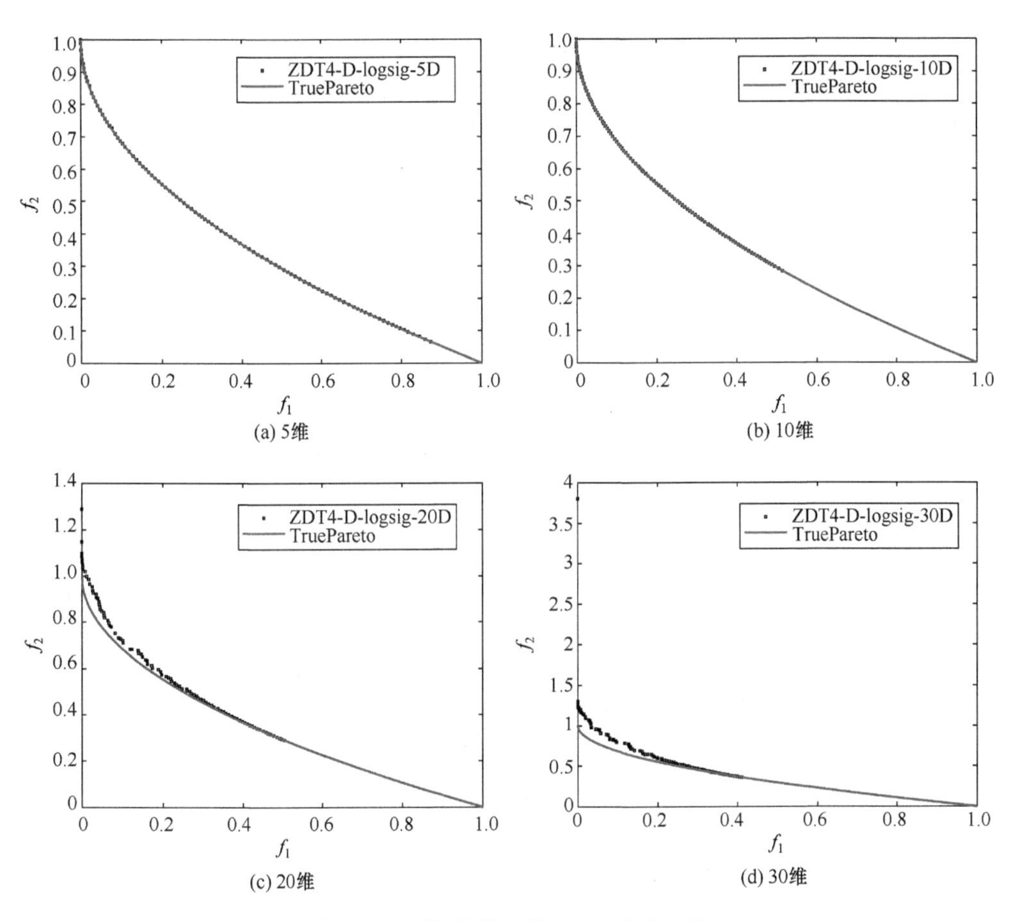

图 7.25　不同维数下的 ZDT4 仿真结果

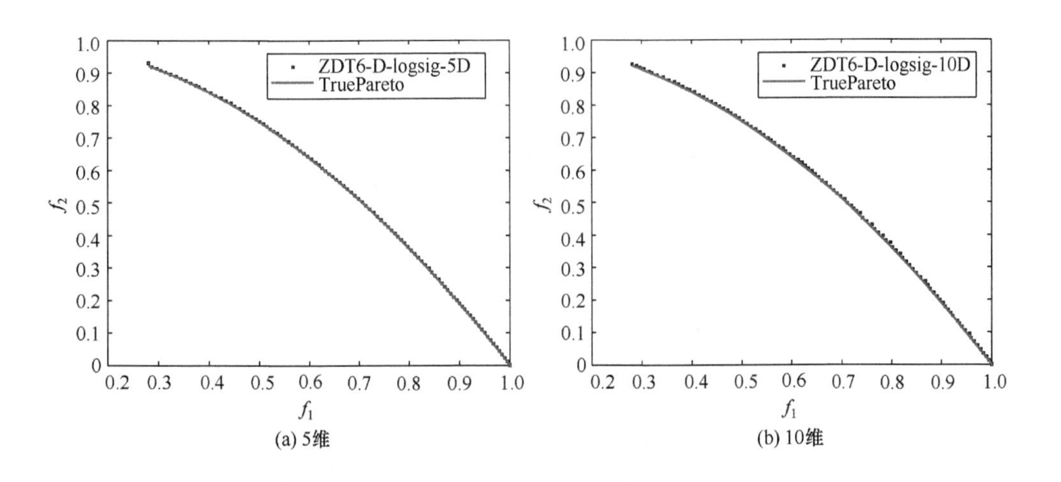

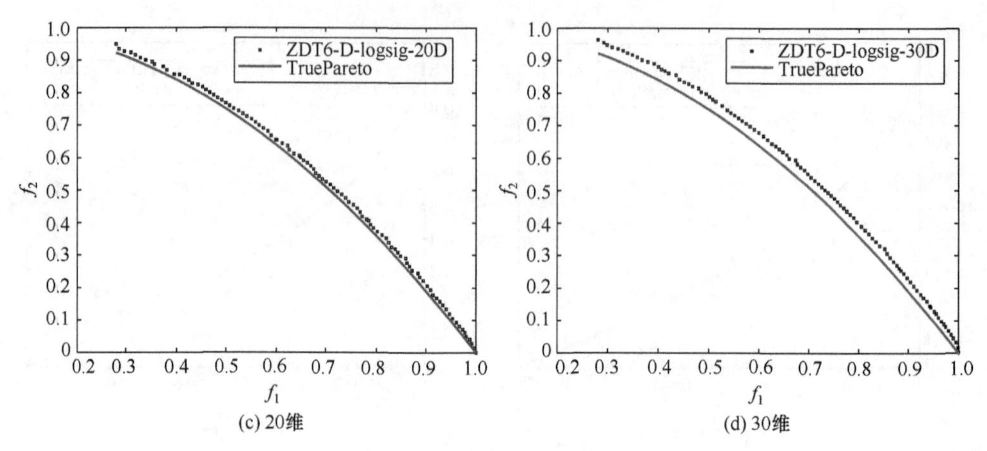

(c) 20维　　(d) 30维

图 7.26　不同维数下的 ZDT6 仿真结果

从表 7.4 以及图 7.22～图 7.26 可以看出，对于测试函数 ZDT1，无论是低维还是高维问题，DBSCAN 聚类得到的收敛性和多样性指标比 K-means 得到的指标小(除了 30 维中利用高斯变异时的收敛性最大值)；对于测试函数 ZDT2，DBSCAN 聚类得到的收敛性和多样性指标比 K-means 得到的指标小(除了利用高斯变异时的收敛性最大值以及 20 维时利用高斯变异的收敛性、多样性平均值和多样性最大值)；对于测试函数 ZDT3，DBSCAN 聚类得到的收敛性和多样性指标比 K-means 得到的指标小(除了利用高斯变异时 10 维、20 维和 30 维的多样性平均值以及 20 维、30 维时利用高斯变异的多样性最大值)；对于测试函数 ZDT4，利用 DBSCAN 聚类时，收敛性和多样性的最好值比利用 K-means 聚类时可以得到更好的结果，但是收敛性、多样性的平均值和最大值则不如 K-means 聚类；对于测试函数 ZDT6，DBSCAN 聚类和 K-means 聚类的结果相当，且对于高维问题，DBSCAN 聚类比 K-means 聚类能得到较好的结果，距离真实的 Pareto 前沿更近。

表 7.5 给出了利用 K-means 聚类和差分变异操作下多目标 BSO 算法基于目标空间的仿真结果。其中的黑体字是利用差分变异时比利用高斯变异得到的好的解。

表 7.5　基于目标空间的 K-means 聚类和差分变异的多目标 BSO 算法性能指标

维数	函数	最优值		平均值		最差值	
		γ	Δ	γ	Δ	γ	Δ
5	ZDT1	**0.0010**	0.1228	**0.0013**	0.1538	**0.0029**	0.3173
	ZDT2	**0.0008**	0.1207	**0.0010**	0.1535	0.0064	0.6218
	ZDT3	**0.0011**	**0.4169**	**0.0014**	0.4321	0.0030	0.5305
	ZDT4	**0.0011**	**0.1348**	0.0505	0.9534	**0.0030**	**0.5305**
	ZDT6	**0.0037**	0.5404	**0.0042**	**0.5550**	**0.0059**	**0.6146**

续表

维数	函数	最优值		平均值		最差值	
		γ	Δ	γ	Δ	γ	Δ
10	ZDT1	**0.0011**	**0.1211**	**0.0014**	**0.1467**	**0.0023**	**0.2334**
	ZDT2	**0.0007**	**0.1083**	**0.0009**	**0.1324**	**0.0011**	**0.1552**
	ZDT3	**0.0011**	**0.4188**	**0.0015**	**0.4362**	**0.0047**	0.5905
	ZDT4	**0.0013**	**0.1265**	0.1745	0.9567	0.9954	1.4786
	ZDT6	**0.0039**	**0.5367**	**0.0043**	**0.5557**	**0.0055**	**0.6032**
20	ZDT1	**0.0014**	**0.1323**	**0.0017**	**0.1499**	**0.0024**	**0.2477**
	ZDT2	**0.0007**	**0.1155**	**0.0010**	**0.1349**	**0.0013**	**0.1660**
	ZDT3	**0.0012**	**0.4190**	**0.0014**	**0.4309**	**0.0019**	**0.4665**
	ZDT4	**0.0016**	**0.1273**	**0.6646**	**0.7240**	4.0110	1.4826
	ZDT6	**0.0039**	**0.5479**	**0.0047**	**0.5596**	**0.0068**	**0.6285**
30	ZDT1	**0.0013**	**0.1210**	**0.0021**	**0.1704**	**0.0066**	0.5881
	ZDT2	**0.0008**	**0.1168**	**0.0011**	**0.1369**	**0.0017**	**0.1553**
	ZDT3	**0.0013**	**0.4208**	**0.0015**	**0.4317**	**0.0019**	**0.4649**
	ZDT4	**0.0025**	**0.1445**	**0.8133**	1.0738	**5.2316**	1.4854
	ZDT6	**0.0042**	0.5464	**0.0049**	**0.5669**	**0.0114**	**0.8514**

图 7.27～图 7.31 为仿真结果图，其中细实线为真实的 Pareto 前沿，黑点为仿真得到的结果，图中右上角的 ZDT1～ZDT6 分别表示表 7.5 的五个测试函数，K-DE 表示利用 K-means 聚类和差分变异，5D、10D、20D 和 30D 表示测试函数的维数分别为 5 维、10 维、20 维和 30 维。

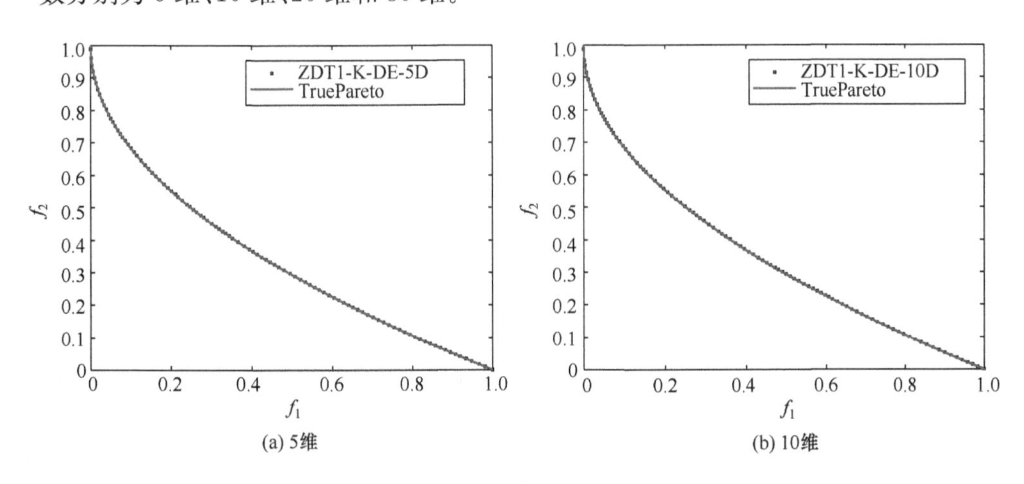

(a) 5维　　(b) 10维

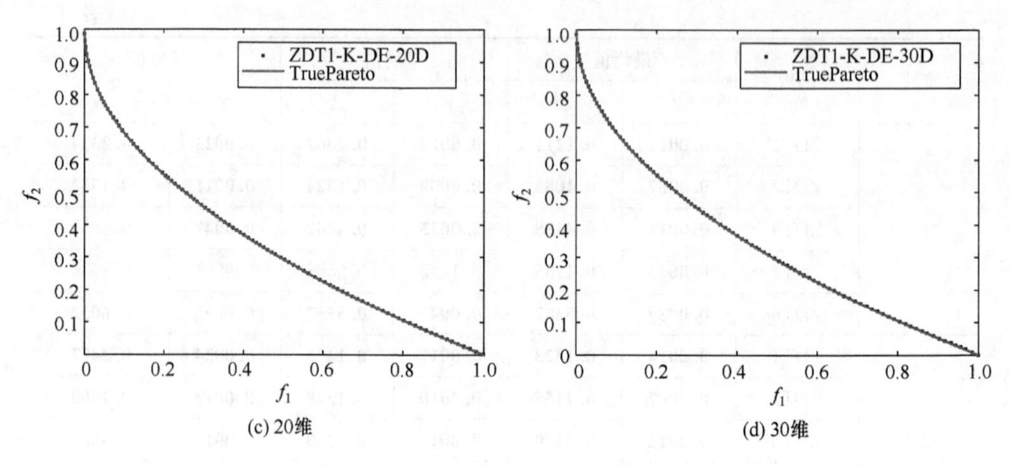

(c) 20维 (d) 30维

图 7.27 不同维数下的 ZDT1 仿真结果

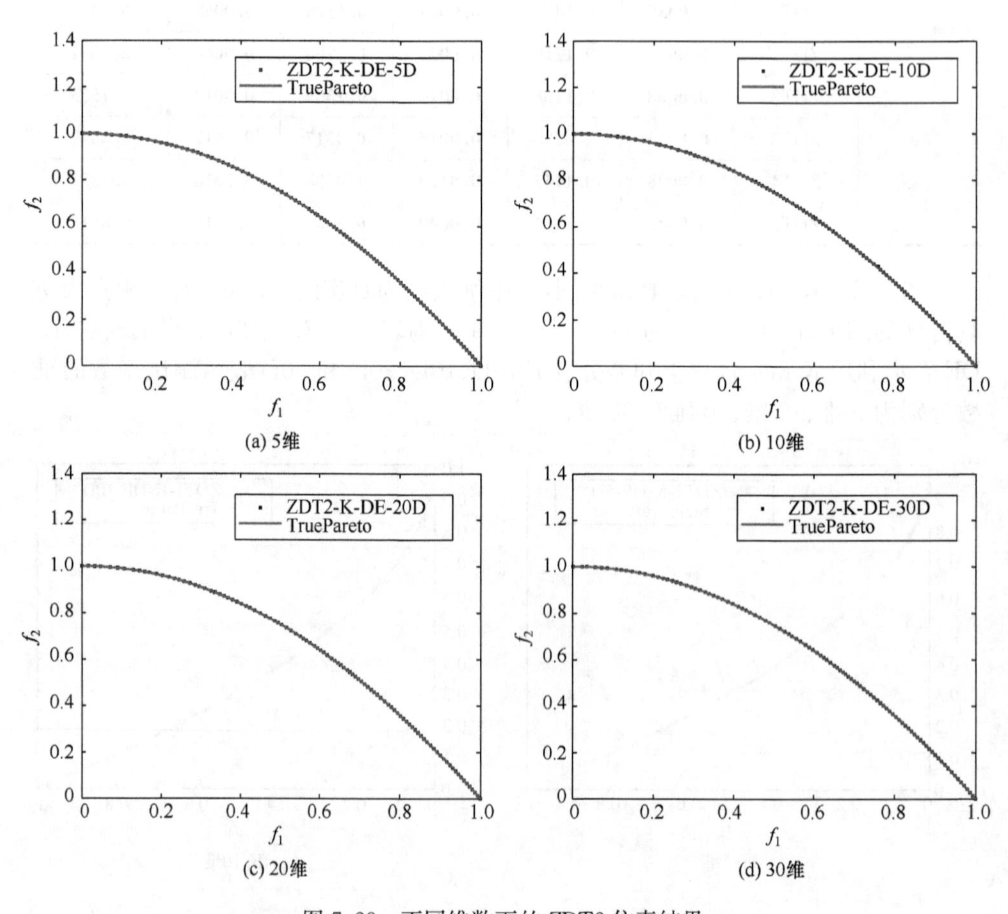

(a) 5维 (b) 10维

(c) 20维 (d) 30维

图 7.28 不同维数下的 ZDT2 仿真结果

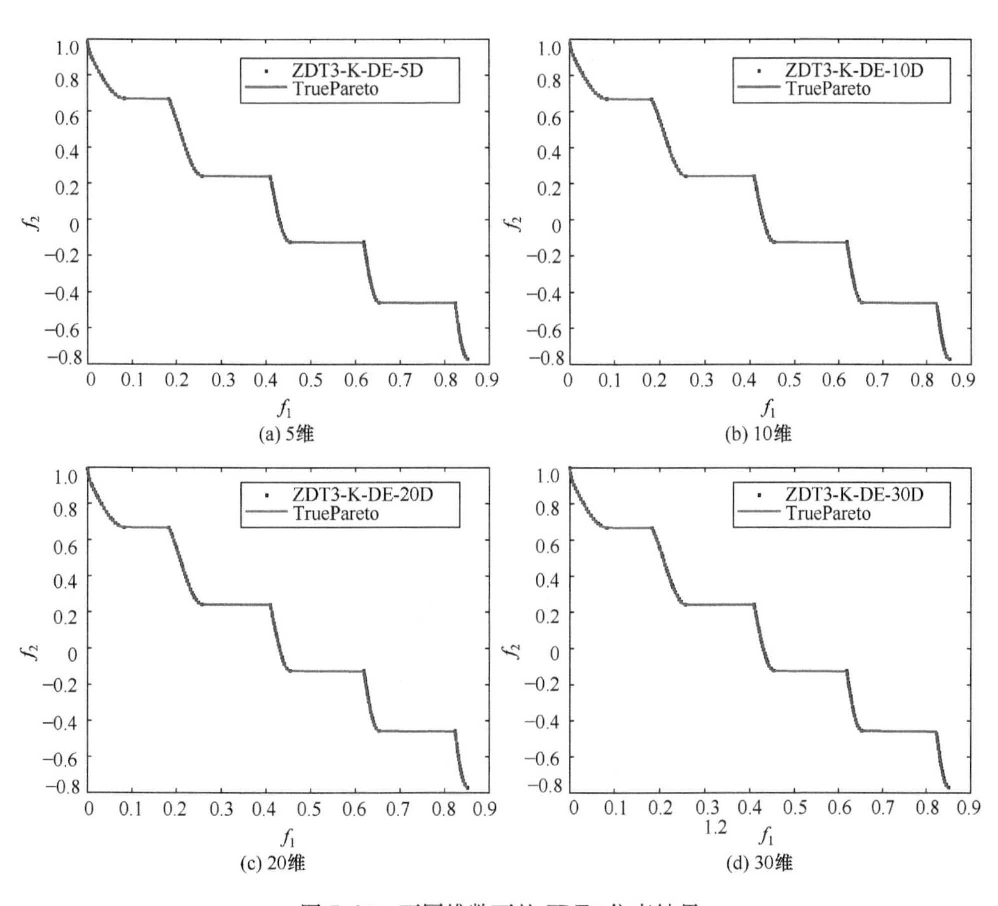

图 7.29　不同维数下的 ZDT3 仿真结果

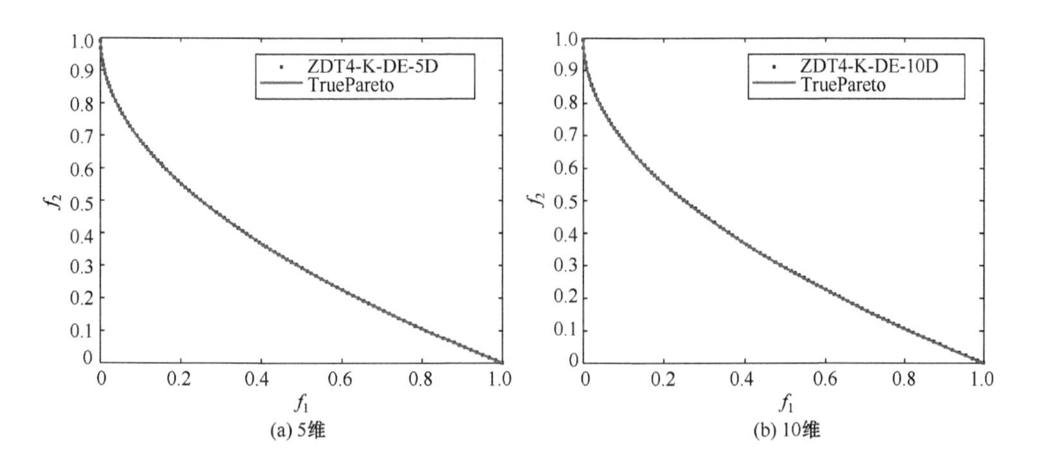

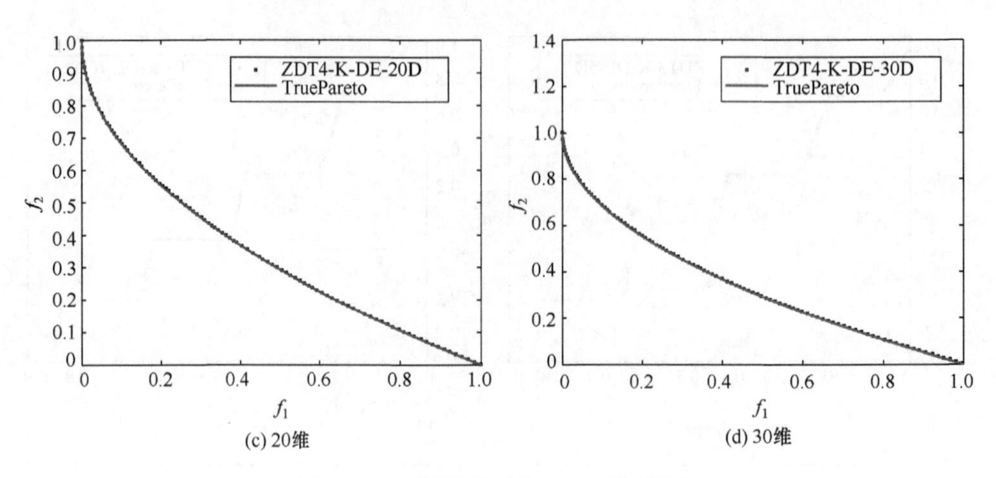

(c) 20维　　(d) 30维

图 7.30　不同维数下的 ZDT4 仿真结果

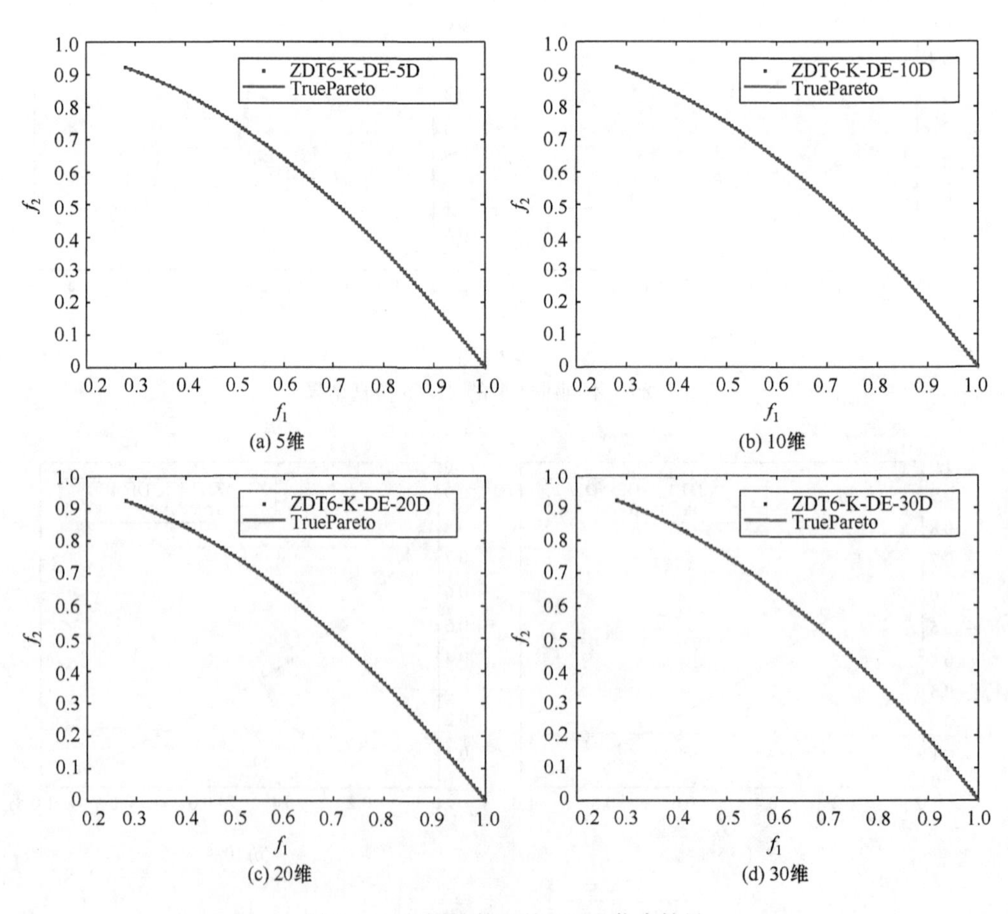

(a) 5维　　(b) 10维

(c) 20维　　(d) 30维

图 7.31　不同维数下的 ZDT6 仿真结果

从表7.5以及图7.27～图7.31可以看出，基于目标空间的差分变异多目标BSO算法利用K-means聚类时可以得到很好的性能，尤其是对于高维问题。对于5维，差分变异和高斯变异得到的解的收敛性和多样性相差不是很大(除了ZDT4和ZDT2的最差值)。但是对于高维情况，利用差分变异能够得到更好的解，五个测试函数都可以到达真实的Pareto前沿。

7.4　本章小结

本章首先对多目标优化问题的基本概念、评价指标以及目前处理多目标优化的基本算法进行了简单介绍；然后介绍了基于决策空间的多目标头脑风暴优化算法的基本原理、操作选择和实现过程；最后为了使得算法的计算复杂度降低，提出了基于目标空间聚类的多目标BSO算法，一方面从聚类方法上做了改进，而变异操作依然采用高斯变异，将原来的K-means聚类改为DBSCAN聚类，提出基于DBSCAN聚类的多目标BSO算法，通过对仿真结果的分析可以看出，基于DBSCAN聚类的多目标BSO算法得到的解的收敛性和多样性整体上优于基于K-means聚类的多目标BSO算法，得到了更好的结果，虽然对于ZDT4和ZDT6效果不明显，但是可以和利用K-means聚类达到相当的效果；另一方面从变异操作上进行改进，而聚类操作仍采用K-means聚类方法，将原来的基于目标空间聚类的多目标BSO算法中的高斯变异改为差分变异，提出基于差分变异的多目标BSO算法，通过仿真结果分析可以看出改进后的多目标BSO算法无论应用K-means聚类还是DBSCAN聚类都得到了较好的解，尤其是对于高维问题，解的优越性更加突出，利用差分变异比利用高斯变异能够达到更好的结果。

参考文献

[1] 王林，陈璨. 一种基于DE算法和NSGA-Ⅱ的多目标混合进化算法[J]. 运筹与管理，2010，19(6)：58-64.

[2] Deb K，Pratap A，Agarwal S，et al. A fast and elitist multiobjective genetic algorithm：NSGA-Ⅱ[J]. IEEE Transactions on Evolutionary Computation，2002，6(2)：182-197.

[3] Nebro A J，Durillo J J，Garcia-Nieto J，et al. SMPSO：A new pso-based metaheuristic for multi-objective optimization[C]. IEEE Symposium on Computational Intelligence in Multi-criteria Decision-Making，Nashville，2009.

[4] 鲍培明，朱庆保. 用于多目标进化的归一化排序非支配集构造方法[J]. 电子学报，2009，37(9)：2010-2015.

[5] Morse J N. Reducing the size of the non-dominated set：Pruning by clustering[J]. Computer & Operations Research，1980，7(1/2)：55-66.

[6] Shi Y H. Brain storm optimization algorithm[M]//Tan Y，Shi Y H，Chai Y，et al. Advances in Swarm Intelligence. Heidelberg：Springer，2011.

[7] Xue J Q, Wu Y L, Shi Y H, et al. Brain storm optimization algorithm for multi-objective optimization problems[J]. Lecture Notes in Computer Science, 2012, 7331(4): 513-519.
[8] Jain A K. Data clustering: 50 years beyond K-means[M]//Gunopulos D, Hofmann T, Malerba D, et al. Machine Learning and Knowledge Discovery in Databases. Heidelberg: Springer, 2008.
[9] Daszykowski M, Walczak B, Massart D L. Looking for natural patterns in data: Part 1. Density-based approach[J]. Chemometrics & Intelligent Laboratory Systems, 2001, 56(2): 83-92.

第8章　多目标头脑风暴优化算法在电力系统环境经济调度问题上的应用

众所周知,电力是能源工业的重要组成部分,是人类文明迅速发展的重要基础。在不可再生能源匮乏、可再生能源的研究尚未成熟的今天,电力在人类生活中起着不可替代的作用。在我国,电力工业是支撑国民经济发展的基础产业,随着近年来经济的快速发展,对电力的需求也日益上升。为了有效缓解电力需求的矛盾,国家已加快电力建设的步伐,不仅要缓解电力供应紧张的局面,也要对电力工业的合理分布作出调整。我国目前的发电方式仍以火力发电为主,火力发电具有技术成熟、成本低、对地理环境要求低等优点,但也存在污染大、效率低、可持续发展前景黯淡等问题。

近年来,电力行业的环境污染问题受到密切关注,很多国家制定了限制火电厂有害气体排放的法规。如何在保证可靠供电的前提下,以最低的成本和最少的污染使电力系统正常运行,这便是电力系统环境经济调度(environment economic dispatch,EED)问题。其主要目标是在保证满足用户用电负荷的前提下,优化地调度系统中各发电机组或发电厂的运行工况,合理地分配各机组负荷,在节约发电成本的同时还能降低能源消耗、减少环境污染,从而使系统发电需要的总费用或消耗的总燃料耗量达到最小[1]。

因此,本章主要研究头脑风暴优化算法在环境经济调度问题上的应用问题。首先介绍电力系统环境经济调度问题的数学模型,接着介绍该问题的研究现状,然后给出头脑风暴优化算法求解该问题的关键步骤,最后通过大量仿真实例验证方法的有效性。

8.1　电力系统环境经济调度问题的数学模型

如前所述,电力系统环境经济调度问题研究的是火电厂机组的负荷分配问题。与任一优化问题相似,电力系统环境经济调度问题的数学模型也是由两部分构成:目标函数和约束条件。

8.1.1　电力系统环境经济调度模型的目标函数

多目标电力系统环境经济调度问题以系统发电成本最小和污染排放最少为目

标，其目标函数的表达式为

$$\min\left[\sum_{i=1}^{N_G} F_i(P_{Gi}), \sum_{i=1}^{N_G} E_i(P_{Gi})\right] \tag{8.1}$$

式中，$\sum_{i=1}^{N_G} F_i(P_{Gi})$ 为发电燃料量函数，即成本函数；$\sum_{i=1}^{N_G} E_i(P_{Gi})$ 为发电污染气体排放函数；N_G为系统内发电机总数。

1. 发电燃料消耗函数

发电燃料消耗函数通常有两种版本，即一个二次函数[2]（如式(8.2)所示）和二次和正弦曲线（阀点效应）的组合函数[3,4]（如式(8.3)所示）。

$$F_i(P_{Gi}) = a_i + b_i P_{Gi} + c_i P_{Gi}^2 \tag{8.2}$$

$$F_i(P_{Gi}) = a_i + b_i P_{Gi} + c_i P_{Gi}^2 + \left| e_i \sin(f_i(P_i^{\min} - P_i)) \right| \tag{8.3}$$

式中，a_i、b_i、c_i 均为系统参数；$F_i(P_{Gi})$为第 i 台发电机的耗量特性。

2. 发电污染排放函数

发电污染排放函数为

$$E_i(P_{Gi}) = (\alpha_i + \beta_i P_{Gi} + \gamma_i P_{Gi}^2)/100 + \xi_i \exp(\lambda_i P_{Gi}) \tag{8.4}$$

式中，α_i、β_i、γ_i、ξ_i、λ_i 为系统参数；$E_i(P_{Gi})$为第 i 台发电机的排放特性。

8.1.2 电力系统环境经济调度模型的约束条件

电力系统环境经济调度问题的约束主要分为两类：等式约束和不等式约束。

不等式约束主要为发电机运行约束条件，即每台发电机的发电功率都应介于其最小输出功率与最大输出功率之间，具体表示为

$$P_{Gi}^{\min} \leqslant P_{Gi} \leqslant P_{Gi}^{\max} \tag{8.5}$$

式中，$P_{Gi}^{\min}$和 $P_{Gi}^{\max}$分别为第 i 台发电机的最小输出功率和最大输出功率；P_{Gi}为第 i 台发电机的输出功率。

等式约束主要为有功功率约束条件，即各机组发电功率之和应等于负载总的需求和网络损耗之和，具体表示为

$$\sum_{i=1}^{N_G} P_{Gi} = P_M + P_{loss} \tag{8.6}$$

式中，P_M 为系统总需求；P_{loss}为系统网络损耗。

采用 B 系数法计算，网损与发电机功率的关系为

$$P_{loss} = \sum_{i=1}^{N_G} \sum_{j=1}^{N_G} P_{Gi} B_{ij} P_{Gj} + \sum_{i=1}^{N_G} B_{oi} P_{Gi} + B_{oo} \tag{8.7}$$

式中，B_{ij}、B_{oi}和B_{oo}为B系数。

从上述的模型来看，电力系统环境经济调度问题显然是一个复杂的多目标优化问题。随着机组数量的增大，该问题呈现出维数高、非线性、多约束等特点，传统的基于数学规划的优化方法在求解该类问题时存在很大的局限性[5]。

8.2　电力系统环境经济调度问题的研究现状

电力系统环境经济调度问题的多约束、非线性等特点对求解算法提出了很高的要求。近年来，随着多目标优化算法的应用日益广泛，许多群体智能算法得到了广泛的应用，并成功应用于电力系统环境经济调度问题。

在遗传算法求解多目标环境经济调度问题方面，文献[6]采用小生境 Pareto 遗传算法(NSGA)，基于多样性保护技术，解决了过早收敛和搜索偏见问题，产生均匀分布的 Pareto 优化解集；文献[7]提出一种非劣排序遗传算法(niched Pareto genetic algorithm，NPGA)；文献[8]采用一种强度 Pareto 进化算法(strength Pareto evolutionary algorithm，SPEA)求解电力系统环境经济调度问题，并采取分级聚类保证非劣解集的多样性和均匀性，已成功应用于多目标环境经济优化问题；文献[9]则提出动态非劣排序遗传算法(NSGA-Ⅱ)求解动态经济负荷分配问题，这种方法需要先预测负载的需求，然后调整机组出力；文献[10]提出一种基于 ε-支配的多目标遗传算法，通过选择一个合适的 ε 值把非劣解归档到 Pareto 最优解集中来求解环境经济调度问题。

随着粒子群优化算法研究的逐步深入，很多学者也将其应用于电力系统的环境经济调度问题中。文献[11]提出了一种多目标粒子群(fuzzified multi-objective particle swarm optimization，FMOPSO)算法，用来求解电力系统多目标优化问题。文献[12]为了解决环境经济调度问题，其中粒子的全局最优和解的多样性采用拥挤距离来维持，每个粒子的最优解采用二元锦标赛的方式，从外部归档集中选取。文献[13]提出用一种多目标混合粒子群(multi-objective chaotic particle swarm optimization，MOCPSO)算法求解电力系统多目标问题，权值采用自适应和混合搜索机制；采用模糊化机制和小生境共享极值来选择粒子的全局最优位置，并加入一个扰动因子来加强种群的多样性。文献[14]提出了一种基于进化规划和粒子群优化的多目标混合进化(multi-objective evolutionary programming and particle swarm optimization，MOEPPSO)算法。文献[16]提出了一种全局粒子群优化(global particle swarm optimization，NGPSO)算法，该方法运用一个新的位置更新方程即全局最好的粒子来指导所有粒子的搜索活动，并且使用了均匀分布的随机化去扰动上代进化过程粒子的运动轨迹，有效地执行大量全局搜索，从而增加了探索解空间的机会，减少了陷入局部最优的概率，有效地解决了环境经济调度问题。将发电费用和污染排放两个互相制约的目标同时加以考虑，可解决具有多目标的经济调度问题。

此外，文献[3]运用多目标差分进化算法求解电力系统环境经济调度问题，并将其与Pareto差分进化、NSGA-Ⅱ和SPEA-Ⅱ进行比较，多目标差分进化算法能够有效地解决电力系统环境经济调度问题。文献[15]提出了一种准对立教学学习优化(quasi-oppositional teaching learning based optimization，QOTLBO)算法，该算法在解决电力系统环境经济调度问题时给出了更少的计算时间上相对更好的解。

综上所述，群智能优化算法由于其较强的搜索能力、隐含的并行特征，且可在单次迭代中得到多个解，在求解电力系统环境经济调度问题方面得到了广泛的应用。本章主要根据第7章对MOBSO算法求解多目标优化问题的研究仿真结果，将多目标头脑风暴优化的思想用于求解电力系统环境经济调度问题，为多目标优化问题提供新的解决思路。

8.3 基于多目标头脑风暴优化算法的环境经济调度问题求解

本节将多目标头脑风暴优化算法用于电力系统环境经济调度问题中，扩展头脑风暴优化算法的性能，为电力系统环境经济调度问题提供新的求解思路。

8.3.1 环境经济调度问题与多目标头脑风暴优化算法的映射关系

采用群智能优化算法求解实际应用问题时，关键要解决实际问题模型与算法模型之间的映射问题，即针对实际问题的算法编码和解码问题。对于环境经济调度问题，优化的目标是在满足众多约束条件的前提下，确定各机组的负荷分配，以使得目标函数达到满意的需求。因此，从问题本身而言，头脑风暴优化算法中的个体，对应于机组负荷分配的一组调度。但单个机组本身的负荷出力约束、负荷之间的平衡约束等，使获得可行调度的难度急剧增大，因此在编码和解码过程中，一方面需要考虑解的可行性，另一方面需要考虑编码的简单性。下面分别从编码和约束条件实现两部分出发，详细介绍采用头脑风暴优化算法求解环境经济调度问题的编码和解码的过程。

1. 编码方式

为方便起见，在多目标头脑风暴算法中，取各发电机的有功功率为决策变量，环境经济调度问题的个体编码可以写成以下方式：

$$\{x_i\}=\{P_{G1},P_{G2},\cdots,P_{GN_G}\} \tag{8.8}$$

式中，$P_{Gi}(i=1,2,\cdots,N_G)$采用十进制编码方式在满足约束的条件下随机产生；N_G为发电机组的个数。

进行如上的编码之后，可以看出电力系统环境经济调度问题的燃料消耗函数和排放量函数可视为多目标头脑风暴优化算法的两个目标函数。这样的编码方式为解码带来很大的方便，但缺陷是产生的解的可行概率非常小。因此，下一步就是可行解的产生过程，或者约束条件的实现过程。

2. 约束条件的实现

通过对环境经济调度问题的编码，将头脑风暴优化算法的解空间与环境经济调度问题的决策空间进行映射。但电力系统环境经济调度数学模型中存在一系列的复杂约束条件，因此在编码实现的过程中需要对不同的约束采用不一样的处理方式。

对于模型中的不等式约束，如式(8.5)所示的电力机组的负荷约束，其处理方法是直接限定控制变量的上限值和下限值，在此范围内随机产生个体，即

$$x_{i,d}=x_{i,d}^{\min}+\text{rand}\times(x_{i,d}^{\max}-x_{i,d}^{\min}) \tag{8.9}$$

式中，$x_{i,d}$、$x_{i,d}^{\max}$、$x_{i,d}^{\min}$分别为第i个个体的第d维控制变量及其上限值和下限值；rand为[0,1]的随机数。

而对于如式(8.6)所示的等式约束，由于网络损耗的情况不同，需要根据不同的情况进行处理。

1) 忽略网损

对于式(8.6)，在忽略网损P_{loss}的情况下(即$P_{\text{loss}}=0$)，相对比较简单，即在初始化过程中在满足不等式约束的条件下生成每个个体的前N_G-1维，根据$P_{GN_G}=P_M-P_{G1}-P_{G2}-P_{G3}-P_{G4}-\cdots-P_{GN_G-1}$计算出符合等式约束条件的每个个体的最后一维，若最后一维不满足最后发电机的发电功率的不等式约束条件，则对前N_G-1维中的某一维或二维进行调整，使得个体均满足不等式约束条件。

2) 考虑网损

当考虑网络损耗时，等式条件改变，因此进行如下处理。

首先将P_{loss}展开为

$$\begin{aligned}
P_{\text{loss}} &= \sum_{i=1}^{N_G}\sum_{j=1}^{N_G}P_{Gi}B_{ij}P_{Gj}+\sum_{i=1}^{N_G}B_{oi}P_{Gi}+B_{oo}\\
&= B_{11}P_{G1}^2+B_{12}P_{G1}P_{G2}+B_{13}P_{G1}P_{G3}+\cdots+B_{1N_G}P_{G1}P_{GN_G}\\
&\quad +B_{21}P_{G1}P_{G2}+B_{22}P_{G2}^2+B_{23}P_{G2}P_{G3}+\cdots+B_{2N_G}P_{G2}P_{GN_G}\\
&\quad +\cdots\\
&\quad +B_{N_G1}P_{G1}P_{GN_G}+B_{N_G2}P_{G2}P_{GN_G}+B_{N_G3}P_{G3}P_{GN_G}+\cdots+B_{N_GN_G}P_{GN_G}^2\\
&\quad +B_{o1}P_{G1}+B_{o2}P_{G2}+B_{o3}P_{G3}+\cdots+B_{oN_G}P_{GN_G}+B_{oo}\\
&= C_{\text{be}}+C_{\text{in}}P_{GN_G}+C_{\text{in2}}P_{GN_G}^2
\end{aligned} \tag{8.10}$$

式中

$$\begin{aligned}C_{be}=&B_{11}P_{G1}^2+B_{12}P_{G1}P_{G2}+\cdots+B_{1(N_G-1)}P_{G1}P_{G(N_G-1)}\\&+B_{21}P_{G1}P_{G2}+\cdots+B_{2(N_G-1)}P_{G2}P_{G(N_G-1)}\\&+\cdots+B_{(N_G-1)1}P_{G1}P_{G(N_G-1)}+\cdots+B_{(N_G-1)(N_G-1)}P_{G(N_G-1)}^2+B_{oo}\end{aligned}$$

$$\begin{aligned}C_{in}=&B_{1N_G}P_{G1}+B_{2N_G}P_{G2}+\cdots+B_{(N_G-1)N_G}P_{G(N_G-1)}+B_{N_G1}P_{G1}\\&+B_{N_G2}P_{G2}+\cdots+B_{N_G(N_G-1)}P_{G(N_G-1)}\\=&(B_{1N_G}+B_{N_G1})P_{G1}+(B_{2N_G}+B_{N_G2})P_{G2}+\cdots+(B_{(N_G-1)N_G}\\&+B_{N_G(N_G-1)})P_{G(N_G-1)}\end{aligned}$$

$$C_{in2}=B_{N_GN_G}$$

然后将 P_{loss} 代入有功功率平衡约束条件(等式约束条件):

$$P_{G1}+P_{G2}+P_{G3}+P_{G4}+P_{G5}+\cdots+P_{GN_G}=P_M+C_{be}+C_{in}P_{GN_G}+C_{in2}P_{GN_G}^2 \tag{8.11}$$

即

$$C_1P_{GN_G}^2+C_2P_{GN_G}+C_3=0 \tag{8.12}$$

式中

$$C_1=C_{in2},\quad C_2=C_{in}-1,\quad C_3=P_M+C_{be}-P_{G1}-P_{G2}-P_{G3}-P_{G4}-\cdots-P_{G(N_G-1)}$$

可见,初始化 P_{G1}、P_{G2}、P_{G3}、P_{G4}、…、$P_{G(N_G-1)}$ 后,通过式(8.10)可获得 P_{GN_G}。

通过上述过程,就可以产生满足约束条件的可行调度,即头脑风暴优化算法的可行解。

8.3.2 环境经济调度问题的多目标头脑风暴优化算法流程

通过上述头脑风暴优化算法和环境经济调度问题的映射关系,电力系统环境经济调度问题的求解就变为多目标头脑风暴优化算法的寻优问题。按照第 7 章多目标头脑风暴优化算法的基本流程,多目标头脑风暴优化算法实现环境经济调度问题的步骤如下。

(1) 定义种群规模、最大迭代次数、概率参数、外部归档集规模、聚类个数以及环境经济调度模型参数。

(2) 对于每一个个体,根据其范围初始化前 N_G-1 维。若忽略网损,则 $P_{GN_G}=P_M-P_{G1}-P_{G2}-P_{G3}-P_{G4}-\cdots-P_{GN_G-1}$;若考虑网损,则根据式(8.10)得到 P_{GN_G}。

(3) 判断 P_{GN_G} 是否满足发电机约束条件,若满足,则到步骤(4);若不满足,转步骤(2)。

(4) 初始化空的外部归档集 REP,初始化聚类中心。

(5) 将种群和 REP 进行组合,剔除劣解。再计算拥挤距离,更新 REP。

(6) 对当代种群进行聚类，得到精英类和普通类。

(7) 通过选择操作选出个体，对其进行变异，并根据保留机制得到新个体。

(8) 如果产生全部个体，则转步骤(9)；否则，转步骤(7)。

(9) 如果达到最大迭代次数，则输出 REP，并计算其适应度值；否则，转步骤(5)。

最终 REP 中的非劣解集就是若干组方案，每组方案均含 N_G 个机组的发电功率，其适应度值为燃料消耗量和污染排放量。

在头脑风暴优化算法中选择不同的变异操作和聚类操作，就可以生成不同的多目标头脑风暴优化算法。由于等式约束的存在，环境经济调度问题的可行域极小，复杂的聚类过程对算法性能的提高效果不是特别明显。因此，本章采用基本的多目标头脑风暴优化算法(MOBSO 算法)和基于差分变异的多目标头脑风暴优化算法(MDBSO 算法)对环境经济调度问题进行实现。

由第 7 章对 MOBSO 算法的分析可以看出，高斯变异的运算复杂度相对较高，因此本章采用计算量相对较小(仅有随机函数和四则混合运算)和搜索效率更高(随机值的产生是基于当代种群内其他个体而来的，能够得到种群内其他个体的信息)的差分变异来代替高斯变异，即多目标差分头脑风暴优化算法，从而有效地提高了算法的性能。

8.4　实例分析及仿真实现

本节将 MOBSO 算法和 MDBSO 算法用于两个典型的电力系统环境经济调度问题中，其中一个是 6 机组小规模的电力系统环境经济调度问题，另一个是 40 机组较大规模的环境经济调度问题。通过仿真分析并与其他同类算法进行比较，验证算法的有效性和正确性。

8.4.1　6 机组环境经济调度问题的仿真实现

1. 6 机组环境经济调度问题描述

这里以 IEEE-30 节点、6 机组电力系统环境经济调度问题为例[12]。IEEE-30 是一个标准的测试系统，系统接线图如图 8.1 所示。

图 8.1 中 1、2、5、8、11、13 为发电机节点，发电机总负荷 $P_M=2.834$MW，各发电机的耗量特性常数及有功功率容量约束见表 8.1。

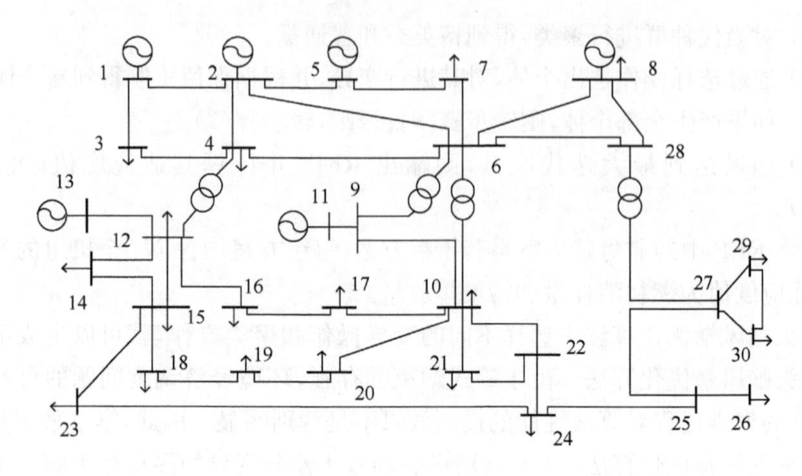

图 8.1　IEEE-30 系统

表 8.1　IEEE-30 系统参数

机组	容量		花费			网络损耗参数				
	$P_{Gi}^{\min}$	$P_{Gi}^{\max}$	a	b	c	α	β	γ	ξ	λ
1	0.05	0.5	10	200	100	4.091	−5.554	6.490	2.0e−4	2.857
2	0.05	0.6	10	150	120	2.543	−6.047	5.638	5.0e−4	3.333
3	0.05	1.0	20	180	40	4.258	−5.094	4.586	1.0e−6	8.000
4	0.05	1.2	10	100	60	5.526	−3.550	3.380	2.0e−3	2.000
5	0.05	1.0	20	180	40	4.258	−5.094	4.586	1.0e−6	8.000
6	0.05	0.6	10	150	100	6.131	−5.555	5.151	1.0e−5	6.667

计算网损的 B 系数如下：

$$B_{ij}=\begin{bmatrix} 0.0218 & 0.0107 & -0.00036 & -0.0011 & 0.00055 & 0.0033 \\ 0.0107 & 0.01704 & -0.0001 & -0.00179 & 0.00026 & 0.0028 \\ -0.0004 & -0.0002 & 0.02459 & -0.01328 & -0.0118 & -0.0079 \\ -0.0011 & -0.00179 & -0.01328 & 0.0265 & 0.0098 & 0.0045 \\ 0.0055 & 0.00026 & 0.0118 & 0.0098 & 0.0216 & -0.0001 \\ 0.0033 & 0.0028 & -0.00792 & 0.0045 & -0.00012 & 0.02978 \end{bmatrix}$$

$$B_{oi}=[0.010731\quad 1.7704\quad -4.0645\quad 3.8453\quad 1.3832\quad 5.5503]\times 10^{-3}$$

$$B_{oo}=0.0014$$

2. 算法参数设置

针对上述问题，分别考虑两种情况：情况 1 为忽略网损，情况 2 为考虑网损。

在 MOBSO 和 MDBSO 两种算法中，算法的相关参数设置为：聚类个数 $m=4$；概率 $P_1=0.2$；$P_{5a}=0.1$；$P_{6b}=0.8$；$P_{6biii}=0.4$；$P_{6c}=0.5$；种群规模为 100；最大迭代次数为 1000；外部归档集规模为 50。

3. 运行结果与分析

将 MOBSO 和 MDBSO 两种算法在相同的参数设置下分别运行 30 次，各得到一组 Pareto 前沿和一组方案。统计结果如表 8.2 所示。

表 8.2　MOBSO 和 MDBSO 算法在两种情况下得到的最少花费和最小排放

机组	情况 1				情况 2			
	MOBSO		MDBSO		MOBSO		MDBSO	
	最少花费/($/h)	最小排放/(t/h)	最少花费/($/h)	最小排放/(t/h)	最少花费/($/h)	最小排放/(t/h)	最少花费/($/h)	最小排放/(t/h)
1	0.1097	0.4061	0.1079	0.4054	0.1162	0.4095	0.1168	0.4089
2	0.2998	0.4591	0.3001	0.4579	0.3039	0.4624	0.3043	0.4642
3	0.5243	0.5379	0.5245	0.5380	0.6216	0.5425	0.6192	0.5427
4	1.0162	0.3830	1.0197	0.3834	0.9560	0.3883	0.9560	0.3889
5	0.5243	0.5379	0.5238	0.5386	0.4978	0.5426	0.4993	0.5415
6	0.3597	0.5100	0.3581	0.5106	0.3715	0.5138	0.3715	0.5130
C	600.1114	**638.2736**	600.1128	**638.1724**	608.0949	**643.8882**	608.0953	**643.8548**
E	0.2241	0.1962	0.2245	0.1962	0.2203	0.1962	0.2203	0.1962

表 8.2 给出了两种情况下的最小花费和最少排放的机组方案。在情况 1 即忽略网损下，MOBSO 算法所求的最小花费为 600.1114 $/h，对应的排放为 0.2241t/h；最少排放为 0.1962t/h，对应的花费为 638.2736 $/h。MDBSO 算法所求最小花费为 600.1128 $/h，对应的排放为 0.2245t/h；最少排放为 0.1962t/h，对应的花费为 638.1724 $/h。在最少排放 0.1962t/h 时，MDBSO 算法比 MOBSO 算法的花费少 0.1012。在情况 2 即考虑网损下，MOBSO 算法所求最小花费为 608.0949 $/h，对应的排放为 0.2203t/h；最少排放为 0.1962t/h，对应的花费 643.8882 $/h。MDBSO 算法所求的最小花费为 608.0953 $/h，对应的排放为 0.2203t/h；最少排放为 0.1962t/h，对应的花费 643.8548 $/h。在最少排放 0.1962t/h 时，MDBSO 算法比 MOBSO 算法的花费少 0.0334 $/h。总的来说，这种算法得到的解的结果类似。

为更清晰地表示两种算法所得非劣前沿的性能，图 8.2 和图 8.3 分别给出了两种情况下的 Pareto 前沿的对比图。

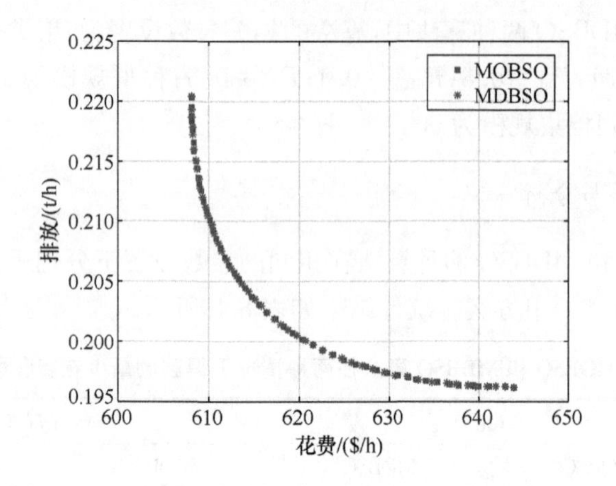

图 8.2　MOBSO 算法在情况 1 下得到的 Pareto 前沿

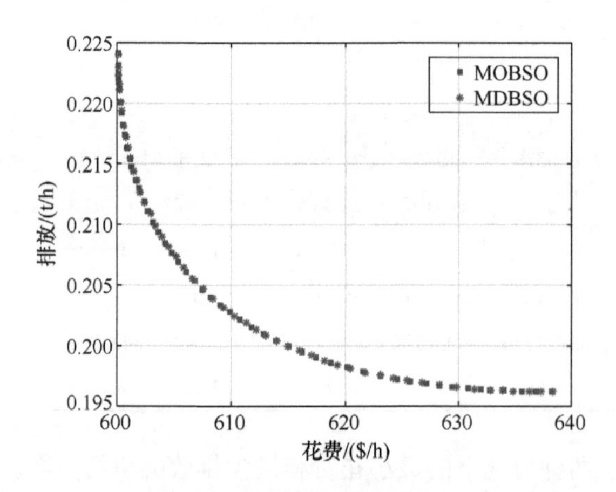

图 8.3　MOBSO 算法在情况 2 下得到的 Pareto 前沿

从图中可见，两种算法得到的非劣前沿均平滑且均匀，因此对于小规模的环境经济调度问题，MOBSO 算法和 MDBSO 算法均具有很好的性能。

8.4.2　40 机组的仿真实现

1. 40 机组的参数

为进一步测试 MOBSO 算法和 MDBSO 算法在求解大规模环境经济调度问题上的能力，下面以 40 机组电力系统环境经济调度问题[15]为例进行仿真分析。模型中发电机总负荷 P_M＝10500MW，各发电机的耗量特性常数及有功功率容量约束如表 8.3 所示。

表 8.3　40 机组系统参数(P_M=10500MW)

机组	容量/MW		花费					网络损耗参数				
	P_{Gi}^{min}	P_{Gi}^{max}	a	b	c	e	f	α	β	γ	ξ	λ
1	36	114	94.705	6.73	0.00690	100	0.084	60	2.22	0.0480	1.3100	0.05690
2	36	114	94.705	6.73	0.00690	100	0.084	60	2.22	0.0480	1.3100	0.05690
3	60	120	309.54	7.07	0.02028	100	0.084	100	2.36	0.0762	1.3100	0.05690
4	80	190	369.03	8.18	0.00942	150	0.063	120	3.14	0.0540	0.9142	0.04540
5	47	97	148.89	5.35	0.01140	120	0.077	50	1.89	0.0850	0.9936	0.04060
6	68	140	222.33	8.05	0.01142	100	0.084	80	3.08	0.0854	1.3100	0.05690
7	110	300	287.71	8.03	0.00357	200	0.042	100	3.06	0.0242	0.6550	0.02846
8	135	300	391.98	6.99	0.00492	200	0.042	130	2.32	0.0310	0.6550	0.02846
9	135	300	455.76	6.60	0.00573	200	0.042	150	2.11	0.0335	0.6550	0.02846
10	130	300	722.82	12.90	0.00605	200	0.042	280	4.34	0.4250	0.6550	0.02846
11	94	375	635.20	12.90	0.00515	200	0.042	220	4.34	0.0322	0.6550	0.02846
12	94	375	654.69	12.80	0.00569	200	0.042	225	4.28	0.0338	0.6550	0.02846
13	125	500	913.40	12.50	0.00421	300	0.035	300	4.18	0.0296	0.5035	0.02075
14	125	500	1760.40	8.84	0.00752	300	0.035	520	3.34	0.0512	0.5035	0.02075
15	125	500	1760.40	8.84	0.00752	300	0.035	510	3.55	0.0496	0.5035	0.02075
16	125	500	1760.40	8.84	0.00752	300	0.035	510	3.55	0.0496	0.5035	0.02075
17	220	500	647.85	7.97	0.00313	300	0.035	220	2.68	0.0151	0.5035	0.02075
18	220	500	649.69	7.95	0.00313	300	0.035	222	2.66	0.0151	0.5035	0.02075
19	242	550	647.83	7.97	0.00313	300	0.035	220	2.68	0.0151	0.5035	0.02075
20	242	550	647.81	7.97	0.00313	300	0.035	220	2.68	0.0151	0.5035	0.02075
21	254	550	785.96	6.63	0.00298	300	0.035	290	2.22	0.0145	0.5035	0.02075
22	254	550	785.96	6.63	0.00298	300	0.035	285	2.22	0.0145	0.5035	0.02075
23	254	550	794.53	6.66	0.00284	300	0.035	295	2.26	0.0138	0.5035	0.02075
24	254	550	794.53	6.66	0.00284	300	0.035	295	2.26	0.0138	0.5035	0.02075
25	254	550	801.32	7.10	0.00277	300	0.035	310	2.42	0.0132	0.5035	0.02075
26	254	550	801.32	7.10	0.00277	300	0.035	310	2.42	0.0132	0.5035	0.02075
27	10	150	1055.10	3.33	0.52124	120	0.077	360	1.11	1.8420	0.9936	0.04060
28	10	150	1055.10	3.33	0.52124	120	0.077	360	1.11	1.8420	0.9936	0.04060
29	10	150	1055.10	3.33	0.52124	120	0.077	360	1.11	1.8420	0.9936	0.04060
30	47	97	148.89	5.35	0.01140	120	0.077	50	1.89	0.0850	0.9936	0.04060
31	60	190	222.92	6.43	0.00160	150	0.063	80	2.08	0.0121	0.9142	0.04540

续表

机组	容量/MW		花费					网络损耗参数					
	P_{Gi}^{min}	P_{Gi}^{max}	a	b	c	e	f	α	β	γ	ξ	λ
32	60	190	222.92	6.43	0.00160	150	0.063	80	2.08	0.0121	0.9142	0.04540
33	60	190	222.92	6.43	0.00160	150	0.063	80	2.08	0.0121	0.9142	0.04540
34	90	200	107.87	8.95	0.00010	200	0.042	65	3.48	0.0012	0.6550	0.02846
35	90	200	116.58	8.62	0.00010	200	0.042	70	3.24	0.0012	0.6550	0.02846
36	90	200	116.58	8.62	0.00010	200	0.042	70	3.24	0.0012	0.6550	0.02846
37	25	110	307.45	5.88	0.01610	80	0.098	100	1.98	0.0950	1.4200	0.06770
38	25	110	307.45	5.88	0.01610	80	0.098	100	1.98	0.0950	1.4200	0.06770
39	25	110	307.45	5.88	0.01610	80	0.098	100	1.98	0.0950	1.4200	0.06770
40	242	550	647.83	7.97	0.00313	300	0.035	220	2.68	0.0151	0.5035	0.02075

2. 算法参数设置

针对上述问题，根据文献[15]提供的数据，仅考虑情况 1 即忽略网损时环境经济调度问题的解决方案。在 MOBSO 和 MDBSO 两种算法中，基本参数保持不变，即聚类个数 $m=4$，概率 $P_1=0.2$，$P_{5a}=0.1$，$P_{6b}=0.8$，$P_{6biii}=0.4$，$P_{6c}=0.5$。问题规模变大、复杂性程度提高，因此种群规模为 100，最大迭代次数为 2000，外部归档集规模为 50。

3. 运行结果与分析

在上述的参数设置下，同样将两种算法各运行 30 次，得到两种算法的机组负荷分配及相应的目标函数值。将本章算法与其他同类算法如 DE[13]、QOTLB[16]、NGPSO[15]等进行对比分析，统计结果如表 8.4 所示。

从表 8.4 可以看出，在情况 1 即忽略网损下 MOBSO 算法所求最少花费为 128192 $/h，最小排放为 66728t/h，与其他算法相比，MOBSO 算法的花费高于其他算法，但其排放量比其他算法小；MDBSO 算法所求最少花费为 124769.9 $/h，最小排放为 67073t/h，比 MOBSO 算法的花费少 3422.1 $/h，但高于其他算法的花费，其排放量比 MOBSO 算法的高 345t/h，但比其他算法的排放量小。排放量最少花费和最小排放的机组方案表中均有给出。

为进一步描述 MOBSO 算法和 MDBSO 算法得到非劣前沿的性能，得到 Pareto 前沿如图 8.4 所示。

表 8.4 MOBSO 和 MDBSO 在情况 1 得到的最少花费和最小排放的结果

机组	最少花费/($/h)					最小排放/(t/h)				
	DE[13]	QOTLB[16]	NGPSO[15]	MOBSO	MDBSO	DE[13]	QOTLB[16]	NGPSO[15]	MOBSO	MDBSO
1	110.9515	111.6943	113.9002	111.5880	114	114	113.9986	114	113.3017	113.1439
2	113.2997	111.2043	113.9998	113.4298	114	114	113.9992	114	113.3925	112.8639
3	98.6155	97.4031	97.5481	101.7868	120	120	119.9998	120	116.2153	119.8980
4	184.1487	179.7438	179.7520	178.9872	190	169.2933	169.3712	169.3484	158.5249	159.56
5	86.4013	88.2196	95.6378	96.9984	97	97	97	97	97	97
6	140	139.9918	140	116.5532	140	124.2828	124.2561	124.1729	117.0283	115.3849
7	300	259.6596	300	247.3875	300	299.4564	299.7114	299.8181	280.2479	282.2813
8	285.4556	284.5983	286.6903	271.1499	300	297.8554	297.914	297.9758	281.1038	282.2359
9	297.511	284.5977	285.1639	284.3492	300	297.1332	297.2581	297.2380	280.7346	278.3545
10	130	130	130.0001	241.2261	130.1519	130	130	130	274.1802	283.9430
11	168.7482	168.7987	94	197.6893	94.2604	298.598	298.4145	298.4433	284.6016	278.9372
12	95.695	168.7849	168.8099	239.8171	94.1738	297.7226	298.0278	298.0135	278.6342	284.7886
13	125	304.5206	125.0005	427.2237	125.2320	433.7471	433.56	433.5537	413.0323	417.7236
14	394.3545	304.5209	304.6332	262.3118	275.0783	421.9529	421.7308	421.6320	418.7121	409.4331
15	305.5234	394.2724	394.2920	315.2096	259.8757	422.628	422.7783	422.6132	412.3327	416.4750
16	394.7147	304.5265	394.2790	315.2096	268.4465	422.9508	422.7808	422.7987	411.5699	415.2889
17	489.7972	489.2933	489.4934	376.2917	500	439.2581	439.4144	439.5065	409.7044	410.8163
18	489.362	489.2806	489.3192	462.2019	500	439.4411	439.4038	439.4425	415.0427	409.7757
19	520.9024	511.2893	511.2770	487.9751	500	439.4908	439.4128	439.1695	413.7967	413.6346
20	510.6407	511.2812	511.2889	511.3478	500	439.6189	439.4082	439.4306	416.6158	403.1620

续表

机组	最少花费/($/h)					最小排放/(t/h)				
	DE[13]	QOTLB[16]	NGPSO[15]	MOBSO	MDBSO	DE[13]	QOTLB[16]	NGPSO[15]	MOBSO	MDBSO
21	524. 5336	523. 3225	523. 4588	500. 4566	550	439. 225	439. 446	439. 3667	409. 4766	408. 1791
22	526. 6981	523. 4356	523. 4957	528. 4929	550	439. 6821	439. 4469	439. 3784	415. 4258	418. 2022
23	530. 7467	523. 296	523. 3027	485. 6617	550	439. 8757	439. 768	439. 8234	411. 8350	419. 9189
24	526. 327	523. 3315	523. 3203	513. 9845	550	439. 8937	439. 7708	439. 8784	416. 8968	414. 4288
25	525. 6537	523. 2799	523. 3953	511. 9253	550	440. 4401	440. 1155	440. 1966	411. 9354	417. 4526
26	522. 9497	523. 2994	523. 3058	487. 63	550	439. 8408	440. 111	440. 2365	416. 6797	418. 5573
27	10	10. 0046	10. 0229	10	10. 4691	28. 7758	28. 9934	29. 0583	150	148. 9817
28	11. 5522	10. 0023	10. 0161	10. 0408	10. 2324	29. 0747	28. 9931	29. 0956	149. 9959	150
29	10	10. 0016	10	10. 1080	10. 5089	28. 9047	28. 9943	28. 9438	150	147. 3586
30	89. 9076	89. 744	97	96. 8799	97	97	97	97	97	97
31	190	189. 9818	189. 9992	190	190	172. 4036	172. 3331	172. 2440	156. 0781	154. 7028
32	190	189. 9994	189. 9997	178. 0976	190	172. 3956	172. 3324	172. 3120	156. 2930	159. 4606
33	190	189. 9852	190	189. 4756	190	172. 3144	172. 3304	172. 3681	158. 3650	157. 4675
34	198. 8403	165. 3627	196. 2840	199. 6372	200	200	199. 9996	200	200	200
35	174. 1783	165. 0289	199. 9995	199. 9992	200	200	199. 9989	200	200	200
36	197. 1598	164. 9701	200	199. 7006	200	200	199. 9998	200	200	199. 8619
37	110	109. 9968	110	107. 6810	110	100. 8765	100. 8369	100. 8271	92. 5565	95. 2246
38	109. 3565	109. 9988	110	103. 6549	110	100. 9	100. 8385	100. 9019	92. 8530	92. 2158
39	110	109. 9984	110	109. 9995	110	100. 7784	100. 8378	100. 8230	92. 8705	88. 2207
40	510. 9752	511. 2796	511. 3150	**435. 2591**	**549. 5710**	439. 1894	439. 4138	439. 3895	**415. 9671**	**408. 066**
C/E	121840	121428	121513. 48	**128192**	**124769. 9**	176680	176682. 5	176682. 52	**66728**	**67073**

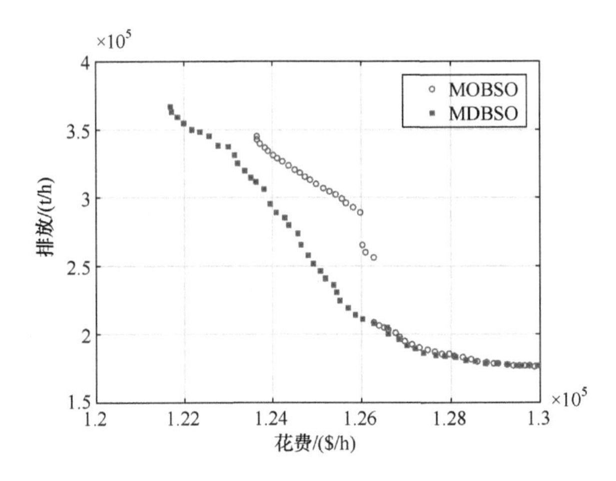

图 8.4　MOBSO 算法在情况 1 下得到的 Pareto 前沿

从图 8.4 可以看出，虽然 MOBSO 算法得到的 Pareto 前沿的均匀性和收敛性均比较好，但其扩展性较差，仅得到了部分 Pareto 前沿。而 MDBSO 算法得到的 Pareto 前沿具有较好的均匀性、收敛性和可扩展性。因此，当问题的规模变大时，MDBSO 算法比 MOBSO 算法有更显著的优势，能够很好地解决电力系统环境经济调度问题。

8.5　本章小结

本章将 MOBSO 算法和 MDBSO 算法用于解决电力系统环境经济调度问题。首先介绍了电力系统环境经济调度的问题，对其进行建模；然后在 MOBSO 算法步骤的基础上，对其进行差分变异即 MDBSO 算法，考虑环境经济调度模型的约束条件，分为忽略网损和考虑网损两种情况，并实现其算法步骤；最后对其进行仿真实现与结果分析，证实了 MDBSO 算法能够很好地解决电力系统环境经济调度问题。

参考文献

[1] 赵波. 群集智能计算和多智能体技术及其在电力系统优化运行中的应用研究[D]. 杭州：浙江大学，2005.

[2] Pérez-Guerrero R E, Cedeno-Maldonado J R. Differential evolution based economic environmental power dispatch [C]. Proceedings of the 37th Annual North American Power Symposium, Ames, 2005.

[3] Basu M. Economic environmental dispatch using multi-objective differential evolution[J]. Applied Soft Computing Journal,2011,11(2):2845-2853.

[4] Walters D C,Sheblé G B. Genetic algorithm solution of economic dispatch with valve point loading[J]. IEEE Transactions on Power Systems,1993,8(3):1325-1332.

[5] Lin W M,Cheng F S,Tsay M T. Nonconvex economic dispatch by integrated artificial intelligence[J]. IEEE Transactions on Power Systems,2001,16(2):307-311.

[6] Abido M A. A novel multiobjective evolutionary algorithm for environmental/economic power dispatch[J]. Electric Power Systems Research,2003,65(1):71-81.

[7] Abido M A. A niched pareto genetic algorithm for multiobjective environmental/economic dispatch[J]. International Journal of Electrical Power & Energy Systems, 2003, 25(2): 97-105.

[8] Abido M A. Multiobjective evolutionary algorithms for electric power dispatch problem[J]. IEEE Transactions on Evolutionary Computation,2006,10(3):315-329.

[9] Basu M. Dynamic economic emission dispatch using nondominated sorting genetic algorithm-Ⅱ[J]. International Journal of Electrical Power & Energy Systems,2008,30(2):140-149.

[10] Osman M S, Abo-Sinna M A, Mousa A A. An ε-dominance-based multiobjective genetic algorithm for economic emission load dispatch optimization problem[J]. Electric Power Systems Research,2009,79(11):1561-1567.

[11] Wang L F,Singh C. Environmental/economic power dispatch using a fuzzified multi-objective particle swarm optimization algorithm[J]. Electric Power Systems Research, 2007, 77(12): 1654-1664.

[12] Gong D W,Zhang Y,Qi C L. Environmental/economic power dispatch using a hybrid multi-objective optimizationalgorithm[J]. International Journal of Electrical Power & Energy Systems,2010,32(6):607-614.

[13] Cai J J,Ma X Q,Li Q,et al. A multi-objective chaotic particle swarm optimization for environmental/economic dispatch [J]. Energy Conversion & Management, 2009, 50(5): 1318-1325.

[14] 叶彬,张鹏翔,赵波,等. 多目标混合进化算法及其在经济调度中的应用[J]. 电力系统及其自动化学报,2007,19(2):66-72.

[15] Roy P K,Bhui S. Multi-objective quasi-oppositional teaching learning based optimization for economic emission load dispatch problem[J]. International Journal of Electrical Power & Energy Systems,2013,53(4):937-948.

[16] Zou D X,Li S,Li Z Y,et al. A new global particle swarm optimization for the economic emission dispatch with or without transmission losses[J]. Energy Conversion & Management,2017,139:45-70.

第9章 头脑风暴优化算法在火电厂供热调度问题上的应用

我国火力发电总装机容量已超过70%，火力发电量约占80%，95%的火力发电采用燃煤发电[1]。为了降低火电厂煤耗、提高资源合理充分应用、节约成本、推动火电厂节能减排和缓解燃料供应，火电厂应大力采用高参数大容量机组，积极发展热电联产技术。火电厂采用热电联产技术，可以通过降低能源消耗来改善空气质量、节约城市用地、提高供热质量、减少安全事故。而采用热电联产技术就需对机组的供电供热调度进行优化，否则不仅会影响火电厂的电力有序调配，也会影响各机组运行的热经济性。

近年来，大多数研究侧重于火电厂的电负荷经济调度问题[2-5]，而对满足电负荷经济调度条件下的供热负荷经济调度研究较少。热电联供的调度数学模型和优化算法的选取对火电厂的经济调度有重要的影响。通常，供热调度模型的目标函数为供热和发电成本，但是考虑火电厂的实际供热需求，其模型的约束条件不同。孙科[6]针对热电联产机组的供热负荷经济调度问题，以某火电厂300MW汽轮机组为例，在定电条件下对热负荷实施优化调度，降低了火电厂的煤耗，同时改善和提高了机组的热经济性。

因此，本章主要研究头脑风暴优化算法在火电厂供热调度问题上的应用问题。首先介绍火电厂供热调度问题的数学模型，以及该问题的研究现状，然后给出头脑风暴优化算法求解该问题的关键步骤，最后通过大量仿真实例验证该方法的有效性。

9.1 火电厂供热调度问题的数学模型

相对于传统的发电机组，火电厂热电联供机组存在热、电两种品质不等价又相互关联的能量类型。热电联供机组不但要满足电力系统的负荷分配，同时还存在不同压力下的蒸汽热负荷的分配问题。与传统的电力系统调度问题相比，热电机组的负荷调度模型会产生更多的决策变量，热电负荷的耦合也将导致变量直接的约束加强，为此本节通过采集电厂实际运行的数据得到锅炉的能耗特性，建立火电厂供热调度模型。

9.1.1 火电厂供热调度模型的目标函数

火电厂供热调度模型的目标函数为

$$\min C_{\mathrm{p}}+\sum_{i=1}^{3}\sum_{j=1}^{m}C_{ji}(H_{ji})+\sum_{i=1}^{3}\sum_{k=1}^{m}C_{ki}(H_{ki}) \tag{9.1}$$

式中，i 代表不同的压力阶段，$i=1$ 代表高压，$i=2$ 代表中压，$i=3$ 代表低压；m 和 n 分别为热电联供机组和纯供热机组的机组数目；C_{p} 为传统发电机组的电力生产花费，$C_{ji}(H_{ji})$为第 j 台热电联供机组在第 i 组压力的供热生产花费；$C_{ki}(H_{ki})$为第 k 台纯供热机组在第 i 组压力的供热生产花费；H_{ji} 为第 j 台热电联供机组在第 i 组压力的热量生产输出；H_{ki} 为第 k 台纯供热机组在第 i 组压力的热量生产输出。

供热燃料成本一般为

$$C_j(H_{ji})=\left[a_j\left(\sum_{i=1}^{3}H_{ji}\right)^2+b_j\left(\sum_{i=1}^{3}H_{ji}\right)+c_jP_j\left(\sum_{i=1}^{3}H_{ji}\right)+d_j\right]\times C,\quad j=1,2,\cdots,m \tag{9.2}$$

$$C_k(H_{ki})=\left[e_k\left(\sum_{i=1}^{3}H_{ki}\right)^2+f_k\left(\sum_{i=1}^{3}H_{ki}\right)+g_k\right]\times C,\quad k=1,2,\cdots,n \tag{9.3}$$

式中，a_j、b_j、c_j、d_j、e_k、f_k、g_k 为系数；P_j 为第 j 台热电联供机组的电力输出，这里假设电力输出已知；C 为燃煤价格。

9.1.2　火电厂供热调度模型的约束条件

1. 等式约束条件

不同压力下的供热生产与需求平衡约束为

$$\sum_{j=1}^{m}H_{ji}+\sum_{k=1}^{n}H_{ki}=H_{\mathrm{d}i},\quad i=1,2,3 \tag{9.4}$$

式中，$H_{\mathrm{d}i}$为机组在第 i 组压力阶段的蒸汽需求(即用户的供热需求)。

2. 不等式约束条件

热电联供机组的热量生产约束为

$$H_{ji}^{\min}\leqslant H_{ji}\leqslant H_{ji}^{\max},\quad j=1,2,\cdots,m \tag{9.5}$$

式中，$H_{ji}^{\min}$、$H_{ji}^{\max}$分别为第 j 台热电联供机组在第 i 组压力的热量生产最小和最大约束。

纯供热机组的热量生产约束为

$$H_{ki}^{\min}\leqslant H_{ki}\leqslant H_{ki}^{\max},\quad k=1,2,\cdots,n \tag{9.6}$$

式中，$H_{ki}^{\min}$、$H_{ki}^{\max}$分别为第 k 台纯供热机组在第 i 组压力的热量生产最小和最大约束。

热电联供机组应在满足电厂供电的情况下才能供热，同时热和电的总负荷不能超出机组总的产出负荷：

$$H_j^{\min} \leqslant \sum_{i=1}^{3} H_{ji} \leqslant H_j^{\max}, \quad j = 1,2,\cdots,m \tag{9.7}$$

$$P_j \leqslant P_j + \sum_{i=1}^{3} H_{ji} \leqslant P_j^{\max} + H_j^{\max}, \quad j = 1,2,\cdots,m \tag{9.8}$$

式中，$P_j^{\max}$ 为第 j 台热电联供机组的电力输出最大值，本书假设已知。

9.2　火电厂供热调度问题的研究现状

在火电厂供热调度问题中，考虑火电厂的实际供热需求，相应模型的约束条件不同。文献[7]～文献[10]给出了考虑不同约束条件和目标的调度模型。

在优化调度模型后，对于不同的问题和约束条件，采用合理有效的优化算法对解决问题具有十分重要的意义。第 2 章介绍的头脑风暴优化算法采用独特的收敛和发散操作，具有良好的性能，已成功地解决各类现实问题。Ramanand 等利用头脑风暴优化算法与教学学习算法相结合的方法解决了动态经济调度问题[11]。Jadhav 等提出了基于头脑风暴优化算法的风力发电经济符合分配优化方法，并通过六组测试函数与实际机组的仿真实验证明了该算法寻优能力的优越性[12]。Arsuaga-Rios 等利用头脑风暴优化算法解决了电网调度中的运行时间和花费成本多目标问题[13]。Zhang 等利用归一化头脑风暴优化算法对电力电子电路进行设计优化，通过与其他群智能优化算法进行对比证明了所提算法的正确性[14]。Lenin 等利用头脑风暴优化算法解决了多目标最优无功调度问题，通过对标准 IEEE-30 总线系统进行测试，验证了使用头脑风暴优化算法解决此类问题可以有效地降低功率损耗及提高电压稳定性[15]。Duan 等应用头脑风暴优化算法解决了直流无刷电机的效率问题[16]。Sun 等应用头脑风暴优化算法成功进行了最优卫星编队重构[17]。杨玉婷利用头脑风暴优化算法对视频的非接触式运动定量分析方法进行研究[18]等。

本章在电力负荷分配给定的情况下，根据不同供热蒸汽用户的不同需求和压力约束的不同需求，通过火电厂实际运行的数据，采用二项式拟合方法建立了供热调度数学模型；针对模型的非线性和复杂约束，采用头脑风暴优化算法进行求解，并以某火电厂四台 350MW 和四台 660MW 热电联产机组为例，得到供热调度的负荷分配方案;通过与不同智能优化算法得出的分配方案进行对比分析,结果表明头脑风暴优化算法能够节约火电厂燃料。

9.3 基于头脑风暴优化算法的火电厂供热调度问题求解

本节将头脑风暴优化算法用于火电厂供热调度问题,为火电厂供热调度问题提供了新的求解思路。首先给出调度问题和头脑风暴优化算法中决策变量与目标函数之间的映射关系,然后给出调度问题的求解算法,最后采用仿真实例验证算法的有效性。

9.3.1 火电厂供热调度问题与头脑风暴优化算法的映射关系

对于火电厂供热调度问题,优化的目标是在满足众多约束条件的前提下,确定各机组的负荷分配,以使得目标函数达到满意的需求。就问题本身而言,头脑风暴优化算法中的个体对应于机组负荷分配的一组调度。但单个机组本身的负荷出力约束、负荷之间的平衡约束等,导致获得可行调度的难度急剧增大,因此在编码和解码过程中,一方面需要考虑解的可行性,另一方面需要考虑编码的简单性。下面分别从编码和约束条件实现两部分出发,详细介绍采用头脑风暴优化算法求解火电厂供热调度的编码和解码的过程。

1. 编码方式

在利用头脑风暴优化算法解决火电厂供热负荷分配问题中,首先取锅炉在不同压力下的蒸汽抽气量为决策变量,每个决策变量的值代表锅炉在某种压力下的分配量,粒子的维数就是机组(锅炉)与不同压力个数的总积,即维数=锅炉数×压力数。

然后设计如式(9.9)所示的编码方式:

$$\{x_N\}=\{P_{ji},P_{ki}\},\quad j=1,2,\cdots,m;k=1,2,\cdots,n \tag{9.9}$$

式中,N 为种群个数;P_{ji} 和 P_{ki} 采用十进制编码方式,在满足约束条件下随机产生,火电厂供热负荷分配燃料成本函数作为适应度函数。

2. 约束条件的实现

群智能算法的本质是解决无约束优化问题,考虑到火电厂供热调度数学模型中存在一系列的复杂约束条件,头脑风暴优化算法应用于火电厂供热调度的优化求解时需要对约束条件进行处理[19,20]。

1) 不等式约束的处理

(1) 对容量约束(9.5)和(9.6)的处理方法是直接限定控制变量的上限值和下

限值，在此范围内随机产生个体，即

$$x(i,j)=a_1(j)+\mathrm{rand}(0,1)(b_1(j)-a_1(j)),\quad i=1,2,\cdots,N;j=1,2,\cdots,D \tag{9.10}$$

式中，$a_1(j)$和$b_1(j)$分别为锅炉蒸汽流量的最小和最大限制；rand(0,1)是在[0,1]区间的随机数。

(2) 对于不等式约束(9.7)和(9.8)，采用惩罚函数法，即首先将所有的不等式约束化为$g_j(X)\leqslant 0$的形式，其中$X=(H_{ji},H_{ki})$，然后利用式(9.11)计算惩罚：

$$P(X)=\sum_{j=1}^{m} r_j\ (\max(0,g_j(X)))^2 \tag{9.11}$$

其中，r_j为第j台机组的罚因子，规定其取正值。

此时，目标函数将变为

$$\min C_{\mathrm{p}}+\sum_{i=1}^{3}\sum_{j=1}^{m}C_{ji}(H_{ji})+\sum_{i=1}^{3}\sum_{k=1}^{n}C_{ki}(H_{ki})+P(X) \tag{9.12}$$

基于惩罚函数的方法，即在计算过程中将不符合约束的解通过增加惩罚使约束优化问题转化为无约束优化问题，从而利用无约束优化的方法进行求解计算。

2) 等式约束的处理

系统模型中等式约束有三个，对于三个不同压力下的等式约束(9.4)，采用的方法是：分别在满足容量约束的条件下生成每个个体的前$M-1$维，根据式(9.12)计算出符合等式约束条件的每个个体最后一维的信息量，若最后一维的信息量不满足容量约束的条件，则对前$M-1$维中的某一维或二维信息量进行调整，使得所有的信息量均满足容量约束条件。通过上述的过程，就可以产生满足约束条件的可行调度，即头脑风暴优化算法的可行解。

9.3.2　火电厂供热调度问题的头脑风暴优化算法流程

通过上述头脑风暴优化算法与火电厂供热调度问题的映射关系的分析和对于约束条件的实现解决火电厂供热调度问题，具体实现步骤如下。

(1) 根据处理式(9.5)和式(9.6)的方法随机产生N个初始种群，设置迭代次数G。

(2) 对初始种群进行聚类操作。

(3) 根据式(9.12)对每个个体进行适应度值评价，找出每个类中最好的个体作为聚类中心。

(4) 产生新个体，根据式(9.12)对新个体进行评价，并更新个体。

(5) 如果N个新个体都产生，则转到步骤(6)；否则，转到步骤(4)。

(6) 设置$G=G+1$，如果达到最大迭代次数，则结束；否则，转到步骤(2)。

上述算法过程中，产生新个体时的随机值是根据高斯随机值产生的，与式(2.1)表示相同。

9.4 实例分析及仿真实现

9.4.1 模拟系统算例的系统参数

本节以某火电厂四台350MW和四台660MW热电联产机组为例实现供热调度的优化分配，不包含传统发电机组和纯供热机组。其中，供热分为三部分，即高压(high pressure，HP)、中压(intermediate pressure，IP)和低压(low pressure，LP)供热。由电厂的实际运行数据采用二项式拟合的方法得到优化目标函数的相应系数为

$$A=[-0.0002485742084,-0.0002341376248,-0.0002079407746,\\ -0.0002295713815,-0.0002300576224,-0.0002271843372,\\ -0.0001940186682,-0.0001961395324]^{\mathrm{T}}$$

$$B=[3.7888666971617,3.7364884933015,3.8585762292390,3.8368927508158,\\ 3.9608566287333,3.9536588280464,3.9149646907297,3.9043196148906]^{\mathrm{T}}$$

$$C=[-0.0004971484168,-0.0004682752496,-0.0004158815492,\\ -0.0004591427630,-0.0004601152448,-0.0004543686744,\\ -0.0003880373364,-0.0003922790648]^{\mathrm{T}}$$

$$D=[3722.00376311576,3683.83155047529,3756.12890870951,\\ 3737.05235054046,6113.69177612877,6107.12663598172,\\ 6144.84409600275,6120.70465929374]^{\mathrm{T}}$$

模型条件和约束条件相应地如表9.1和表9.2所示。在表9.2中，$H_{ji}^{\min}$代表第j台机组在第i组压力下的最小热量，$H_{j1}^{\max}$、$H_{j2}^{\max}$和$H_{j3}^{\max}$分别代表第j台机组在$i=1$、$i=2$和$i=3$压力下的最大热量。

表9.1 模型条件

参数	数值
HP蒸汽流量需求/(t/h)	240
IP蒸汽流量需求/(t/h)	70
LP蒸汽流量需求/(t/h)	250
HP蒸汽喷水流量比	1.25
IP蒸汽喷水流量比	1.15
LP蒸汽喷水流量比	1.1
燃料热值/(kJ/kg)	21000

续表

参数	数值
燃料价格/($/GJ)	38
HP 蒸汽抽汽流量/(t/h)	192
IP 蒸汽抽汽流量/(t/h)	60.87
LP 蒸汽抽汽流量/(t/h)	227.27

表 9.2　约束条件

参数＼设备	锅炉 1	锅炉 2	锅炉 3	锅炉 4	锅炉 5	锅炉 6	锅炉 7	锅炉 8
H_{ji}^{min}/(t/h)	0.000	0.000	0.000	0.000	0.000	0.000	0.000	0.000
H_{j1}^{max}/(t/h)	75.000	75.000	75.000	75.000	98.000	98.000	98.000	98.000
H_{j2}^{max}/(t/h)	75.000	75.000	75.000	75.000	0.000	0.000	0.000	0.000
H_{j3}^{max}/(t/h)	0.000	0.000	0.000	0.000	128.000	128.000	128.000	128.000
H_{j}^{min}/(t/h)	30.000	30.000	30.000	30.000	30.000	30.000	30.000	30.000
H_{j}^{max}/(t/h)	75.000	75.000	75.000	75.000	226.000	226.000	226.000	226.000
$P_{j}^{max}+H_{j}^{max}$/(t/h)	1075.00	1075.00	1075.00	1075.00	1953.00	1953.00	1953.00	1953.00
汽轮机发电蒸汽/(t/h)	1000.00	1000.00	1000.00	1000.00	1700.00	1700.00	1700.00	1700.00
蒸汽焓值/(kJ/kg)	3397.00	3397.00	3397.00	3397.00	3306.00	3306.00	3306.00	3306.00
锅炉热效率/%	92.130	92.370	93.490	93.410	93.830	91.990	93.450	93.240

9.4.2　算法参数设置

这里，算法的相关参数设置为：聚类个数 $m=2$；概率 $P_{5a}=0.2$；$P_{6b}=0.8$；$P_{6biii}=0.4$；$P_{6c}=0.5$；种群规模为 100；种群维数为 24；最大迭代次数为 100；运行 30 次。

9.4.3　仿真结果分析

表 9.3～表 9.6 分别给出了平均分配供热流量、头脑风暴优化算法、差分进化算法和粒子群优化算法对供热流量优化分配的结果。表 9.7 为头脑风暴优化算法、平均分配算法、粒子群优化算法和差分进化算法优化分配的对比结果，显示其最优、平均和最差供热成本。

表 9.3　平均分配供热流量

参数＼设备	锅炉 1	锅炉 2	锅炉 3	锅炉 4	锅炉 5	锅炉 6	锅炉 7	锅炉 8
HP 蒸汽抽汽量/(t/h)	24.000	24.000	24.000	24.000	24.000	24.000	24.000	24.000
IP 蒸汽抽汽量/(t/h)	15.217	15.217	15.217	15.217	0.000	0.000	0.000	0.000
LP 蒸汽抽汽量/(t/h)	0.000	0.000	0.000	0.000	56.818	56.818	56.818	56.818
锅炉所需总蒸汽量/(t/h)	1039.217	1039.217	1039.217	1039.217	1780.818	1780.818	1780.818	1780.818
锅炉所需总燃料量/(t/h)	183.313	181.398	185.256	184.211	203.262	302.961	305.063	303.842

表 9.4　头脑风暴优化算法优化下供热流量的分配

参数＼设备	锅炉 1	锅炉 2	锅炉 3	锅炉 4	锅炉 5	锅炉 6	锅炉 7	锅炉 8
HP 蒸汽抽汽量/(t/h)	15.6558	15.7142	15.3559	15.6064	20.4305	20.3563	20.9744	67.9064
IP 蒸汽抽汽量/(t/h)	14.5208	15.5207	15.5093	15.3187	0.000	0.000	0.000	0.000
LP 蒸汽抽汽量/(t/h)	0.0000	0.0000	0.0000	0.0000	32.0900	120.3581	12.6324	62.1922
锅炉所需总蒸汽量/(t/h)	1030.177	1031.235	1030.865	1030.925	1752.521	1840.714	1733.607	1830.099
锅炉所需总燃料量/(t/h)	181.9576	180.2707	183.9138	182.9186	299.0477	311.9178	297.8107	311.3606

表 9.5　差分进化算法优化下供热流量的分配

参数＼设备	锅炉 1	锅炉 2	锅炉 3	锅炉 4	锅炉 5	锅炉 6	锅炉 7	锅炉 8
HP 蒸汽抽汽量/(t/h)	23.8371	25.0716	3.2004	19.0401	0.5489	44.7398	42.7927	32.7692
IP 蒸汽抽汽量/(t/h)	12.3993	5.5853	31.0533	11.8318	0.000	0.000	0.000	0.000
LP 蒸汽抽汽量/(t/h)	0.0000	0.0000	0.0000	0.0000	115.8133	85.2003	4.8370	21.4221
锅炉所需总蒸汽量/(t/h)	1036.236	1030.657	1034.254	1030.872	1816.362	1829.940	1747.630	1754.191
锅炉所需总燃料量/(t/h)	182.9027	180.1812	184.4671	182.9101	308.5930	310.3172	299.9740	299.7890

表 9.6　粒子群优化算法优化下供热流量的分配

参数＼设备	锅炉 1	锅炉 2	锅炉 3	锅炉 4	锅炉 5	锅炉 6	锅炉 7	锅炉 8
HP 蒸汽抽汽量/(t/h)	45.7978	37.5372	21.8015	29.0093	2.0558	42.0390	0.9805	12.7788
IP 蒸汽抽汽量/(t/h)	7.0385	12.0676	16.8030	24.9605	0.000	0.000	0.000	0.000
LP 蒸汽抽汽量/(t/h)	0.000	0.000	0.000	0.000	75.1197	54.5995	38.2993	59.2541
锅炉所需总蒸汽量/(t/h)	1052.836	1049.605	1038.605	1053.969	1777.176	1796.639	1739.279	1772.033
锅炉所需总燃料量/(t/h)	185.4872	183.1131	185.1773	186.6038	302.7446	305.3540	298.6863	302.5185

表 9.7　不同算法的优化效果对比

参数	最优值	平均值	最差值
平均流量的燃料成本/($/h)	1555547	—	—
PSO 优化求得的最小燃料成本/($/h)	1555483	1555491	1555510
DE 优化求得的最小燃料成本/($/h)	1555409	1555452	1555507
BSO 优化求得的最小燃料成本/($/h)	1555359	1555449	1555500
PSO 优化节约量/($/h)	64	56	37
DE 优化节约量/($/h)	138	95	40
BSO 优化节约量/($/h)	188	98	47

从表 9.3～表 9.6 可知，与其他优化算法相比，采用头脑风暴优化算法优化供热流量分配时，个别机组存在燃料量较大的问题，但总燃料量显著减少。从表 9.7 可知，三种群智能优化算法在最优值、平均值和最差值相当的情况下，头脑风暴优化算法降低的燃料成本最高。

图 9.1 给出了差分进化算法（DE 算法）、粒子群算法（PSO 算法）和头脑风暴优化算法（BSO 算法）对目标函数优化求解的收敛特性曲线。从图中可知，头脑风暴优化算法的收敛速度优于其他两种优化算法。

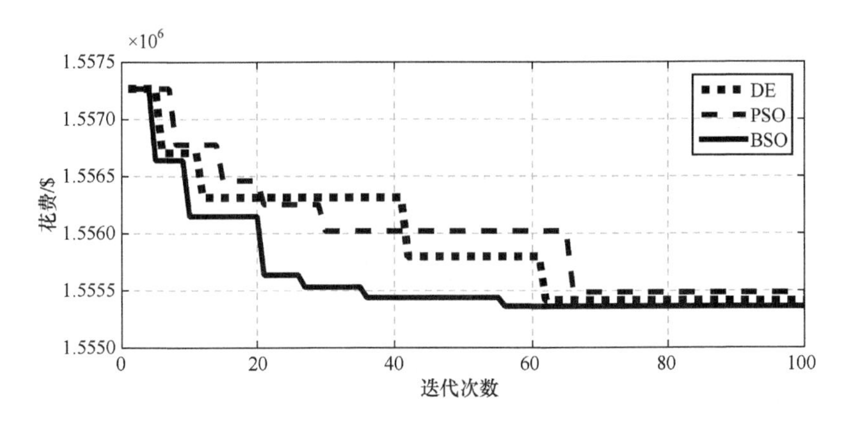

图 9.1　BSO 算法、PSO 算法、DE 算法的收敛特性曲线对比

9.5　本 章 小 结

本章根据目前火电厂供热负荷分配问题的研究现状，利用火电厂的实际运行数据，建立了定电负荷下供热负荷调度的优化模型；针对数学模型的特性，在满足电厂对高压、中压和低压三种不同供热类型用户的需求下，提出一种基于头脑风暴优化算法的供热调度优化方法；通过仿真结果分析可知，与其他群智能优化算法比

较，头脑风暴优化算法优化调度时燃料成本节约较多，算法收敛性能更好，为火电厂供热调度优化问题提供了理论依据。

本章提出的火电厂供热调度优化方法的限制条件为电力负荷分配给定，火电厂实际运行中供热供电负荷时刻变化且两者相互影响，后续的研究应考虑火电厂的供热供电综合调度优化。

参考文献

[1] 张平. 2014 我国发电设备装机容量稳步增长[EB/OJ]. http://www.cpnn.com.cn/zdyw/201502/t20150212_783136.html[2016-10-31].

[2] 韩朝兵，吕晓明，司风琪，等. 基于改进混沌粒子群算法的火电厂经济负荷分配[J]. 动力工程学报，2015，35(4)：312-317.

[3] 朱誉，司风琪，刘飞龙，等. 基于 MDPA 算法的火电厂多目标负荷优化分配模型[J]. 热力发电，2014，(12)：89-94.

[4] Meng X, Gao J R, Li P, et al. The application of dynamic multi-swarm particle swarm optimization in the optimial dispatch of loads of thermal power unit[C]. IEEE Workshop on Electronics, Computer and Applications, Ottawa, 2014.

[5] Ilyas A M, Rahman M N. Economic dispatch thermal generator using modified improved particle swarm optimization[J]. Telkomnika, 2012, 10(3): 459-470.

[6] 孙科. 热电联产机组热负荷经济调度技术方案研究[D]. 保定：华北电力大学，2013.

[7] 王源. 供热机组负荷优化分配的研究[D]. 南京：东南大学，2005.

[8] 闫水保，张营帅，郑立军. 采用遗传算法的供热机组间负荷分配[J]. 发电设备，2008，22(1)：74-76.

[9] 柏春光，万杰，刘娇，等. 基于遗传算法的抽汽供热机组间的热电负荷分配优化研究[J]. 节能技术，2014，32(3)：201-204.

[10] 王记福. 母管制供热机组热电负荷优化分配研究[D]. 武汉：华中科技大学，2012.

[11] Ramanand K R, Krishnanand K R, Panigrahi B K, et al. Brain storming incorporated teaching-learning-based algorithm with application to electric power dispatch[C]. Proceedings of the 3rd International Conference on Swarm, Evolutionary, and Memetic Computing, Bhubaneswar, 2012.

[12] Jadhav H T, Sharma U, Patel J, et al. Brain storm optimization algorithm based economic dispatch considering wind power[C]. IEEE International Conference on Power and Energy, Kota Kinabalu, 2013.

[13] Arsuaga-Rios M, Vega-Rodriguez M A. Cost optimization based on brain storming for grid scheduling [C]. International Conference on Innovative Computing Technology, Luton, 2014.

[14] Zhang G W, Zhan Z H, Du K J, et al. Normalization group brain storm optimization for power electronic circuit optimization[C]. Proceedings of the Companion Publication of the Annual Conference on Genetic and Evolutionary Computation, Vancouver, 2014.

[15] Lenin K, Reddy B R, Kalavathi M S. Brain storm optimization algorithm for solving optimal reactive power dispatch problem[J]. International Journal of Research in Electronics and Communication Technology, 2014, 1(3): 25-30.
[16] Duan H B, Li S T, Shi Y H. Predator-prey brain storm optimization for DC brushless motor[J]. IEEE Transactions on Magnetics, 2013, 49(10): 5336-5340.
[17] Sun C H, Duan H B, Shi Y H. Optimal satellite formation reconfiguration based on closed-loop brain storm optimization[J]. IEEE Computational Intelligence Magazine, 2013, 8(4): 39-51.
[18] 杨玉婷. 头脑风暴优化算法与基于视频的非接触式运动定量分析方法研究[D]. 杭州：浙江大学，2015.
[19] Hilton A B C, Culver T B. Constraint handling for genetic algorithms in optimal remediation design[J]. Journal of Water Resources Planning & Management, 2014, 126(3): 128-137.
[20] Wang Z, Li S J, Sang Z X. A new constraint handling method based on the modified alopex-based evolutionary algorithm[J]. Computers & Industrial Engineering, 2014, 73(1): 41-50.

第10章　头脑风暴优化算法在热电联供经济调度问题上的应用

热电联供也可以称为热电联产，指热力发电厂通过一定的方法，在向广大用电用户供电的同时，也向用户供暖，这极大地提高热电厂的经济效率。在发电厂中，常规电力生产单位的效率小于60%，而热电联供（combined heat and power, CHP）生产单位的效率可以达到90%左右。除了其效率高，热电联供在环境污染物的排放方面（如CO_2、SO_2等）只有13%～18%。现在，热电联供机组广泛地应用于发电厂。为了高效地利用热电联供机组，在满足系统电能和热能需求的前提下确定热电联供机组的最佳输出，这个问题称为热电联供经济调度（combined heat and power economic dispatch, CHPED）问题。

因此，本章主要介绍头脑风暴优化算法在热电联供经济调度问题上的应用。首先介绍热电联供经济调度问题的数学模型，以及该问题的研究现状，然后给出头脑风暴优化算法求解该问题的关键步骤，最后通过大量仿真实例验证方法的有效性。

10.1　热电联供经济调度问题的数学模型

10.1.1　热电联供经济调度模型的目标函数

在热电联供中，主要组成部分是传统的火电机组、热电联供机组（热电联产机组）和纯热机组。热电联供经济调度问题的目标函数是生产成本最小。考虑发电机组的阈值效应和网损，使热电联供经济调度问题成为一个非凸、不可微和多约束的问题，则目标函数可以表示为

$$\begin{aligned}\min C_{\mathrm{T}} &= \sum_{i=1}^{N_{\mathrm{p}}} C_i(P_i^{\mathrm{p}}) + \sum_{j=1}^{N_{\mathrm{c}}} C_j(P_j^{\mathrm{c}}, H_j^{\mathrm{c}}) + \sum_{k=1}^{N_{\mathrm{h}}} C_k(H_k^{\mathrm{h}}) \\ &= \sum_{i=1}^{N_{\mathrm{p}}} \{\alpha_i (P_i^{\mathrm{p}})^2 + \beta_i P_i^{\mathrm{p}} + \gamma_i + |\lambda_i \sin(\rho_i (P_i^{\mathrm{pmin}} - P_i^{\mathrm{p}}))|\} \\ &\quad + \sum_{j=1}^{N_{\mathrm{c}}} \{a_j (P_j^{\mathrm{c}})^2 + b_j P_j^{\mathrm{c}} + c_j + d_j (H_j^{\mathrm{c}})^2 + e_j H_j^{\mathrm{c}} + f_j H_j^{\mathrm{c}} P_j^{\mathrm{c}}\} \\ &\quad + \sum_{k=1}^{N_{\mathrm{h}}} \{\phi_k (H_k^{\mathrm{h}}) + \varphi_k H_k^{\mathrm{h}} + \psi_k\}\end{aligned} \tag{10.1}$$

式中，C_T 为总生产成本；$C_i(P_i^p)$为第 i 台常规火电机组的成本；$C_j(P_j^c, H_j^c)$为第 j 台热电联供机组的成本；$C_k(H_k^h)$为第 k 台纯热机组的成本；N_p、N_c、N_h 分别为常规火电机组、热电联供机组和纯热机组的数量；P_i^p 为第 i 台常规火电机组的电能；P_j^c、H_j^c 分别为第 j 台热电联供机组的电能和热能；H_k^h 为第 k 台热机组的热能；H、P 分别代表热能和电能；α_i、β_i、γ_i 为第 i 台常规火电机组的成本系数；a_j、b_j、c_j、d_j、e_j、f_j 为第 j 台热电联供机组的成本系数；ϕ_k、φ_k、ψ_k 为第 k 台纯热机组的成本系数。

10.1.2　热电联供经济调度模型的约束条件

热电联供经济调度问题的约束主要分为两类：等式约束和不等式约束。

1. 等式约束条件

等式约束条件分为系统电能平衡约束条件和热能平衡约束条件。各机组电能之和应等于负载总的电负荷需求与网络损耗之和，各机组热能之和应等于负载总的热负荷需求，即

$$\sum_{i=1}^{N_p} P_i^p + \sum_{j=1}^{N_c} P_j^c = P_d + P_{loss} \tag{10.2}$$

$$P_{loss} = \sum_{i=1}^{N_p}\sum_{m=1}^{N_p} P_i^p B_{im} P_m^p + \sum_{i=1}^{N_p}\sum_{j=1}^{N_c} P_i^p B_{ij} P_j^c + \sum_{j=1}^{N_c}\sum_{n=1}^{N_c} P_j^c B_{in} P_n^c$$

式中，P_d 为电负荷需求；P_{loss} 为电能传输损耗；B_{im}、B_{ij} 和 B_{in} 为网络损耗的 B 系数。

热能平衡约束是指各机组热能之和应等于负载总的热负荷需求，即

$$\sum_{j=1}^{N_c} H_j^c + \sum_{k=1}^{N_h} H_k^h = H_d \tag{10.3}$$

式中，H_d 为热负荷需求。

2. 不等式约束条件

不等式约束主要是常规火电机组、热电联供机组和纯热机组的运行约束条件，即每个机组都应介于其电能和热能的上下限，具体表达如下。

（1）常规火电机组的电能生产约束：

$$P_i^{pmin} \leqslant P_i^p \leqslant P_i^{pmax}, \quad i=1,2,\cdots,N_p \tag{10.4}$$

式中，P_i^{pmin}、P_i^{pmax} 分别为第 i 台常规火电机组的发电量的下限和上限。

(2) 热电联供机组的电能和热能生产约束：

$$P_j^{\mathrm{cmin}}(H_j^{\mathrm{c}}) \leqslant P_j^{\mathrm{c}} \leqslant P_j^{\mathrm{cmax}}(H_j^{\mathrm{c}}),\quad j=1,2,\cdots,N_{\mathrm{c}} \tag{10.5}$$

$$H_j^{\mathrm{cmin}}(P_j^{\mathrm{c}}) \leqslant H_j^{\mathrm{c}} \leqslant H_j^{\mathrm{cmax}}(P_j^{\mathrm{c}}),\quad j=1,2,\cdots,N_{\mathrm{c}} \tag{10.6}$$

式中，$P_j^{\mathrm{cmin}}(H_j^{\mathrm{c}})$、$P_j^{\mathrm{cmax}}(H_j^{\mathrm{c}})$分别为第 j 台热电联供机组生产热能(H_j^{c})时电能的下限和上限；$H_j^{\mathrm{cmin}}(P_j^{\mathrm{c}})$、$H_j^{\mathrm{cmax}}(P_j^{\mathrm{c}})$分别为第 j 台热电联供机组生产电能(P_j^{c})时热能的下限和上限。

热电联供机组的热电耦合关系 A、B、C、D、E、F 围成的区域是由如图 10.1 所示[1]。

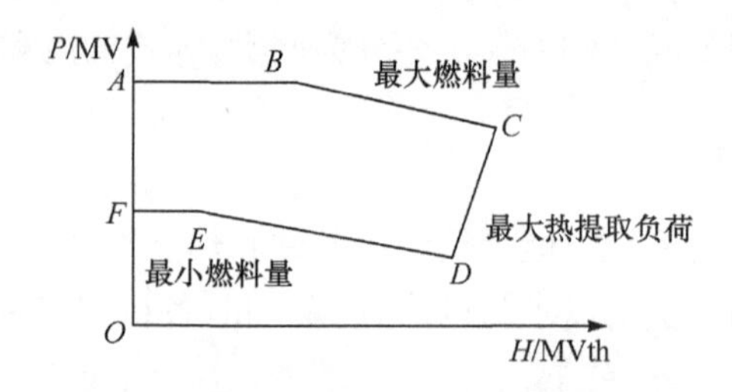

图 10.1　热电联供机组的热电耦合关系

(3) 纯热机组的热能生产约束为

$$H_k^{\mathrm{hmin}} \leqslant H_k^{\mathrm{h}} \leqslant H_k^{\mathrm{hmax}},\quad k=1,2,\cdots,N_{\mathrm{h}} \tag{10.7}$$

式中，H_k^{hmin}、H_k^{hmax} 分别为第 k 台热机组热能的下限和上限。

从上述模型来看，随着机组数量的增大，热电联供经济调度问题呈现出维数高、非线性、多约束多等特点，显然热电联供经济调度问题是一个复杂的多约束优化问题。

10.2　热电联供经济调度问题描述

在热电联供经济调度问题中，热电机组不仅要满足电和热的需求，还要满足热电耦合关系，从而使得约束条件比常规的发电厂多，因此热电机组的生产使得 CHPED 的优化问题复杂化，而传统的优化算法难以解决这一问题，对此许多研究人员提出了不同的优化算法来解决 CHPED 问题。Su 等[2]用进化方向操作和数乘更新的遗传算法来避免增广拉格朗日函数的变形，该算法可以自动调整罚点的值和使用小的种群来解决 CHPED 问题，并证明在大规模热电联供系统中的有效性；Song 等[3]用惩罚函数遗传算法来解决 CHPED 优化问题；Sudhakaran 等[4]提出了一种混合遗传和禁忌搜索算法，并将其用在 4 机组系统(即一个纯电机组、一个纯热机组和两个热电机组)。Tyagi 等[5]证明了粒子群优化算法可以熟练地解决 CHPED 问题；Mohammadi-Ivatloo 等[6] 提出了随时间变化的加速度系数的粒子群优化算法(TVAC-PSO)，该加速度系数在迭代过程中可以自适应地改变，从而提高了寻优质量和避免过早地收敛，将其用在 4 机组、5 机组、7 机组、24 机组和 48 机组五种不同数量机组的系统中，证明了这种方法在解决 CHPED 问题时具有优势。Basu[7] 将高斯随机变量速度引入粒子群优化中，发现改进的粒子群算法在解决 CHPED 问题时能够提供一个更好的解决方案。Beigvand 等[8] 提出了一种混合时变加速度系数-重力搜索算法-粒子群算法(hybrid TVAC-GSA-PSO)，解决了大规模、高度非线性、非凸、非连续的复杂 CHPED 问题。

近几年，各种新型的智能优化算法应用在 CHPED 问题中，Basu[9] 运用反群搜索优化算法即种群的初始化使用明智更新操作来代替反向学习和迭代的群搜索优化算法，发现在热电联供经济调度问题中可以寻找出更好的解；Meng 等[10] 提出了纵横交叉算法来解决 CHPED 问题；Beigvand 等[11] 引入引力搜索算法(GSA)于不同的热电联供系统中，有效地降低了燃料成本；Basu[12] 提出了一种人工免疫系统算法，基于克隆选择原理，实现了自适应克隆、超变异、老化操作和竞争式选择；Basu[13] 提出了一种简单、快速的全局优化技术差分进化来解决 CHPED 问题；Basu[14] 引入了新的优化算法——蜂群优化算法，发现蜂群优化算法能够为 CHPED 问题提供一个更好的解；Roy 等[15] 运用基于教学学习的优化(TLBO)算法和反学习教学学习优化(oppositional teaching learning based optimization，OTLBO)算法来解决 CHPED 问题，通过仿真结果发现 OTLBO 算法在解决 CHPED 问题找到最优解的运行时间也少。

在本章中，采用第 2 章介绍的标准 BSO 算法、第 3 章介绍的 DBSO 算法和第 4 章介绍的 DBSO-OS 算法来求解热电联供经济调度问题，以 7 机组和 48 机组为例，得到热电联供经济调度的负荷分配方案，通过与不同智能优化算法得出的分配方案进行对比分析可知，头脑风暴优化算法能够节约火电厂的燃料成本。

10.3　基于头脑风暴优化算法的热电联供经济调度问题求解

本节将头脑风暴优化算法用于热电联供经济调度问题中，为热电联供经济调度问题提供新的求解思路。

10.3.1　热电联供经济问题与头脑风暴优化算法的映射关系

对于热电联供经济调度问题，优化的目标是在满足众多约束条件的前提下，确定各机组的负荷分配，以使得目标函数达到满意的需求。因此，就问题本身而言，头脑风暴优化算法中的个体，对应于机组负荷分配的一组调度。但单个机组本身的热和电负荷约束、负荷之间的平衡约束、热电机组的耦合关系等，使得获得可行调度的难度急剧增大,因此在编码和解码过程中,一方面需要考虑解的可行性,另一方面需要考虑编码的简单性。下面仍然从编码和约束条件实现两部分出发,详细介绍采用头脑风暴优化算法求解热电联供经济调度问题的编码和解码的过程。

1. 编码方式

在算法中,取各发电机的有功功率和热量为决策变量,个体在搜索空间中的位置对应燃料消耗函数中的控制变量,每个个体的维数就是控制变量的个数,即机组个数。热电联供经济调度问题的个体编码方式为

$$x_i=[P_{ij}^{\mathrm{p}}\quad P_{ig}^{\mathrm{c}}\quad PH_{ig}^{\mathrm{c}}\quad H_{in}^{\mathrm{h}}],\quad j=1,2,\cdots,N_{\mathrm{p}};g=1,2,\cdots,N_{\mathrm{c}};h=1,2,\cdots,N_{\mathrm{h}} \tag{10.8}$$

式中,P_{ij}^{p}、P_{ig}^{c}、H_{ig}^{c}、H_{in}^{h}采用十进制编码方式在满足约束的条件下随机产生,将热电联供经济调度问题的燃料消耗函数作为目标适应值函数。

2. 约束条件的实现

通过对热电联供经济调度问题的编码,将头脑风暴优化算法的解空间与热电联供经济调度问题的决策空间进行了映射。但热电联供经济调度数学模型中存在一系列的复杂约束条件,因此在编码实现的过程中需要对不同的约束进行不一样的处理方式。

1) 不等式约束的处理

对于模型中的不等式约束,如式(10.4)~式(10.7)所示的纯电机组、热电机组和纯热机组的电能与热能约束,其处理方法是直接限定控制变量的上限值和下限值,在此范围内随机产生个体,即

$$\begin{cases}P_{ij}^{\mathrm{p}}=P_j^{\mathrm{pmin}}+r\times(P_j^{\mathrm{pmax}}-P_j^{\mathrm{pmin}}), & j=1,2,\cdots,N_{\mathrm{p}}\\ H_{ij}^{\mathrm{h}}=H_j^{\mathrm{hmin}}+r\times(H_j^{\mathrm{hmax}}-H_j^{\mathrm{hmin}}), & j=1,2,\cdots,N_{\mathrm{h}}\end{cases} \tag{10.9}$$

$$\begin{cases}P_{ij}^{\mathrm{c}}=P_j^{\mathrm{cmin}}(\cdot)+r\times[P_j^{\mathrm{cmax}}(\cdot)-P_j^{\mathrm{cmin}}(\cdot)], & j=1,2,\cdots,N_{\mathrm{c}}\\ H_{ij}^{\mathrm{c}}=H_j^{\mathrm{cmin}}(\cdot)+r\times[H_j^{\mathrm{cmax}}(\cdot)-H_j^{\mathrm{cmin}}(\cdot)], & j=1,2,\cdots,N_{\mathrm{c}}\end{cases} \tag{10.10}$$

由于种群中热电机组的热能和电能要满足热电耦合关系,以图 10.1 为例,假设 BC、DC、DE 段 P_{ij}^{c} 和 H_{ij}^{c} 的关系分别为 $H_{ij}^{\mathrm{c}}=f_1(P_{ij}^{\mathrm{c}})$,$H_{ij}^{\mathrm{c}}=f_2(P_{ij}^{\mathrm{c}})$,$H_{ij}^{\mathrm{c}}=f_3(P_{ij}^{\mathrm{c}})$,根据式(10.11)处理热电耦合约束式(10.5)和式(10.6):

$$(P_{ij}^{\mathrm{c}},H_{ij}^{\mathrm{c}})=\begin{cases}(P_{ij}^{\mathrm{c}},f_1(P_{ij}^{\mathrm{c}})), & P_C^{\mathrm{c}}\leqslant P_{ij}^{\mathrm{c}}\leqslant P_B^{\mathrm{c}},f_1(P_{ij}^{\mathrm{c}})\leqslant H_{ij}^{\mathrm{c}}\\ (P_{ij}^{\mathrm{c}},f_2(P_{ij}^{\mathrm{c}})), & P_E^{\mathrm{c}}\leqslant P_{ij}^{\mathrm{c}}\leqslant P_C^{\mathrm{c}},f_2(P_{ij}^{\mathrm{c}})\leqslant H_{ij}^{\mathrm{c}}\\ (P_{ij}^{\mathrm{c}},f_2(P_{ij}^{\mathrm{c}})), & P_D^{\mathrm{c}}\leqslant P_{ij}^{\mathrm{c}}\leqslant P_E^{\mathrm{c}},f_2(P_{ij}^{\mathrm{c}})\leqslant H_{ij}^{\mathrm{c}}\\ (P_{ij}^{\mathrm{c}},f_3(P_{ij}^{\mathrm{c}})), & P_D^{\mathrm{c}}\leqslant P_{ij}^{\mathrm{c}}\leqslant P_E^{\mathrm{c}},f_3(P_{ij}^{\mathrm{c}})\geqslant H_{ij}^{\mathrm{c}}\end{cases} \tag{10.11}$$

2）等式约束的处理

由于该种群满足平衡条件，用式(10.12)分别计算电能和热能与负荷需求的差值：

$$\begin{cases} m=P_{\mathrm{d}}+P_{\mathrm{loss}}-P_{i1}^{\mathrm{p}}-\cdots-P_{iN_{\mathrm{p}}}^{\mathrm{p}}-P_{i1}^{\mathrm{c}}-\cdots P_{iN_{\mathrm{c}}}^{\mathrm{c}} \\ n=H_{\mathrm{d}}-H_{i1}^{\mathrm{c}}-\cdots-H_{iN_{\mathrm{c}}}^{\mathrm{c}}-H_{i1}^{\mathrm{h}}-\cdots-H_{iN_{\mathrm{h}}}^{\mathrm{h}} \end{cases} \tag{10.12}$$

将电能不平衡差值 m 平均分配，加到所有机组的电能出力上。类似地，将热能不平衡差值 n 平均分配，并加到所有机组的热能出力上。通过上述过程，就可以产生满足约束条件的可行调度，即头脑风暴优化算法的可行解。

10.3.2　热电联供经济调度问题的头脑风暴优化算法流程

通过上述头脑风暴优化算法与热电联供经济调度问题的映射关系的分析和对于约束条件的实现来解决热电联供经济调度问题，具体步骤如下。

(1) 根据式(10.9)～式(10.12)随机产生 N 个初始种群，设置迭代次数 G。

(2) 对初始种群进行聚类操作。

(3) 根据式(10.1)对每个个体进行适应度值评价，找出每个类中最好的个体作为聚类中心。

(4) 产生新个体，判断是否符合各机组的运行约束条件，如果符合，判断各机组是否满足热电耦合关系；如果不符合，根据式(10.11)使其满足热电耦合关系步骤。如果个体大于机组的运行约束条件，则个体取对应机组的上限；如果个体小于机组的运行约束条件，则个体取对应机组的下限。根据式(10.12)使其满足平衡条件，则满足约束条件的新个体生成，否则个体不变。根据式(10.1)对新个体进行评价，保留最优的个体。

(5) 如果 N 个新个体都产生，转到步骤(6)；否则，转到步骤(4)。

(6) 设置 $G=G+1$，如果达到最大迭代次数，则结束；否则，转到步骤(2)。

在上述过程中，头脑风暴优化算法选择不同的变异操作和聚类操作，就可以生成不同的多目标头脑风暴优化算法。由第 3 章对基于差分的头脑风暴优化算法(DBSO 算法)的分析可以看出，差分变异能够有效地提高算法的性能；由第 4 章对基于目标空间聚类的差分头脑风暴优化算法(DBSO-OS 算法)的分析可以看出，该算法提高了标准算法的性能且运行效率大幅度提高。因此，本章采用 BSO 算法、DBSO 算法和 DBSO-OS 算法作为求解热电联供经济调度问题的算法，对热电联供经济调度问题进行实现。

10.4　案例分析及仿真实现

本节将BSO算法、DBSO算法和DBSO-OS算法用于热电联供经济调度问题中，其中一个是7机组小规模的热电联供经济调度问题，另一个是48机组大规模的热电联供经济调度问题。探究BSO算法在大规模和小规模下的热电联供经济调度问题的有效性和可靠性，为解决大规模优化问题提供一种新的方法。

10.4.1　7机组热电联供经济调度问题的仿真实现

1. 7机组热电联供经济调度问题描述

以7机组为例，即4个纯电机组、2个热电机组和1个热机组。在这个系统中，电和热的负荷需求分别为600MW和150MWth；系统的参数[6]如表10.1～表10.3所示；网损的B系数矩阵见式(10.13)；各热电机组的可行区域如图10.2和图10.3所示。

表10.1　纯电机组的参数

纯电机组	α	β	γ	λ	ρ	$P^{\min}$	$P^{\max}$
1	0.008	2	25	100	0.042	10	75
2	0.003	1.8	60	140	0.04	20	125
3	0.0012	2.1	100	160	0.038	30	175
4	0.001	2	120	180	0.037	40	250

表10.2　热电机组的参数

热电机组	A	B	C	D	E	F	可行区域
5	0.0345	14.5	2650	0.03	4.2	0.031	[98.8,0],[81,104.8],[215,180],[247,0]
6	0.0435	36	1250	0.027	0.6	0.011	[44,0],[44,15.9],[40,75],[110.2,135.6],[125.8,32.4],[125.8,0]

表10.3　热电组的参数

热机组	ϕ	φ	ψ	H^{hmin}	H^{hmax}
7	0.038	2.0109	950	0	2695.20

$$B=\begin{bmatrix}49 & 14 & 15 & 15 & 20 & 25\\ 14 & 45 & 16 & 20 & 18 & 19\\ 15 & 16 & 39 & 10 & 12 & 15\\ 15 & 20 & 10 & 40 & 14 & 11\\ 20 & 18 & 12 & 14 & 35 & 17\\ 25 & 19 & 15 & 11 & 17 & 39\end{bmatrix}\times 10^{-7} \tag{10.13}$$

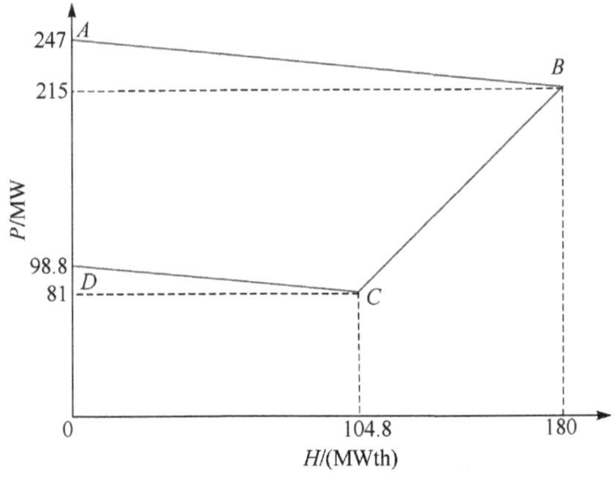

图 10.2　热电 5 机组的运行区域

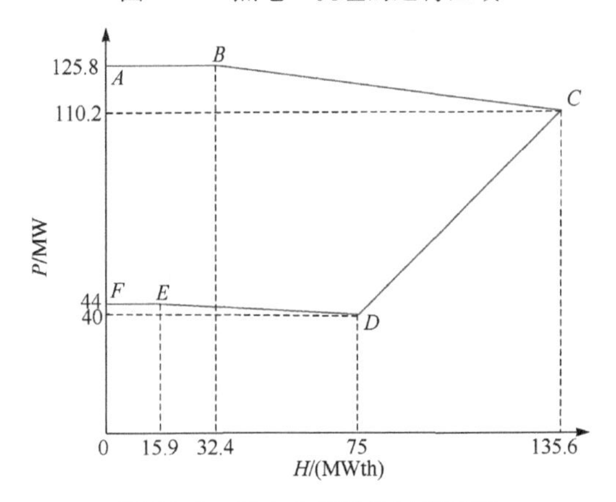

图 10.3　热电 6 机组的运行区域

2. 算法参数设置

在 BSO 算法、DBSO 算法和 DBSO-OS 算法中，算法的相关参数设置为：聚类个数 $m=2$；概率 $P_{5a}=0.01$、$P_{6b}=0.8$、$P_{6biii}=0.4$、$P_{6c}=0.5$；种群规模为 100；种群维数为 9；最大迭代次数为 500；运行 30 次。

3. 运行结果与分析

本节将 BSO 算法、DBSO 算法和 DBSO-OS 算法与文献[6]、文献[9]、文献[14]和文献[15]提及的算法进行对比分析，CHPED 问题的各机组的电量与热量如表 10.4 所示，不同算法的成本如表 10.5 所示。其中，$P_1 \sim P_6$ 为系统的电力负荷，$H_5 \sim H_7$ 为热力分配负荷，H_O、P_O 分别为热力和电力的总负荷。本次仿真的所有测试都在 3.2GHz Intel Core i5 CPU、12GB RAM、Windows 7 操作系统、MATLAB R2014a 环境下进行，算法的运行时间如表 10.6 所示，算法的寻优曲线如图 10.4 所示。

表 10.4 不同算法 7 机组的仿真结果

算法	P_1	P_2	P_3	P_4	P_5	P_6	H_5	H_6	H_7
PSO[10]	18.4626	124.2602	112.7794	209.8158	98.814	44.0107	57.9236	32.7603	59.3161
CPSO[6]	75	112.38	30	250	93.2701	40.1585	32.5655	72.6738	44.7606
TVAC-PSO[6]	47.3383	98.5398	112.6735	209.81582	92.3718	40	37.8467	74.9999	37.1532
EP[10]	61.361	95.1205	99.9427	208.7319	98.8	44	18.0713	77.5548	54.3739
DE[11]	44.2118	98.5383	112.6913	209.7741	98.8217	44.0001	12.5379	78.3481	59.1139
RCGA[12]	74.6834	97.9578	167.2308	124.9079	98.8008	44.0001	58.0965	32.4116	59.4919
AIS[10]	50.1325	95.5552	110.7515	208.7688	98.8	44	19.4242	77.0777	53.4981
BCO[12]	43.9457	98.5888	112.932	208.7719	98.8	44	12.0974	78.0236	59.879
TLBO[13]	45.266	98.5479	112.9786	209.8284	94.4121	40.0062	25.8365	74.997	49.1666
OTLBO[13]	45.886	98.5398	112.6741	209.8141	93.8249	40.0002	29.2914	75.0002	45.7084
CSO[8]	45.4909	98.5398	112.6734	209.8158	94.1838	40	27.1786	75	47.8214
BSO	45.4498	98.5398	112.6735	209.8158	94.0758	40	27.8219	74.9981	47.1800
DBSO	45.4498	98.5398	112.6735	209.8158	94.0758	40	27.8219	74.9981	47.1800
DBSO-OS	45.4498	98.5398	112.6735	209.8158	94.0758	40	27.8219	74.9981	47.1800

表 10.5 不同算法 7 机组的成本

算法	P_O	H_O	成本/$
PSO[10]	608.1427	150	10613
CPSO[6]	600.8086	150	10325.3339
TVAC-PSO[6]	600.7392	150	10100.3164
EP[10]	607.9561	150	10390
DE[11]	608.0372	149.9999	10317
RCGA[12]	607.5808	150	10667
AIS[10]	608.008	150	10355
BCO[12]	608.0348	150	10317
TLBO[13]	600.7392	150.0001	10094.8384
OTLBO[13]	600.1191	150	10094.3529
CSO[8]	600.7037	150	10094.1267
BSO	600.5547	150	10093.6666
DBSO	600.5547	150	10093.6666
DBSO-OS	600.5547	150	10093.6666

表 10.6 7 机组系统的算法运行时间

算法	BSO	DBSO	DBSO-OS
时间/s	195.1879	162.8677	137.7418

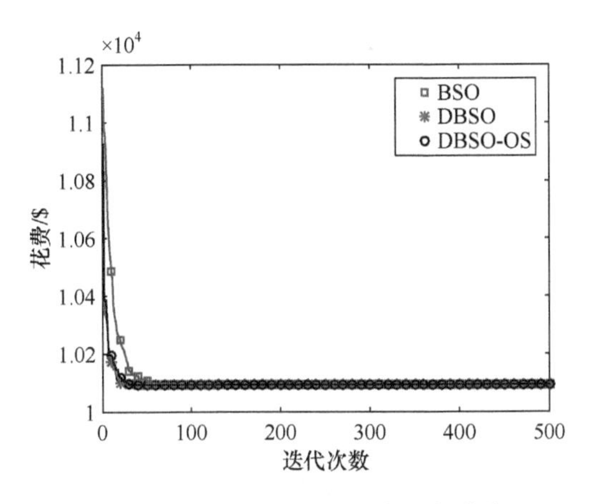

图 10.4 7 机组系统的成本寻优曲线

从表 10.4 可以看出，BSO 算法、DBSO 算法、DBSO-OS 算法的电和热的负荷需求分别为 600.5547MW、150MWth，其中电负荷需求比原来的多了 0.5547MW。应用 BSO 算法、DBSO 算法和 DBSO-OS 算法优化 CHPED 问题的最小花费成本都为 10093.6666，比 PSO、CPSO、TVAC-PSO、EP、DE、RCGA、AIS、BCO、TLBO、OTLBO、CSO 算法优化后的成本都少。从图 10.4 可以看出，DBSO 算法和 DBSO-OS 算法比 BSO 算法的收敛速度快，且目标函数值平滑地收敛于最小值，因此确保了算法收敛的可靠性。从表 10.6 可以看出，DBSO-OS 算法的运行时间比 BSO 算法、DBSO 算法的运行时间少，表明提高了算法的运行效率。

10.4.2 48 机组热电联供经济调度问题的仿真实现

1. 48 机组热电联供经济调度问题描述

这里以 48 机组为例，即 26 个纯电机组、12 个热电机组和 10 个热机组。在这个系统中，电和热的负荷需求分别为 4700MW、2500MWth；系统的参数和约束条件[6]如表 10.7～表 10.9 所示，其中 1～13 和 14～26 机组的特征相同，27～32 和 33～38 机组与表 10.8 的 14～19 机组的特征相同，39～43 和 44～48 机组与表 10.9 的 20～24 的机组相同。

表 10.7 纯电机组的参数

纯电机组	α	β	γ	λ	ρ	P^{min}	P^{max}
1	0.00028	8.1	550	300	0.035	0	680
2	0.00056	8.1	309	200	0.042	0	360
3	0.00056	8.1	309	200	0.042	0	360

续表

纯电机组	α	β	γ	λ	ρ	P^{min}	P^{max}
4	0.00324	7.74	240	150	0.063	60	180
5	0.00324	7.74	240	150	0.063	60	180
6	0.00324	7.74	240	150	0.063	60	180
7	0.00324	7.74	240	150	0.063	60	180
8	0.00324	7.74	240	150	0.063	60	180
9	0.00324	7.74	240	150	0.063	60	180
10	0.00284	8.6	126	100	0.084	40	120
11	0.00284	8.6	126	100	0.084	40	120
12	0.00284	8.6	126	100	0.084	55	120
13	0.00284	8.6	126	100	0.084	55	120

表 10.8　热电机组的参数

热电机组	A	B	C	D	E	F	可行区域
14	0.0345	14.5	2650	0.03	4.2	0.031	[98.8,0],[81,104.8],[215,180],[247,0]
15	0.0435	36	1250	0.027	0.6	0.011	[44,0],[44,15.9],[40,75],[110.2,135.6],[125.8,32.4],[125.8,0]
16	0.0345	14.5	2650	0.03	4.2	0.031	[98.8,0],[81,104.8],[215,180],[247,0]
17	0.0435	36	1250	0.027	0.6	0.011	[44,0],[44,15.9],[40,75],[110.2,135.6],[125.8,32.4],[125.8,0]
18	0.1035	34.5	2650	0.025	2.203	0.051	[20,0],[10,40],[45,55],[60,0]
19	0.072	20	1565	0.02	2.34	0.04	[35,0],[35,20],[90,45],[90,25],[105,0]

表 10.9　热电组的参数

热机组	ϕ	φ	ψ	H^{hmin}	H^{hmax}
20	0.038	2.0109	950	0	2695.20
21	0.038	2.0109	950	0	60
22	0.038	2.0109	950	0	60
23	0.052	3.0651	480	0	120
24	0.052	3.0651	480	0	120

2. 算法参数设置

在 BSO 算法、DBSO 算法和 DBSO-OS 算法中，算法的基本参数保持不变，即聚类个数 $m=2$；概率 $P_{5a}=0.01$、$P_{6b}=0.8$、$P_{6biii}=0.4$、$P_{6c}=0.5$；种群规模为 100；种群维数为 60；最大迭代次数为 2000；运行 30 次。

3. 运行结果与分析

运用 BSO 算法、DBSO 算法和 DBSO-OS 算法以及文献[6]、文献[9]、文献[13]、文献[14]提及的算法优化 CHPED 问题的各机组的电量与热量，仿真结果如表 10.10 所示。不同算法的成本如表 10.11 所示。本次仿真的所有测试都在 3.2GHz Intel Core i5 CPU、12GB RAM 和 Windows 7 操作系统 MATLAB R2014a 环境下进行，算法的运行时间如表 10.12 所示，算法的寻优曲线如图 10.5 所示。

表 10.10 不同算法 48 机组的仿真结果

算法	TLBO[13]	OTLBO[13]	MPSO[14]	CPSO[6]	TVAC-PSO[6]	GSA[9]	TVAC-GSA-PAO[15]	BSO	DBSO	DBSO-OS
P_1	538.5693	628.3199	448.9406	359.0392	538.5587	359.8656	448.9221	516.9740	610.3558	595.4071
P_2	225.3021	225.3313	150.6598	74.5831	75.1340	227.2336	149.6625	210.2633	243.0204	251.2608
P_3	229.9473	229.9473	299.4604	74.5831	75.1340	152.7852	299.1966	209.0189	228.2165	250.0586
P_4	159.1352	159.1352	113.4810	139.3803	140.6146	160.4948	109.6519	129.8124	112.2017	106.5427
P_5	160.0561	109.9150	110.7725	139.3803	140.6146	109.5165	110.6110	135.5617	112.8817	108.2052
P_6	109.7821	159.7795	60.5311	139.3803	140.6146	159.3399	60.0001	128.6125	110.8272	118.1791
P_7	159.6609	109.8946	159.8045	139.3803	140.6146	162.1068	160.1395	126.4205	100.2162	109.4187
P_8	159.6492	109.9321	60.0678	139.3803	140.6146	109.5873	60.0000	127.2769	90.59559	100.5707
P_9	109.9660	159.9569	160.0058	139.3803	140.6146	158.9737	161.0290	132.6628	110.5502	108.8806
P_{10}	40.3726	40.8970	114.8051	74.7998	112.1998	113.3540	114.4208	94.79518	63.69074	70.4157
P_{11}	77.5821	41.3115	77.6371	74.7998	112.1998	114.9745	77.3833	94.9145	66.35444	72.6183
P_{12}	92.2489	55.1748	92.4981	74.7998	74.7999	55.3445	92.5877	98.6492	75.93367	74.0332
P_{13}	55.1755	92.4003	92.4067	74.7998	74.7999	120.0000	92.8866	93.7543	70.82972	64.3223
P_{14}	448.6854	448.8359	359.2248	679.8810	269.2794	361.9144	360.0419	339.9339	571.1088	542.0045
P_{15}	149.4238	225.7871	224.4193	148.6585	299.1993	223.9861	224.4879	218.6507	206.279	193.564
P_{16}	224.7173	75.4600	360.0000	148.6585	299.1993	241.2574	359.9566	170.9262	216.8412	220.3526
P_{17}	109.9355	160.1192	159.7729	139.0809	140.3973	159.8437	159.7553	129.1861	103.2298	110.5429
P_{18}	159.9052	110.3532	60.0756	139.0809	140.3973	159.0831	60.0056	122.156	118.859	103.2187
P_{19}	159.7255	159.8190	159.8281	139.0809	140.3973	110.7603	159.7582	125.7589	116.7998	108.2045

续表

算法	TLBO[13]	OTLBO[13]	MPSO[14]	CPSO[6]	TVAC-PSO[6]	GSA[9]	TVAC-GSA-PAO[15]	BSO	DBSO	DBSO-OS
P_{20}	159.7820	159.7765	159.9084	139.0809	140.3973	108.1711	159.6526	125.5897	120.5175	116.519
P_{21}	60.0777	159.7370	168.8071	139.0809	140.3973	165.0457	160.9552	125.0834	98.23296	114.8526
P_{22}	110.0689	160.1751	160.0761	139.0809	140.3973	160.8239	160.1864	137.1352	111.2205	107.2186
P_{23}	77.6818	40.1140	77.8315	74.7998	74.7998	98.8179	77.5641	87.61251	70.17185	72.4556
P_{24}	40.2707	40.3042	40.3690	74.7998	74.7998	83.8242	40.0019	93.34089	69.93031	68.7128
P_{25}	92.4108	92.4149	90.4254	112.1993	112.1997	55.0000	92.4140	97.67186	79.56441	84.7179
P_{26}	55.0956	92.5012	90.4052	112.1993	112.1997	120.0000	92.3911	94.52264	68.29976	74.5605
P_{27}	81.4882	85.9857	99.4483	92.8423	86.9119	91.2279	117.7621	123.4229	122.0445	125.0119
P_{28}	44.5478	98.5005	48.6596	98.7199	56.1027	39.9998	40.0003	40.00176	40.00998	40.0125
P_{29}	81.0560	81.7197	88.7733	92.8423	86.9119	81.0027	81.0089	123.4801	126.398	122.478
P_{30}	91.6819	48.9055	45.8071	98.7199	56.1027	40.0072	50.3820	40.0199	40.01906	40.0122
P_{31}	10.5480	10.0832	10.2027	10.0002	10.0031	10.0000	10.0000	10.66784	14.67628	13.5195
P_{32}	52.7180	39.3110	37.4059	56.7153	35.0000	35.0000	35.3869	35.6174	35.76908	35.6906
P_{33}	82.1522	82.0236	81.5315	109.1877	95.4799	81.0020	86.3787	116.8792	119.925	116.7524
P_{34}	52.0606	40.1105	44.9299	65.6006	54.9235	41.9658	41.1532	40.0026	40.45301	40
P_{35}	82.7394	81.3039	99.3076	109.1877	95.4799	81.0020	99.4942	117.652	125.4667	124.6253
P_{36}	45.7398	45.6700	44.1041	65.6006	54.9235	46.6684	49.7715	40.0008	40.17585	40.1164
P_{37}	10.0075	13.8709	10.0022	10.6158	23.4981	10.0000	10.0001	10.65895	12.50984	19.3522
P_{38}	30.0332	30.3881	35.6135	60.5994	54.0882	90.0000	35.0000	35.3125	35.82402	35.5915
H_{27}	105.0678	107.5951	115.1540	111.4458	108.1177	110.5296	125.4197	128.5391	127.831	129.5003
H_{28}	78.9162	125.4997	82.5048	125.6898	88.9006	74.9844	74.9848	74.99943	75.00657	75.0088

续表

算法	TLBO[13]	OTLBO[13]	MPSO[14]	CPSO[6]	TVAC-PSO[6]	GSA[9]	TVAC-GSA-PAO[15]	BSO	DBSO	DBSO-OS
H_{29}	104.8270	105.1942	109.1628	111.4458	108.1177	104.7869	104.7938	128.6028	130.2781	128.0781
H_{30}	119.6006	82.6853	80.0417	125.6898	88.9006	74.8787	83.9426	75.0152	75.01453	75.0087
H_{31}	40.2345	40.0346	40.0870	40.0001	40.0013	40.0000	40.0000	40.282	42.00315	41.5086
H_{32}	28.0508	21.9568	21.0936	29.8706	20.0000	19.0125	20.1537	20.2743	20.34787	20.3120
H_{33}	105.4339	105.3622	105.0992	120.6188	112.9260	104.7912	107.8056	124.8798	126.6453	124.8651
H_{34}	85.4086	75.0938	79.2841	97.0997	87.8827	76.6806	75.9787	75.0002	75.38909	74.9982
H_{35}	105.7694	104.9667	115.0750	120.6188	112.9260	104.7912	115.1684	125.3382	129.7549	129.2833
H_{36}	79.9447	79.8936	78.5711	97.0997	87.8827	80.7377	83.4155	74.9987	75.14988	75.0985
H_{37}	40.0001	41.6554	40.0012	40.2639	45.7849	40.0000	39.9999	40.2827	41.07581	44.0084
H_{38}	17.7401	17.9018	20.2788	31.6361	28.6765	45.0000	20.0000	20.1399	20.37195	20.2671
H_{39}	394.6160	445.0937	472.2972	357.9456	433.9113	488.8361	447.0491	433.6074	417.3014	423.1075
H_{40}	59.9300	59.9967	59.9994	59.9916	60.0000	60.0000	59.9870	59.994	60	60
H_{41}	59.9578	59.9974	60.0000	59.9916	60.0000	60.0000	60.0000	59.9903	60	60
H_{42}	118.5797	119.8834	119.9994	120.0000	120.0000	120.0000	120.0000	119.5607	120	120
H_{43}	118.3425	119.5231	119.9999	120.0000	120.0000	120.0000	119.9999	119.7231	120	120
H_{44}	480.6566	428.7605	421.3516	370.6214	415.9741	415.0132	441.3055	419.5533	423.8372	418.9561
H_{45}	59.9346	59.9957	60.0000	59.9999	60.0000	60.0000	59.9991	59.9927	60	60
H_{46}	59.9810	59.9638	60.0000	59.9999	60.0000	60.0000	59.9993	59.9763	60	60
H_{47}	117.8207	119.5025	119.9994	119.9856	119.9989	120.0000	119.9977	119.2663	120	120
H_{48}	119.1898	119.4440	120.0000	119.9856	119.9989	120.0000	119.9999	119.9834	119.9934	119.9994

表 10.11　不同算法 48 机组的成本　　（单位：$）

算法	最优值	平均值	最差值
TLBO[13]	116739.3640	116756.0057	116825.8223
OTLBO[13]	116579.2390	116613.6505	116649.4473
MPSO[14]	116465.5395	116471.3609	116482.4404
CPSO[6]	119708.8818	—	—
TVAC-PSO[6]	117824.8956	—	—
GSA[9]	117266.6810	—	—
TVAC-GSA-PAO[15]	116393.4034	116398.2042	116404.6097
BSO	116466.5165	117847.5165	119966.9205
DBSO	116325.9929	117281.4829	119827.2457
DBSO-OS	116304.008594	117378.240732	118722.624597

表 10.12　48 机组系统的算法运行时间

算法	BSO	DBSO	DBSO-OS
时间/s	806.6604	1046.2484	940.4696

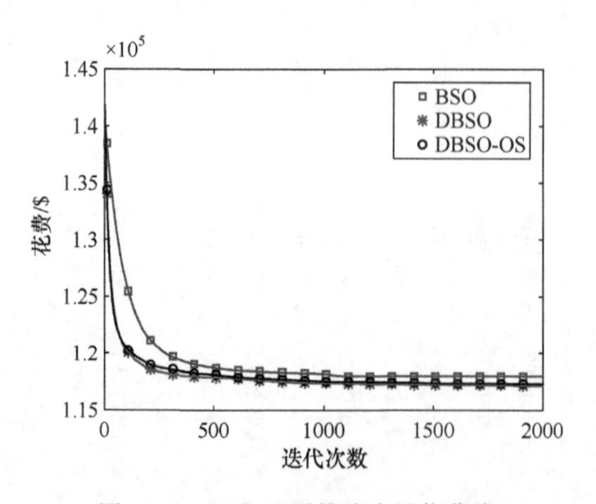

图 10.5　48 机组系统成本寻优曲线

表 10.10 显示了 BSO 算法、DBSO 算法和 DBSO-OS 算法优化 CHPED 问题的分配方案。从表 10.11 可以看出，应用 BSO 算法、DBSO 算法和 DBSO-OS 算法优化 CHPED 问题的最小花费成本分别为 116466.5165 $、116325.9929 $ 和 116304.008594 $，其中 DBSO 算法和 DBSO-OS 算法优化后的成本比 TLBO、OTLBO、MPSO、CPSO、TVAC-PSO、GSA、TVAC-GSA-PAO 算法都少，DBSO-OS 算法优化后的成本比 DBSO 算法少，而 BSO 算法优化后的成本未小于 MPSO、

TVAC-GSA-PAO 算法。从表 10.12 可以看出，DBSO-OS 算法的运行时间比 DBSO 算法的运行时间少，从而提高算法的运行效率。从图 10.5 可以看出，DBSO 算法和 DBSO-OS 算法比 BSO 算法的收敛速度快，且目标函数值平滑地收敛于最小值，因此可确保算法收敛的可靠性。

10.5 本章小结

本章将 BSO 算法、DBSO 算法和 DBSO-OS 算法应用于非凸、不可微和多约束的热电联供经济调度问题。通过与其他算法对比可知，BSO 算法、DBSO 算法和 DBSO-OS 算法能够有效地解决小规模与大规模热电联供经济调度问题，且可以取得最优值。DBSO 算法和 DBSO-OS 算法比 BSO 算法的收敛速度快，目标函数值平滑地收敛于最小值，因此确保了算法收敛的可靠性。DBSO-OS 算法的运行时间比 BSO 算法和 DBSO 算法少，算法的运行效率提高。在未来，BSO 算法可以试着去解决复杂系统优化问题和大规模优化问题。

参考文献

[1] Sashirekha A, Pasupuleti J, Moin N H, et al. Combined heat and power (CHP) economic dispatch solved using Lagrangian relaxation with surrogate subgradient multiplier updates[J]. International Journal of Electrical Power & Energy Systems, 2013, 44(1): 421-430.

[2] Su C T, Chiang C L. An incorporated algorithm for combined heat and power economic dispatch[J]. Electric Power Systems Research, 2004, 69(2): 187-195.

[3] Song Y H, Xuan Q Y. Combined heat and power economic dispatch using genetic algorithm based penalty function method[J]. Electric Machines & Power Systems, 1998, 26(4): 363-372.

[4] Sudhakaran M, Slochanal S M R. Integrating genetic algorithms and tabu search for combined heat and power economic dispatch[C]. Conference on Convergent Technologies for Asia-Pacific Region, Bangalore, 2003.

[5] Tyagi G, Pandit M. Combined heat and power dispatch using particle swarm optimization[C]. IEEE Students' Conference on Electrical, Electronics and Computer Science, Bhopal, 2012.

[6] Mohammadi-Ivatloo B, Moradi-Dalvand M, Rabiee A. Combined heat and power economic dispatch problem solution using particle swarm optimization with time varying acceleration coefficients[J]. Electric Power Systems Research, 2013, 95(1): 9-18.

[7] Basu M. Modified particle swarm optimization for non-smooth non-convex combined heat and power economic dispatch[J]. Electric Power Components & Systems, 2015, 43(19): 2146-2155.

[8] Beigvand S D, Abdi H, Scala M L. Hybrid gravitational search algorithm-particle swarm optimization with time varying acceleration coefficients for large scale CHPED problem[J].

Energy, 2017, 126: 841-853.

[9] Basu M. Combined heat and power economic dispatch using opposition-based group search optimization[J]. International Journal of Electrical Power & Energy Systems, 2015, 73: 819-829.

[10] Meng A B, Mei P, Yin H, et al. Crisscross optimization algorithm for solving combined heat and power economic dispatch problem[J]. Energy Conversion & Management, 2015, 105: 1303-1317.

[11] Beigvand S D, Abdi H, Scala M L. Combined heat and power economic dispatch problem using gravitational search algorithm[J]. Electric Power Systems Research, 2016, 133: 160-172.

[12] Basu M. Artificial immune system for combined heat and power economic dispatch[J]. International Journal of Electrical Power & Energy Systems, 2012, 43(1): 1-5.

[13] Basu M. Combined heat and power economic dispatch by using differential evolution[J]. Electric Power Components & Systems, 2010, 38(8): 996-1004.

[14] Basu M. Bee colony optimization for combined heat and power economic dispatch[J]. Expert Systems with Applications, 2011, 38(11): 13527-13531.

第 11 章　总结与展望

随着科学技术的发展和人类认知活动的不断深入，现实世界中人们面临的优化问题日益复杂化和多元化，大多数问题呈现出高度动态、非线性、多目标和多约束等复杂特性。传统的基于模型的优化算法在求解这类问题时受到了很大的限制。近几年来，群体智能优化算法以其算法简单、并行性强和鲁棒性好等特点受到研究者的广泛关注。各种不同类型的群体智能优化算法层出不穷，对于群体智能行为的研究也取得了重大的进展。智能优化算法通过模拟自然生态系统机制，把经验的、感性的、类比的传统设计方法转变为科学的、理性的、立足于计算分析的设计方法。

人类作为最聪明的动物，其创造性和逻辑思维能力为复杂优化问题的求解提供了新的思路。头脑风暴优化算法是根据头脑风暴过程的创造性思维方式提出的一种求解复杂优化问题的群智能优化算法。本书从头脑风暴的原理出发，对头脑风暴的理论和应用进行深入的介绍。书中内容主要如下：

第 1～2 章主要介绍优化算法及群智能算法的基本理论。第 1 章详细介绍了优化问题及分类、智能优化算法的基本原理及分类、头脑风暴优化算法的研究现状等知识；第 2 章从头脑风暴过程出发，着重介绍了头脑风暴优化算法的建模过程、优化流程和算法实现过程，重点对参数及操作对算法性能的影响进行了详细分析。

第 3～4 章主要介绍头脑风暴优化算法的改进操作及算法性能分析。第 3 章在介绍常用的变异策略之后，重点分析了各种变异操作对算法性能的影响；第 4 章则在总结常用聚类算法的前提下，分析了不同的聚类操作对算法性能的改进和影响。

第 5～7 章主要介绍头脑风暴优化算法在典型优化问题上的应用。第 5 章分析了改进头脑风暴优化算法在多模态优化问题上的应用；第 6 章介绍改进头脑风暴优化算法在多约束优化问题上的应用；第 7 章介绍了头脑风暴优化算法在多目标优化问题上的应用。

第 8～10 章主要介绍头脑风暴优化算法在复杂调度问题上的应用。第 8 章主要分析了头脑风暴优化算法在电力系统的环境经济调度问题上的应用策略和效果；第 9 章主要介绍了头脑风暴优化算法在求解热电厂供热系统的负荷分配问题方面的研究和成果；第 10 章重点分析了头脑风暴优化算法在热电联供系统负荷分配问题上的研究成果。

第 11 章即本章是对全书内容的总结，并提出该算法进一步研究的展望。

通过对上述内容的分析可以看出，本书内容重点是对头脑风暴优化算法进行较为详细的介绍，对其应用领域进行了进一步的扩展。作为一种新颖的群智能优化算法，头脑风暴优化算法会有更广泛的领域和空间，具体表现如下。

(1) 头脑风暴优化算法的理论分析及完善。与众多其他群智能优化算法类似，头脑风暴优化算法的基本理论，如收敛性、最优性等，需要进一步的分析和研究。只有具备坚实的理论分析，才能让算法的研究走得更远。

(2) 算法参数优化问题。头脑风暴优化算法中的参数设置对算法也有相当的影响，尽管本书对算法参数做了详细的分析，对参数选择也提出了一定的经验范围，但参数设置就是一个优化问题，因此对参数设置也需要进行详细的分析和研究。

(3) 算法的应用领域扩展问题。本书介绍的头脑风暴优化算法用于复杂系统的调度问题，取得了很好的效果。从理论上来说，对于实际生活中的复杂优化问题，头脑风暴优化算法都有可能解决。因此，不断扩展算法的应用领域是进一步需要研究的重点。

附录 A　单目标优化基本测试函数集

函数名	图像	函数表达式	全局最小值
Sphere	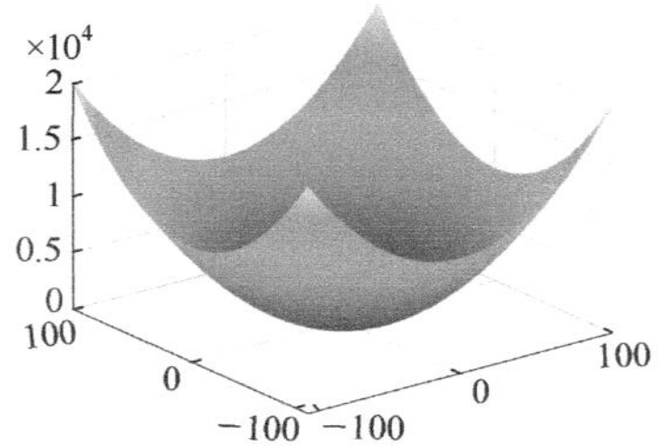	$f(x) = \sum_{i=1}^{n} x_i^2$	$f(0,0,\cdots,0)=0$
Schwefel's P221	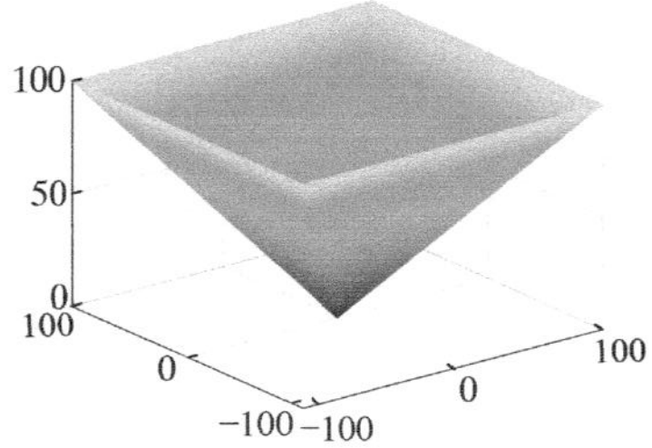	$f(x)=\max\{\mid x_i \mid\}$	$f(0,0,\cdots,0)=0$
Step	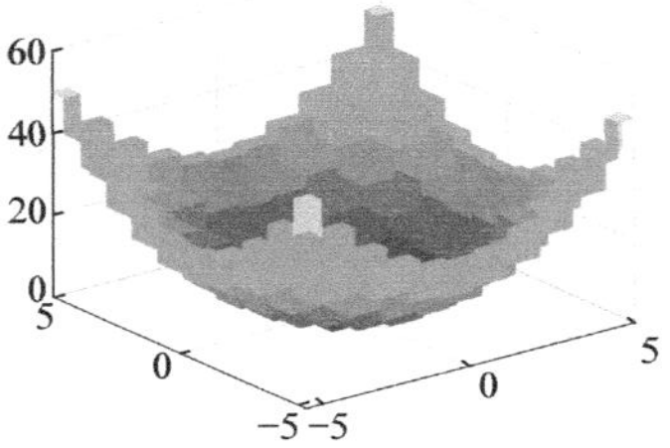	$f(x) = \sum_{i=1}^{d} \left(\lfloor x_i + 0.5 \rfloor\right)^{0.5}$	$f(0,0,\cdots,0)=0$

续表

函数名	图像	函数表达式	全局最小值
Schwefel's P222		$f(x)=\sum_{i=1}^{d}\lvert x_i\rvert+\prod_{i=1}^{d}\lvert x_i\rvert$	$f(0,0,\cdots,0)=0$
Ackley		$f(x)=-20\exp\left(-0.2\sqrt{\frac{1}{d}\sum_{i=1}^{d}x_i^2}\right)-\exp\left(\frac{1}{d}\sum_{i=1}^{d}\cos(2\pi x_i)\right)+20+\mathrm{e}$	$f(0,0,\cdots,0)=0$
Rastrigin		$f(x)=\sum_{i=1}^{d}\left[x_i^2-10\cos(2\pi x_i)+10\right]$	$f(0,0,\cdots,0)=0$

续表

函数名	图像	函数表达式	全局最小值
Rosenbrock		$f(x)=\sum_{i=1}^{d-1}[100(x_{i+1}-x_i^2)^2+(x_i+1)^2]$	$f(1,1,\cdots,1)=0$
Griewank		$f(x)=\sum_{i=1}^{d}\frac{x_i^2}{4000}-\prod_{i=1}^{d}\cos\left(\frac{x_i}{\sqrt{i}}\right)+1$	$f(0,0,\cdots,0)=0$
Quartic Noise		$f(x)=\sum_{i=1}^{d}ix_i^4+\text{rand}[0,1)$	$f(0,\cdots,0)=0$

续表

函数名	图像	函数表达式	全局最小值
Schwefel's 226	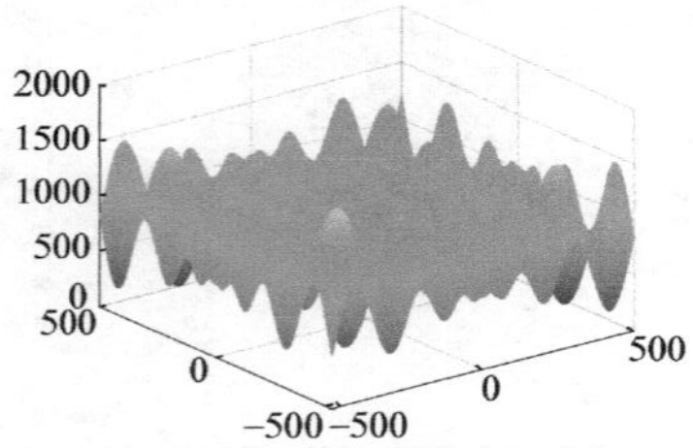	$f(x)=-\sum_{i=1}^{d}(x_i\sin(\sqrt{\lvert x_i \rvert}))+418.9829d$	$f(420.968746,\cdots,420.968746)=0$
Styblinski-Tang	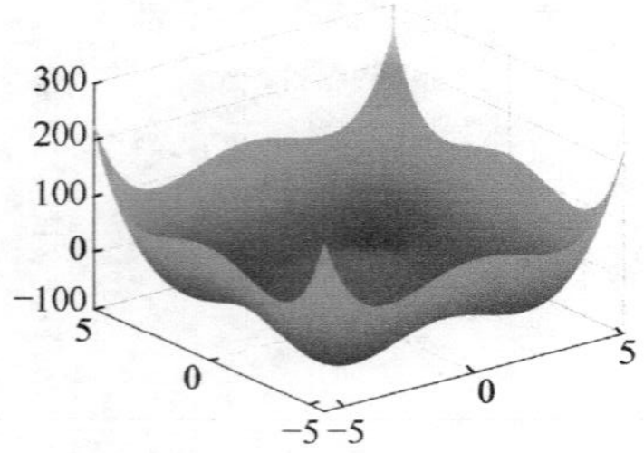	$f(x)=\frac{\sum_{i=1}^{n}(x_i^4-16x_i^2+5x_i)}{2}$	$-39.16617n<f(-2.903534,\cdots,-2.903534)<39.16616n$
Schaffer's F6	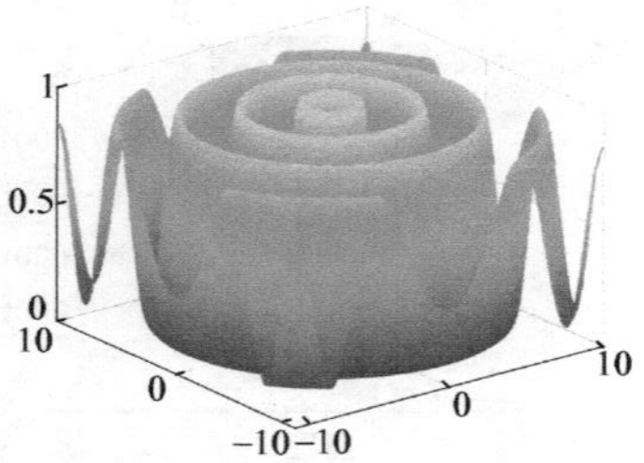	$f(x)=\frac{\sin^2\sqrt{x_1^2+x_2^2}-0.5}{[1+0.001(x_1^2+x_2^2)]^2}+0.5$	$f(0,0,\cdots,0)=0$

附录 B　多模态优化问题基本测试函数集

函数名	函数表达式	搜索区域	全局(局部极值)点个数
F1：Two-Peak Trap/1D	$f_1(x)=\begin{cases}\frac{160}{15}(15-x), & 0\leqslant x<15 \\ \frac{200}{5}(x-15), & 15\leqslant x<20\end{cases}$	$0\leqslant x\leqslant 20$	1/1
F2：Central Two-Peak Trap/1D	$f_2(x)=\begin{cases}\frac{160}{10}x, & 0\leqslant x<10 \\ \frac{160}{5}(15-x), & 10\leqslant x<15 \\ \frac{200}{5}(x-15), & 15\leqslant x\leqslant 20\end{cases}$	$0\leqslant x\leqslant 20$	1/1
F3：Five-Uneven-Peak Trap/1D	$f_3(x)=\begin{cases}80(2.5-x), & 0\leqslant x<2.5 \\ 64(x-2.5), & 2.5\leqslant x<5.0 \\ 64(7.5-x), & 5.0\leqslant x<7.5 \\ 28(x-7.5), & 7.5\leqslant x<12.5 \\ 28(17.5-x), & 12.5\leqslant x<17.5 \\ 32(x-17.5), & 17.5\leqslant x<22.5 \\ 32(27.5-x), & 22.5\leqslant x<27.5 \\ 80(x-27.5), & 27.5\leqslant x<30\end{cases}$	$0\leqslant x\leqslant 30$	2/3
F4：Equal Maxima/1D	$f_4(x)=\sin^6(5\pi x)$	$0\leqslant x\leqslant 1$	5/0
F5：Decreasing Maxima/1D	$f_5(x)=\exp\left[-2\ln 2\cdot\left(\frac{x-0.1}{0.8}\right)^2\right]\cdot\sin^6(5\pi x)$	$0\leqslant x\leqslant 1$	1/4

续表

函数名	函数表达式	搜索区域	全局(局部极值)点个数
F6:Uneven Maxima/1D	$f_6(x)=\sin^6[5\pi(x^{\frac{3}{4}}-0.05)]$	$0\leqslant x\leqslant 1$	5/0
F7:Uneven Decreasing Maxima/1D	$f_7(x)=\exp\left[-2\ln 2\cdot\left(\frac{x-0.08}{0.854}\right)^2\right]\cdot\sin^6(5\pi(x^{\frac{3}{4}}-0.05))$	$0\leqslant x\leqslant 1$	1/4
F8:Himmelbal's function/2D	$f_8(x,y)=200-(x^2+y-11)^2-(x+y^2-7)^2$	$-6\leqslant x\leqslant 6$	4/0
F9:Six-Hump Camel Back/2D	$f_9(x,y)=-4\left[\left(4-2.1x^2+\frac{x^4}{3}\right)x^2+xy+(-4+4y^2)y^2\right]$	$-1.9\leqslant x\leqslant 1.9$ $-1.1\leqslant x\leqslant 1.1$	2/2
F10:Shekel's foxholes/2D	$f_{10}(x,y)=500-\frac{1}{0.002+\sum_{i=0}^{24}\frac{1}{1+i+(x-a(i))^6+(y-b(i))^6}}$ $a(i)=16[(i\bmod 5)-2],b(i)=16[(i/5)-2]$	$-65.535\leqslant x$ $y\leqslant 65.535$	1/24
F11:Inverted Shubert function/2D	$f_{11}(\vec{x})=-\prod_{i=1}^{5}\sum_{j=1}^{5}j\cos[(j+1)x_i+j]$	$-10\leqslant x_i\leqslant 10$	18/many
F12:Inverted Vincent function/2D	$f_{12}(\vec{x})=\frac{1}{n\sum_{i=1}^{n}\sin(10\cdot\ln x_i)}$	$0.25\leqslant x_i\leqslant 10$	6/0
F13:Inverted Rastrigin function/2D	$f_{13}(\vec{x})=-\sum_{i=1}^{n}[x^2-10\cos(2\pi x_i)+10]$	$-1.5\leqslant x\leqslant 1.5$ $i=1,2,\cdots,n$	36/0
F14:Generic Hump function/3D	$f_{14}(x)=\begin{cases}\max_{k-1}k\left\{h_k\left\{\left\{1-\left[\frac{d(\vec{x},k)}{r_k}\right]^{a_k}\right\}\right\}\right\}, & d(\vec{x},k)\leqslant r_k\\0, & \text{其他}\end{cases}$	$0\leqslant x\leqslant 1$	216/0

附录 C　多目标优化问题基本测试函数集

函数名	Pareto 前沿	函数表达式	搜索区域
Schaffer function N1	f_2: 0, 1, 2, 3, 4; f_1: 0, 1, 2, 3, 4	$\min\begin{cases} f_1(x)=x^2 \\ f_2(x)=(x-2)^2 \end{cases}$	$-A\leqslant x\leqslant A$
Schaffer function N2	f_2: 0, 5, 10, 15, 20; f_1: −1, −0.5, 0, 0.5, 1	$\min\begin{cases} f_1(x)=\begin{cases} -x, & x\leqslant 1 \\ x-2, & 1<x<3 \\ 4-x, & 3<x<4 \\ x-4, & x>4 \end{cases} \\ f_2(x)=(x-5)^2 \end{cases}$	$-5\leqslant x\leqslant 10$

续表

函数名	Pareto 前沿	函数表达式	搜索区域
Fonseca and Fleming function	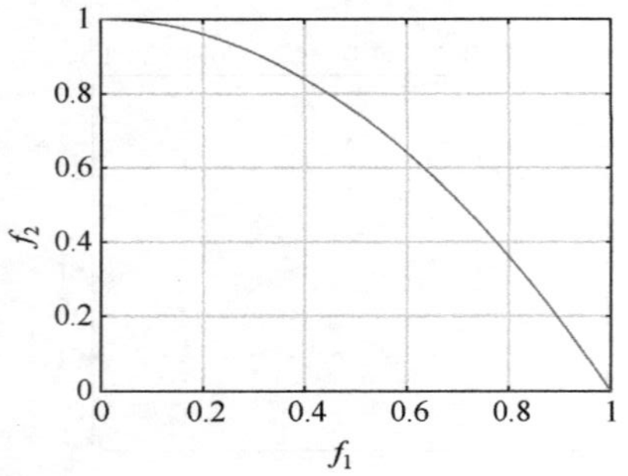	$\min\begin{cases} f_1(x)=1-\exp\left[-\sum_{i=1}^{n}\left(x_i-\frac{1}{\sqrt{n}}\right)^2\right] \\ f_2(x)=1-\exp\left[-\sum_{i=1}^{n}\left(x_i+\frac{1}{\sqrt{n}}\right)^2\right] \end{cases}$	$-4\leqslant x_i\leqslant 4$ $1\leqslant i\leqslant n$
ZDT1	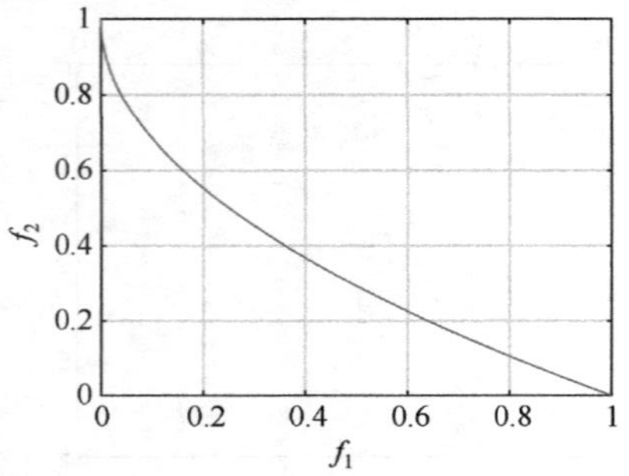	$\min\begin{cases} f_1(x)=x_1 \\ f_2(x)=g(x)h[f_1(x),g(x)] \\ g(x)=1+\frac{9}{29}\sum_{i=2}^{n}x_i \\ h[f_1(x),g(x)]=1-\sqrt{\frac{f_1(x)}{g(x)}} \end{cases}$	$0\leqslant x_i\leqslant 1$ $1\leqslant i\leqslant n$

续表

函数名	Pareto 前沿	函数表达式	搜索区域
ZDT2	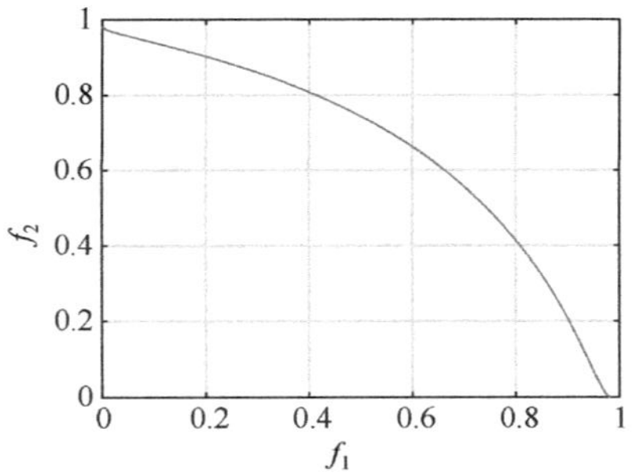	$\min\begin{cases} f_1(x)=x_1 \\ f_2(x)=g(x)h[f_1(x),g(x)] \\ g(x)=1+\frac{9}{29}\sum_{i=2}^{n}x_i \\ h[f_1(x),g(x)]=1-\left[\frac{f_1(x)}{g(x)}\right]^2 \end{cases}$	$0\leqslant x_i\leqslant 1$ $1\leqslant i\leqslant n$
ZDT3	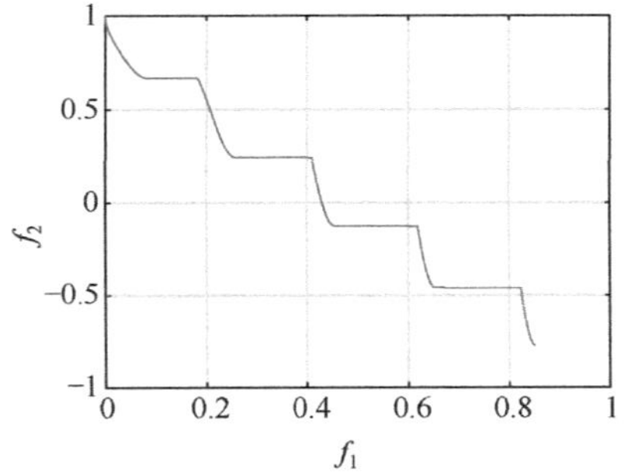	$\min\begin{cases} f_1(x)=x_1 \\ f_2(x)=g(x)h[f_1(x),g(x)] \\ g(x)=1+\frac{9}{29}\sum_{i=2}^{n}x_i \\ h[f_1(x),g(x)]=1-\sqrt{\frac{f_1(x)}{g(x)}}- \\ \left[\frac{f_1(x)}{g(x)}\right]\sin[10\pi f_1(x)] \end{cases}$	$0\leqslant x_i\leqslant 1$ $1\leqslant i\leqslant n$

续表

函数名	Pareto 前沿	函数表达式	搜索区域
ZDT4	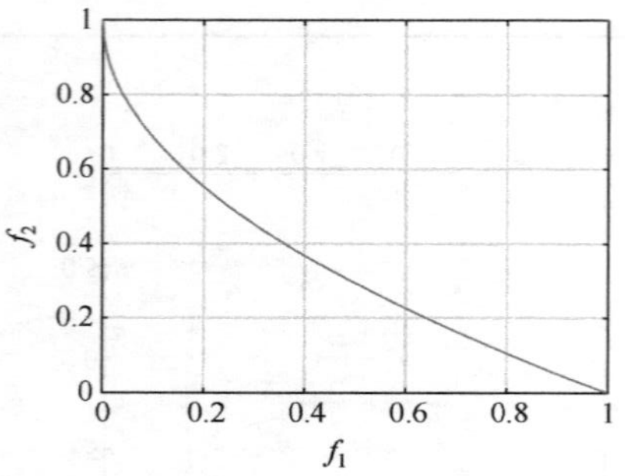	$\min\begin{cases} f_1(x)=x_1 \\ f_2(x)=g(x)h[f_1(x),g(x)] \\ g(x)=91+\sum_{i=2}^{n}[x_i^2-10\cos(4\pi x_i)] \\ h[f_1(x),g(x)]=1-\sqrt{\dfrac{f_1(x)}{g(x)}} \end{cases}$	$0\leqslant x_1\leqslant 1$ $-5\leqslant x_i\leqslant 5$ $2\leqslant i\leqslant n$
ZDT6	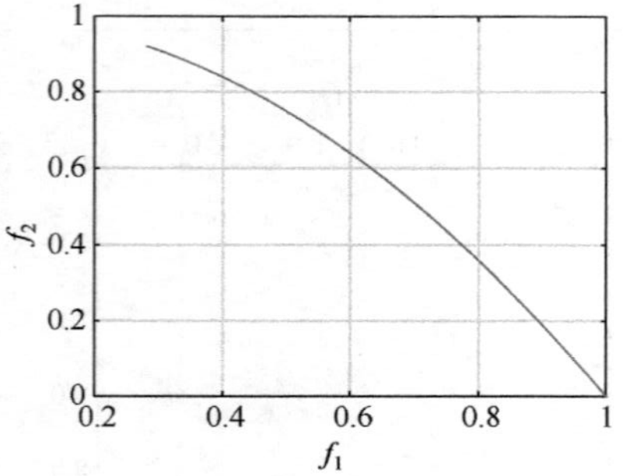	$\min\begin{cases} f_1(x)=1-\exp(-4x_1)\sin^6(6\pi x_1) \\ f_2(x)=g(x)h[f_1(x),g(x)] \\ g(x)=1+9\left(\dfrac{\sum_{i=2}^{n}x_i}{n-1}\right)^{0.25} \\ h[f_1(x),g(x)]=1-\left[\dfrac{f_1(x)}{g(x)}\right]^2 \end{cases}$	$0\leqslant x_i\leqslant 1$ $1\leqslant i\leqslant n$